21 世纪能源与动力工程类创新型应用人才培养规划教材·风能与动力工程

风力机空气动力学

主　编　吴双群　赵丹平

副主编　李　岩

参　编　姜　鑫　候亚丽

北京大学出版社

PEKING UNIVERSITY PRESS

内 容 介 绍

　　本书共分 9 章，其内容包括流体力学基本概念、流体动力学基础、相似原理和量纲分析、黏性流体的一维流动、理想三元流场理论、黏性空气的三元流动、风动力学及叶素理论、风力机参数及性能曲线、风力机及风场的相互影响。书中含有丰富的导入案例和阅读材料，开拓读者的视野。

　　本书可作为高等院校风能与动力工程、流体机械、可再生能源等相关专业本科与专科以及非本专业研究生的教材和参考书，也可作为风能行业培训、风力机应用及风力机维修等技术人员的参考用书。

图书在版编目(CIP)数据

风力机空气动力学/吴双群，赵丹平主编. —北京：北京大学出版社，2011.10
(21 世纪能源与动力工程类创新型应用人才培养规划教材·风能与动力工程)
ISBN 978-7-301-19555-0

Ⅰ. ①风… Ⅱ. ①吴…②赵… Ⅲ. ①风力发电机—空气动力学—高等学校—教材 Ⅳ. ①TM315

中国版本图书馆 CIP 数据核字(2011)第 194466 号

书　　　　名：	风力机空气动力学
著作责任者：	吴双群　赵丹平　主编
策 划 编 辑：	童君鑫
责 任 编 辑：	姜晓楠
标 准 书 号：	ISBN 978-7-301-19555-0/TK·0003
出 版 者：	北京大学出版社
地　　　址：	北京市海淀区成府路 205 号　　100871
网　　　址：	http://www.pup.cn　　http://www.pup6.cn
电　　　话：	邮购部-62752015　发行部-62750672　编辑部-62750667
电 子 邮 箱：	编辑部 pup6@pup.cn　总编室 zpup@pup.cn
印 刷 者：	北京虎彩文化传播有限公司
发 行 者：	北京大学出版社
经 销 者：	新华书店
	787 毫米×1092 毫米　16 开本　15.5 印张　357 千字
	2011 年 10 月第 1 版　　2024 年 8 月第 8 次印刷
定　　　价：	40.00 元

前　　言

随着能源和环境问题的日益严峻，世界各国竞相大力发展可再生能源，以达到改善能源结构，减轻环境污染，实现可持续发展和提高人民生活质量的目的。其中，风能是非常重要并储量巨大的能源，是安全、清洁、充裕、稳定的能源。目前，风力发电已成为风能利用的主要形式，受到世界各国的高度重视，而且发展速度快，已成为国内外能源工业关注的一个热点。为此，我国急需学校培养相关专业人才，但目前尚缺少有关教材。

编者及其团队长期从事教学和科学研究工作，具有丰富的实践、教学经验，近几年通过开展风能方向的工作，积累了一定经验。为满足风能专业对教学的需求，编者及其团队探索性地编写了本书，给风能专业基础课教学提供参考。编者以提高学生的应用能力为目标，着重培养学生对基础理论的应用能力、自学能力和创新能力等综合素质。

本书在能源动力类专业的流体力学课程的基础上，针对风能利用的特点，在介绍流体力学基本概念、原理及应用的基础上，着重介绍风力机的流场理论，低速下的机翼理论，风力机叶素理论，风力机参数性能等针对性内容，可以作为能源动力类专业的拓展教材及风能利用专业的基础教材。

本书共分 9 章，由内蒙古工业大学吴双群、赵丹平担任主编，东北农业大学李岩担任副主编，此外，内蒙古工业大学姜鑫、候亚丽也参加了本书的编写工作。本书的第 2、第 7 章由吴双群编写，第 1、第 3、第 4 章由赵丹平和姜鑫编写，第 5、第 6 章由候亚丽编写，第 8、第 9 章由李岩编写。

编者在本书的编写过程中得到了内蒙古工业大学能源与动力工程学院领导和师生的大力支持，在此表示谢意。

编者在本书编写过程中参阅了大量相关文献，尽量使本书内容精练、浅显易懂、图文并茂、增加针对性、知识点集中、主线条清晰、层次分明。但是，由于国内风力机空气动力学方面公开出版物极少且编者水平有限，所以书中难免有不妥之处，恳切希望各兄弟院校教师和学生在使用本书时给予关注，并将意见和建议及时反馈给编者，以便完善本书内容，编者邮箱为 zdpwsq@yahoo.cn。

编　者
2011 年 6 月

目　　录

第1章

流体力学基本概念

 本章教学要点

知识要点	掌握程度	相关知识
流体的定义及特征	掌握感性认识方面及力学方面对流体的定义及其两方面的差异；掌握流体与固体的特征差异及气体与液体的特征同异	自然界中的物质形态；流体与固体之间最显著的特征差异；气体与液体的压缩性与流动性的差异
流体的连续介质模型	掌握流体的连续介质模型的含义及意义；理解流体的连续介质模型，并得出过程及分析问题的方法	连续函数概念
流体的性质	掌握流体的流动性、流体的压缩性和膨胀性、流体的黏性概念的本质及表征属性的物理量	摩擦力及其计算
作用在流体上的力	掌握作用在流体上的两种不同性质的力	场力；接触力
液体的表面性质	了解液体具有的表面性质	分子的吸引力

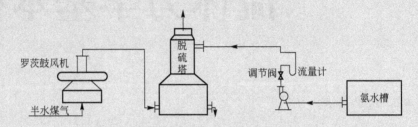

导入案例

流体流动问题是化工厂里最常遇到的一个问题，也是化工单元操作中的一个最基本问题。化工生产中所处理的物料以流体占大多数，流体的输送是在管路中进行的，因此流体输送管路在化工生产中起着重要的作用，可看成与人体里的血管相当。输送管路由管子、阀门、输送机械(泵、通风机等)、流量计等部分机械组成，它四通八达于各处。对于这类大量的输送管路和设备，如能做到正确设计、布置和选用，就会为国家节约许多生产资料，避免浪费。

流体输送究竟包括哪些内容，可通过图1.1了解概况。

图 1.1　银川氨肥厂脱硫塔(脱硫变换工段)

由图 1.1 可知，主要任务有如下两个。

(1) 选：合适的流速、合适的管径、阀门、测量仪表、泵、风机。

(2) 研：为了选合适就得研究流体的性质、流动形态(即条件)、流体的有关规律。

1.1　流体的定义及特征

自然界中的物质均由分子构成，按照分子的聚集状态可将其分为两大类，即固体和流体，后者可进一步细分为气体和液体。有时又将它们称为固相、液相和气相。固体分子的密集程度最大，液体次之，气体又次之。通俗地讲，能够流动的物质叫流体，如果按照力学的术语进行定义，则在任何微小的剪切力的作用下都能够发生连续变形的物质称为流体。所以气体、液体通称为流体。

固体和流体具有以下不同的特征：在静止状态下固体的作用面上能够同时承受剪切应力和法向应力，而流体只有在运动状态下才能够同时有法向应力和切向应力的作用，静止状态下其作用面上仅能够承受法向应力，这一应力是压缩应力，即静压强。固体在力的作用下发生变形，在弹性极限内的变形和作用力之间服从虎克定律，即固体的变形量和作用力的大小成正比。而流体的角变形速度和剪切应力有关，层流和紊流状态下它们之间的关系有所不同，在层流状态下，二者之间服从牛顿内摩擦定律。当作用力停止作用时，固体可以恢复到原来的形状，流体只能够停止变形，而不能返回原来的位置。固体有一定的形状，流体由于其变形所需的剪切力非常小，所以很容易使自身的形状适应容器的形状，并在一定的条件下可以维持下来。

与液体相比气体更容易变形，因为气体分子比液体分子稀疏得多。在一定条件下，气体和液体的分子大小并无明显差异，但气体所占的体积是同质量液体的 10^3 倍。所以气体的分子距与液体相比要大得多，分子间的引力非常微小，分子可以自由运动，极易变形，能够充满所能到达的全部空间。液体的分子距很小，分子间的引力较大，分子间相互制约，可以作无一定周期和频率的振动，并可在其他分子间移动，但不能像气体分子那样自由移动，因此，液体的流动性不如气体。在一定条件下，一定质量的液体有一定的体积，并取容器的形状，但不能像气体那样充满所能达到的全部空间。液体和气体的交界面称为自由液面。

1.2   流体的连续介质模型

根据物理学的观点，自然界中的所有物质都是由分子构成的，流体也不例外。由于分子和分子间存在间隙，因此从微观上看流体是不连续的。若从分子运动论入手研究流体的宏观机械运动，显然十分困难，甚至是不可能的。

流体力学并不研究流体分子的微观运动，而关心众多流体分子的宏观机械运动。描述流体运动或平衡状态的宏观物理量，都是众多流体分子平均运动的效果，都可以从实验中直接观测到。再者，在工程实际中流体流动所涉及的物体的特征尺度大得和分子间距无法比拟。因此，在流体力学的研究中将流体作为由无穷多稠密、没有间隙的流体质点构成的连续介质，这就是1755年欧拉提出的"连续介质模型"。这种假设是合理的，因为通常情况下流体分子距很小，分子非常稠密。例如，在标准状态下，$1mm^3$的气体中就包含2.7×10^{16}个分子；$1mm^3$液体中包含3.4×10^{19}个分子。所以，在这一假设之下，流体力学的研究不必再顾及孤立的流体分子的微观运动，而研究模型化了的连续介质。

在连续性假设之下，表征流体状态的宏观物理量(如速度、压强、密度、温度等)在空间和时间上都是连续分布的，都可以作为空间和时间的连续函数，从而可以用连续函数的解析方法等数学工具去研究流体的平衡和运动规律，为流体力学的研究提供了很大的方便。

在连续性的假设中，认为构成流体的基本单位是流体质点。这里所谓的流体质点是包含有足够多流体分子的微团，在宏观上流体微团的尺度和流动所涉及的物体的特征长度相比充分的小，小到在数学上可以作为一个点来处理。而在微观上，微团的尺度和分子的平均自由行程相比又要足够大，以致能够包含有足够多的流体分子，使得这些分子的共同物理属性的统计平均值有意义。

必须指出的是，连续介质模型的应用是有条件的，也就是说研究所涉及的物体的特征长度与分子的平均自由行程相比必须足够大，否则这一模型就不适用。例如，在高空稀薄空气中运动的飞行器，其特征尺寸和分子的平均自由行程具有同一数量级，这时连续介质模型就不适用了，必须借助气体分子运动论来解决有关问题。

1.3   流体的性质

1.3.1   流体的压缩性和膨胀性

流体在一定的温度下压强增大，体积减小；在压强一定条件下，温度变化，体积也要发生相应的变化。所有流体都具有这种特性，流体的这种性质称为流体的压缩性和膨胀性。

1. 流体的压缩性

在一定的温度下，单位压强增量引起的体积变化率定义为流体的压缩性系数，用以衡量流体压缩性的大小，其表达式为

$$k=-\frac{dV/V}{dp}=-\frac{dV}{Vdp} \tag{1-1}$$

式中，dp 为压强增量，单位为 Pa；dV/V 为 dp 引起的体积变化率。

由于压强增大体积就要减小，dp 和 dV 异号，为了保证压缩性系数的直观性，在等式的右端冠以负号。k 的单位为 m^2/N。由上述定义可以看出，在同样的压强增量之下，k 值大的流体体积变化率大，容易压缩，k 值小的流体体积变化率小，不容易压缩。

工程中往往还涉及流体的体积弹性模量，用 K 来表示，定义为压缩性系数的倒数，其表达式为

$$K=\frac{1}{k}=-\frac{Vdp}{dV} \tag{1-2}$$

上式表明，K 大的流体压缩性小，K 小的流体压缩性大。K 的单位和压强的单位相同，为 Pa 或 N/m^2。在一定温度下水的体积弹性模量示于表 1-1。由表可知，水的体积弹性模量很大，所以不容易压缩。工程计算中常近似地取为 $K=2.0 GPa$。

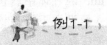

求水在等温状态下，将体积缩小 5/1000 时所需要的压强增量。

【解】 由式(1-2)知

$$\delta p=-\frac{\delta V}{V}K=\frac{5}{1000}\times2.0\times10^9=10^7 (Pa)$$

表 1-1 水的体积弹性模量(GPa)

温度/℃	压强/MPa				
	0.490	0.981	1.961	3.923	7.845
0	1.85	1.86	1.88	1.91	1.94
5	1.89	1.91	1.93	1.97	2.03
10	1.91	1.93	1.97	2.01	2.08
15	1.93	1.96	1.99	2.05	2.13
20	1.94	1.98	2.02	2.08	2.17

2. 流体的膨胀性

当压强一定时，流体温度变化体积改变的性质称为流体的膨胀性，膨胀性的大小用温度膨胀系数来表示，其表达式为

$$a_V=\frac{dV/V}{dT}=\frac{dV}{VdT} \tag{1-3}$$

式中，dT 或 dt 为温度增量；dV/V 为相应的体积变化率。由于温度升高体积膨胀，故二者同号。a_v 的单位为 $1/K$ 或 $1/℃$。水在不同温度下的膨胀系数见表 $1-2$。

表 1 - 2　水的温度膨胀系数

压强/MPa	温度/℃				
	1～10	10～20	40～50	60～70	90～100
0.0981	$14×10^{-6}$	$150×10^{-6}$	$422×10^{-6}$	$536×10^{-6}$	$719×10^{-6}$
9.807	$43×10^{-6}$	$165×10^{-6}$	$422×10^{-6}$	$548×10^{-6}$	$704×10^{-6}$
19.61	$72×10^{-6}$	$183×10^{-6}$	$426×10^{-6}$	$539×10^{-6}$	—
49.03	$149×10^{-6}$	$236×10^{-6}$	$429×10^{-6}$	$523×10^{-6}$	$661×10^{-6}$
88.26	$229×10^{-6}$	$289×10^{-6}$	$437×10^{-6}$	$514×10^{-6}$	$621×10^{-6}$

由表可知，水的体积膨胀系数和压强之间的关系在 50℃ 附近发生转变，当温度小于 50℃ 时，体积膨胀系数随着压强的增大而增大，温度大于 50℃ 时，随着温度的增大而减小。

对于气体，需要同时考虑温度和压强对体积和密度的影响，工程中经常涉及的气体往往可以作为完全气体(热力学中的理想气体)来处理，可用理想气体的状态方程式来进行有关计算，完全气体的状态方程式为

$$pv=RT \text{ 或者} \frac{p}{\rho}=RT \tag{1-4}$$

式中，p 为气体的绝对压强(Pa)；v 为气体的比容(m^3/kg)；ρ 为气体的密度(kg/m^3)；R 为气体常数($J/kg·K$)；T 为热力学温度(K)。

由式(1-4)知，气体的比容和压强成反比，和热力学温度成正比。

对于气体，其弹性模量随气体的变化过程的不同而不同，例如在等温过程中

$$pv=C$$

C 为常数，上式微分后得

$$pdv+vdp=0 \quad \text{或} \quad \frac{dv}{v}=-\frac{dp}{p} \tag{1-5}$$

因为气体比容的相对变化率等于体积的相对变化率，所以

$$K=-\frac{v}{dv}dp \tag{1-6}$$

将式(1-5)代入上式则有

$$K=\frac{p}{dp}dp=p \tag{1-7}$$

由上式知，当气体作等温压缩时，气体的体积弹性模量等于作用在气体上的压强。

当气体作等熵压缩时，则有

$$pv^\gamma=C_1$$

C_1 为常数，γ 为等熵指数，上式微分后得

$$p\gamma v^{\gamma-1}dv+v^\gamma dp=0$$

整理后则有

$$\frac{dv}{v}=-\frac{1}{\gamma}\frac{dp}{p} \tag{1-8}$$

将上式代入式(1-2)则得

$$K = \frac{p\gamma}{\mathrm{d}p}\mathrm{d}p = \gamma p \qquad (1-9)$$

由式(1-9)知，气体作等熵压缩时，其体积弹性模量等于绝热指数和压强的乘积。例如气体在一个标准大气压下作等熵压缩时，$K=1.4\times101325=1.419\times10^5$ Pa。

由上述知，不论气体还是液体都是可压缩的，只是压缩性的大小有所区别，通常情况下由于液体的压缩性较小，常常作为不可压缩流体来处理，此时密度等于常数，这样对问题的处理带来很大的方便。气体的压缩性比较大，由完全气体的状态方程式知，当温度不变时，完全气体的体积和压强成反比，压强增大一倍，体积缩小为原来的一半；当压强不变时，温度升高1℃体积就比0℃时的体积膨胀 1/273。所以通常气体作为可压缩流体来处理，其密度不能作为常数，必须同时考虑压强和温度对密度或比容的影响。

可压缩流体和不可压缩流体都是相对而言的，实际工程中要不要考虑流体的压缩性要视具体情况而定。例如在研究水下爆炸、管道中的水击和柴油机高压油管中柴油的流动过程时，由于压强变化比较大，而且过程变化非常迅速，所以必须考虑压强对密度的影响，即要考虑液体的压缩性，将液体作为可压缩流体来处理。又如，用管道输送煤气时，由于在流动过程中压强和温度的变化都很小，其密度变化很小，可作为不可压缩流体来处理。再如，气流绕流物体，当气流速度比音速小得多时，气体的密度变化很小，可近似地看成常数，也可以作为不可压缩流体处理。

1.3.2 流体的黏性

1. 流体的黏性和牛顿内摩擦定律

流体都是具有黏性的。流体在管道中流动，需要在管子两端建立压强差或位置高度差；轮船在水中航行、飞机在空中飞行需要动力，这都是为了克服流体黏性所产生的阻力。流体流动时产生内摩擦力的性质称为流体的黏性，黏性是流体的固有物理属性，但黏性只有在运动状态下才能显示出来。

如图 1.2 所示，两块相隔一定距离的平行平板水平放置，其间充满液体，下板固定不动，上板在 F' 力的作用下以 U 的速度沿 x 方向运动。实验表明，黏附于上平板的流体在平板切向方向上产生的黏性摩擦力 F 即 F' 的反作用力，和两块平板间的距离成反比，和平板的面积 A、平板的运动速度 U 成正比，比例关系式如下

$$F = \mu A \frac{U}{h} \qquad (1-10)$$

式中，比例系数 μ 为流体的动力黏度，是流体的重要物理属性，和流体的种类、温度、压强有关，某一种流体在一定温度、压强之下保持常数，其单位为 Pa·s。U/h 表示在速度的垂直方向单位长度上的速度增量，称为速度梯度。显然在上述情况速度分布为直线，速度梯度为常数，属于特殊情况。一般速度分布为曲线，如图 1.3 所示，x 方向上的速度用 v_x 表示时，速度梯度可表示为 $\frac{\mathrm{d}v_x}{\mathrm{d}y}$，此时速度梯度为一变量，在每一速度层上有不同的数值，将 $\frac{\mathrm{d}v_x}{\mathrm{d}y}$ 代入式(1-10)，两端同除以板的面积 A，则可以得到作用在平板单位面积上的切应力 τ。

$$\tau = \mu \frac{\mathrm{d}v_x}{\mathrm{d}y} \tag{1-11}$$

上式即为牛顿内摩擦定律,仅适用于层流流动的情况。该式表明,黏性剪切力和速度梯度成正比,比例系数为流体的动力黏度。在一定条件下,速度梯度越大,剪切应力越大,能量损失也越大。当速度梯度为零时,黏性剪切力为零,流体的黏性表现不出来,如流体静止、均匀流动就属于这种情况。

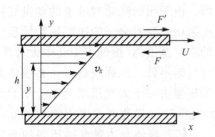

图 1.2　流体黏性实验示意图

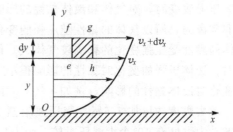

图 1.3　黏性流体速度分布示意图

流体流动时的速度梯度是流体微团微观角变形速度的宏观表现,即速度梯度等于流体微团的角变形速度。证明如下:如图 1.4 所示,在运动的流体中取一正方形的流体微团,在 t 时刻其形状为 $efgh$,经过一无限小的时间间隔 δt 后,由于上下层的流速的差别,其形状变为 $e'f'g'h'$,产生角变形 $\delta\varphi$,角变形速度可由几何关系推出

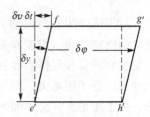

图 1.4　微团变形示意图

$$\frac{\mathrm{d}\varphi}{\mathrm{d}t} = \lim_{\delta t \to 0}\frac{\delta\varphi}{\delta t} = \lim_{\delta t \to 0}\frac{\delta v_x \delta t / \delta y}{\delta t} = \frac{\mathrm{d}v_x}{\mathrm{d}y}$$

即在流动过程中流体微团的角变形速度等于速度梯度,因此牛顿内摩擦定律的物理意义可以表述为:在层流流动时,流层之间的剪切应力和流体微团的角变形速度成正比,其比例系数为流体的动力黏度。

在工程实际中还常常用到运动黏度的概念,将流体动力黏度与密度的比值定义为运动黏度,即

$$\nu = \frac{\mu}{\rho} \tag{1-12}$$

单位为 m^2/s。

运动黏度只是动力黏度和密度的一个比值,不是流体的固有物理属性,不能用来比较流体之间的黏度大小,因为不同的流体密度差别非常大,用密度去除流体的动力黏度有可能动力黏度大的流体在同样温度下其运动黏度还不如动力黏度小流体的运动黏度大。如温度为 0℃时,空气的运动黏度为 $13.2 \times 10^{-6}\,m^2/s$,而这时水的运动黏度仅有 $1.792 \times 10^{-6}\,m^2/s$。

2. 影响黏性的因素

形成流体黏性的原因有两个方面,一是流体分子间的引力,当流体微团发生相对运动时,必须克服相邻分子间的引力,这种作用类似物体之间的相互摩擦,从而表现出摩擦力;另一个原因是流体分子的热运动,当流体层之间作相对运动时,由于分子的热运动,

使流体层之间产生质量交换，由于流层之间的速度差别，必然产生动量交换，从而产生力的作用，使相邻的流体层之间产生摩擦力。不论气体还是液体，都存在分子之间的引力和热运动，只是所占比重不同而已。对于气体，由于分子距比较大，分子间的引力相对较小，而分子的热运动却非常强烈，因此，构成气体黏性的主要原因是分子的热运动；而对于液体，分子距非常小，分子之间的相互约束力非常大，分子的热运动非常微弱，所以构成液体黏性的主要因素是分子间的引力。

压强改变时，对气体和液体黏性的影响有所不同。由于压强变化对分子的动量交换影响非常微弱，所以气体的黏性随压强的变化很小。压强增大时对分子的间距影响明显，故液体的黏性受压强变化的影响较气体大。但在通常的变化范围内（指低于 100 个大气压）变化时，液体压强的变化对黏性的影响很小，通常可以忽略不计。压强较高时，必须考虑压强变化对液体黏性的影响。例如：20℃时的变压器油压强由一个大气压增至 100 个大气压时，动力黏度约增加 7.6%；当压强增至 3400 个大气压时，其动力黏度将增大 6500 倍。水的动力黏度在 10^5 个大气压时较 1 个大气压时增大 2 倍。液体动力黏度随压强的变化可用下面的经验公式计算

$$\mu_p = \mu_0 e^{ap} \tag{1-13}$$

式中，μ_p 为压强为 p 时的动力黏度（Pa·s）；μ_0 为 1 个大气压时的动力黏度（Pa·s）；a 为和液体的物理性质、温度有关的系数，通常近似取 $(2\sim3)\times10^{-8}/(1/Pa)$。

温度对液体和气体黏性的影响截然相反，温度升高时气体分子的热运动加剧，气体的黏性增大，分子距增大，对气体黏性的影响可以忽略不计。对于液体，由于温度升高体积膨胀，分子距增大，分子间的引力减小，故液体的黏性随温度的升高而减小。而液体温度升高引起的液体分子热运动量的变化对黏性的影响可以忽略不计。

工程中常用的机械油的动力黏度和温度之间的变化关系，在 20～80℃的范围内可用下式计算

$$\mu_t = \mu_0 e^{-\lambda(t-t_0)} \tag{1-14}$$

式中，μ_t 为温度为 t 时的动力黏度（Pa·s）；μ_0 为温度为 0℃时的动力黏度（Pa·s）；λ 为黏温系数，对于矿物系机械油可取 $\lambda = 1.8\sim3.6\times10^{-3}(1/℃)$；$t$、$t_0$ 为温度（℃）。

水的动力黏度随温度的变化关系可用下式计算

$$\mu = \frac{\mu_0}{1 + 0.0337t + 0.000221t^2} \tag{1-15}$$

式中，μ_t 为温度为 t 时的动力黏度（Pa·s）；μ_0 为水在 0℃时的动力黏度（Pa·s）；t 为温度（℃）。

气体的动力黏度在压强低于 10 个大气压时可用苏士兰（Sutherlang）关系式计算

$$\mu_t = \mu_0 \frac{273+S}{(273+t)+S} \left(\frac{273+t}{273}\right)^{\frac{3}{2}} \tag{1-16}$$

式中，μ_t 为温度为 t 时的动力黏度（Pa·s）；μ_0 为气体在 0℃时的动力黏度（Pa·s）；t 为温度（℃）；S 为按气体种类确定的常数（K），对于空气常取 $S=111$（K）。

表 1-3 给出了常见气体的黏度、分子量和苏士兰常数 S。图 1.5 和图 1.6 给出了不同流体在不同温度下的动力黏度曲线和运动黏度曲线。表 1-4、表 1-5 分别给出了在不同温度下水和空气的黏度。

表1-3　常见气体的黏度、分子量 M 和苏士兰常数(标准状态)

流体名称	$\mu_0 \times 10^6$ /(Pa·s)	$\nu_0 \times 10^6$ /(m²/s)	M	S/K	备　注
空气	17.09	13.20	28.96	111	
氧气	19.20	13.40	32.00	125	
氮气	16.60	13.30	28.02	104	
氢气	8.40	93.50	2.016	71	
一氧化碳	16.80	13.50	28.01	100	
二氧化碳	13.80	6.98	44.01	254	
二氧化硫	11.60	3.97	64.06	306	
水蒸气	8.93	11.12	18.01	961	0℃时的数值

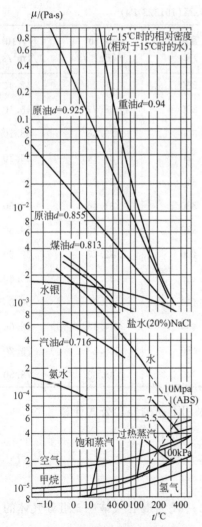

图1.5　不同流体的动力黏度曲线

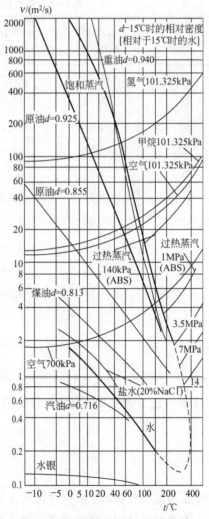

图1.6　不同流体的运动黏度曲线

表 1-4 水的黏度与温度的关系(101325 Pa)

温度 /℃	$\mu \times 10^3$ /(Pa·s)	$\nu \times 10^6$ /(m²/s)	温度 /℃	$\mu \times 10^3$ /(Pa·s)	$\nu \times 10^6$ /(m²/s)
0	1.792	1.792	40	0.656	0.661
5	1.519	1.519	45	0.599	0.605
10	1.308	1.308	50	0.549	0.556
15	1.140	1.141	60	0.469	0.477
20	1.005	1.007	70	0.406	0.415
25	0.894	0.897	80	0.357	0.367
30	0.801	0.804	90	0.317	0.328
35	0.723	0.727	100	0.284	0.296

表 1-5 空气的黏度与温度的关系(101325 Pa)

温度 /℃	$\mu \times 10^6$ /(Pa·s)	$\nu \times 10^6$ /(m²/s)	温度 /℃	$\mu \times 10^6$ /(Pa·s)	$\nu \times 10^6$ /(m²/s)
0	17.09	13.20	260	28.06	42.40
20	18.08	15.00	280	28.77	45.10
40	19.04	16.90	300	29.46	48.10
60	19.97	18.80	320	30.14	50.70
80	20.88	20.90	340	30.08	53.50
100	21.75	23.00	360	31.46	56.50
120	22.60	25.20	380	32.12	59.50
140	23.44	27.40	400	32.77	62.50
160	24.25	29.80	420	33.40	65.60
180	25.05	32.20	440	34.02	68.80
200	25.82	34.60	460	34.63	72.00
220	26.58	37.10	480	35.23	75.20
240	27.33	39.70	500	35.83	78.50

工程中还常常涉及的混合气体的动力黏度，可采用下面的经验公式计算

$$\mu = \frac{\sum_{i=1}^{n} a_i M_i^{\frac{1}{2}} \mu_i}{\sum_{i=1}^{n} a_i M_i^{\frac{1}{2}}} \tag{1-17}$$

式中，a_i 为混合气体中 i 组分气体所占体积的百分比；M_i 为混合气体中 i 组分气体的分子量；μ_i 为混合气体中 i 组分气体的动力黏度。

流体力学中常常涉及的动力黏度和运动黏度难以进行直接测量，往往通过测量其他物理量进行间接测量，由于测量方法不同，测量的物理量也各不相同。传统的测量方法有管流法、落球法、旋转法，它们都是通过测量其他一些物理量，根据有关公式计算间接得到黏度的数值。这些测量方法的测量原理和有关计算公式将在后面基本理论章节中加以讨论。经过多年的努力，人们也找到了一些直接测量的方法，并已应用于工程实际中，如应用比较多的超声波黏度计等，其测量原理和测量方法可参考有关的书籍和手册，在此不再赘述。

3. 黏性流体和理想流体

由前述知，自然界中的实际流体都是具有黏性的，所以实际流体又称黏性流体。为了处理工程实际问题方便起见，可建立一个没有黏性的理想流体模型，即将假想没有黏性的流体作为理想流体，它是一种假想的流体模型，在实际中并不存在。根据没有黏性的假设，这种流体在运动时，在接触面上只有法向力，而没有切向力。研究这种流体具有重要的实际意义，一方面，由于实际流体存在黏性，使问题的研究和分析非常复杂，甚至难以进行，为简化起见，引入理想流体的概念，从这种简化了的理想流体模型入手进行研究，求得规律和结论，然后再考虑黏性的因素，根据试验数据进行修正，使得问题的处理大大简化。另一方面，由于理想流体的各种运动规律在一些情况下基本上符合黏性不大的实际流体的运动规律，可用来描述实际流体的运动规律，如空气绕流圆柱体时，边界层以外的势流就可以用理想流体的理论进行描述。同时，还由于一些黏性流体力学的问题往往是根据理想流体力学的理论进行分析和研究的。再者，在有些问题中流体的黏性显示不出来，如均匀流动、流体静止状态，这时实际流体可以看成理想流体。所以建立理想流体模型具有非常重要的实际意义。

4. 牛顿流体和非牛顿流体

流体力学中将剪切应力和流体微团角变形速度成正比的流体即符合牛顿内摩擦定律的流体称为牛顿流体，如图1.7中的直线 A 所代表的流体就属此类。实际流体中的水、空气和其他气体就属于牛顿流体。本书研究的内容仅限于牛顿流体。凡剪切应力和角变形之间不符合牛顿内摩擦定律的流体称为非牛顿流体，比较典型的如图1.7中曲线 B、C、D 所代表的流体。非牛顿流体的种类比较多，一般用式(1-18)表示其剪切应力和变形之间的关系

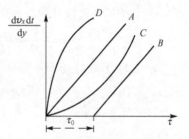

图 1.7　牛顿流体和非牛顿流体

$$\tau = \eta\left(\frac{\mathrm{d}v_x}{\mathrm{d}y}\right)^n + k \qquad (1-18)$$

式中，η 为流体的表观黏度，是切应力和角变形速度的函数；k 为常数；n 为指数。图中 B 曲线代表理想塑性体，其在连续变形之前有一屈服应力 τ_0，当剪切应力大于 τ_0 时，应力和角变形之间才呈线性关系(该流体 $\eta = \mu$，$k = \tau_0$，$n = 1$)。牙膏的变形就属此类。曲线 C 代表拟塑性体，其黏度 η 随变形速度的提高而减小，黏土浆和纸浆的变形就具有这种性质。曲线 D 代表胀流型流体，其黏度随着变形速度的提高而增大。图中横坐标代表弹性固体，其剪切力和变形量成正比，和变形速度无直接的关系，纵坐标代表理想流体，理想流体流动时不存在剪切应力。

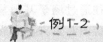 例1-2

如图 1.8 所示，转轴直径 $d=0.36$m，轴承长度 $L=1$m，轴与轴承之间的缝隙 $\delta=0.2$mm，其中充满动力黏度 $\mu=0.72$ Pa·s 的油，如果轴的转速 $n=200$r/min，求克服油的黏性阻力所消耗的功率。

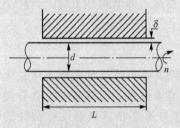

图 1.8 轴与轴承示意图

【解】 油层与轴承接触面上的速度为零，与轴接触面上的速度等于轴面上的线速度

$$v=\frac{n\pi d}{60}=\frac{\pi\times200\times0.36}{60}=3.77(\text{m/s})$$

设油层在缝隙内的速度分布为直线分布，即 $\dfrac{dv_x}{dy}=\dfrac{v}{\delta}$，则轴表面上总的切向力 T 为

$$T=\tau A=\mu\frac{v}{\delta}(\pi\cdot dL)=\frac{0.72\times3.77\times\pi\times0.36\times1}{2\times10^{-4}}=1.535\times10^4(\text{N})$$

克服摩擦所消耗的功率为
$$N=Tv=1.535\times10^4\times3.77=5.79\times10^4(\text{N}\cdot\text{m/s})=57.9(\text{kW})$$

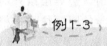 例1-3

如图 1.9 所示，上下两平行圆盘，直径均为 d，两盘之间的间隙为 δ，间隙中黏性流体的动力黏性系数为 μ，若下盘不动，上盘以角速度 ω 旋转，求所需力矩 M 的表达式。（不记动盘上面的空气的摩擦力）

【解】 假设两盘之间流体的速度分布为直线分布，上盘半径 r 处的剪切应力的表达式为

$$\tau=\mu\frac{v}{\delta}=\frac{\mu\omega r}{\delta}$$

所需的力矩 M 为

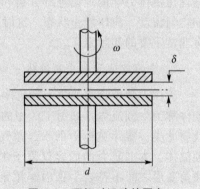

图 1.9 两相对运动的圆盘

$$M=\int_0^{d/2}(\tau2\pi rdr)r=\frac{2\pi\mu\omega}{\delta}\int_0^{d/2}r^3dr=\frac{\pi\mu\omega d^4}{32\delta}$$

1.3.3 流体的密度、相对密度和比容

密度是流体的重要物理属性之一，它表征流体在空间的密集程度。对于非均质流体，若围绕空间某点的体积为 δV，其所包容的质量为 δm，则它们的比值 $\delta m/\delta V$ 为 δV 内的平均密度。令 $\delta V\to0$，取该值的极限便可得到该点处的密度，其定义式如下

$$\rho=\lim_{\delta V\to0}\frac{\delta m}{\delta V}=\frac{dm}{dV} \tag{1-19}$$

式中，ρ 为流体的密度，表示单位体积内流体具有的质量（kg/m³）。

式中 $\delta V\to0$ 并不是数学意义上的趋向于一个点，而是趋向于一个微团的体积，这一微

团必须包含有足够多的流体分子，使得这些分子的共同物理属性的统计平均值有意义。

对于均质流体，密度的定义式如下

$$\rho = \frac{m}{V} \tag{1-20}$$

式中，m 为流体的质量（kg）；V 为质量为 m 的流体的体积（m³）。

由流体密度的定义知，对于一定质量的流体，密度的大小和体积有关，而体积和温度、压强有关，所以流体的密度必然受温度和压强的影响。

表1-6 给出了标准大气压下水、空气和水银的密度随温度变化的数值，表1-7 给出了常见流体在一定温度下的密度。

表1-6 标准大气压下水、空气、水银的密度随温度变化的数值

温度/℃	水的密度/(kg/m³)	空气的密度/(kg/m³)	水银的密度/(kg/m³)
0	999.87	1.293	13600
4	1000.00	—	—
5	999.99	1.273	—
10	999.73	1.248	13570
15	999.13	1.226	—
20	998.23	1.205	13550
25	997.00	1.185	—
30	995.70	1.165	—
40	992.24	1.128	13500
50	988.00	1.093	—
60	993.24	1.060	13450
70	977.80	1.029	—
80	971.80	1.000	13400
90	965.30	0.973	—
100	958.40	0.946	13350

表1-7 常用流体的密度和相对密度

流体名称	温度/℃	密度/(kg/m³)	相对密度
蒸馏水	4	1000	1
海水	20	1025	1.025
航空汽油	15	650	0.65
普通汽油	15	700～750	0.70～0.75
润滑油	15	890～920	0.89～0.92
石油	15	880～890	0.88～0.89
矿物油系液压油	15	860～900	0.86～0.90
10号航空液压油	0～20	833.85	0.833
酒精	15	790～800	0.79～0.80
甘油	0	1260	1.26
水蒸气	—	0.804	0.000804
氧气	0	1.429	0.001429
氮气	0	1.251	0.001251
氢气	0	0.0899	0.0000899
二氧化碳	0	1.976	—

相对密度是指在标准大气压下流体的密度与 4℃ 时纯水的密度的比值，用符号 d 表示，定义式为

$$d = \rho_f / \rho_w \qquad (1-21)$$

式中，ρ_f 为流体的密度（kg/m^3）；ρ_w 为 4℃ 时纯水的密度（kg/m^3）。

流体的比容是指单位质量流体所占的体积，即密度的倒数。用符号 υ 表示，表达式为

$$\upsilon = \frac{V}{m} = \frac{1}{\rho} \qquad (1-22)$$

其单位为（m^3/kg）。

混合气体的密度用下式计算

$$\rho = \rho_1 \alpha_1 + \rho_2 \alpha_2 + \cdots + \rho_n \alpha_n = \sum_{i=1}^{n} \rho_i \alpha_i \qquad (1-23)$$

式中，ρ_i 为混合气体中各组分气体的密度；α_i 为混合气体中各组分气体所占体积的百分比。

例T-4

锅炉烟气各组分气体所占体积的百分比分别为 $\alpha_{CO_2} = 13.6\%$，$\alpha_{SO_2} = 0.4\%$，$\alpha_{O_2} = 4.2\%$，$\alpha_{N_2} = 75.6\%$，$\alpha_{H_2O} = 6.2\%$，试求烟气的密度。

【解】 由表 1-6、表 1-7 查得标准状态下的 $\rho_{CO_2} = 1.976 kg/m^3$，$\rho_{SO_2} = 2.927 kg/m^3$，$\rho_{O_2} = 1.429 kg/m^3$，$\rho_{N_2} = 1.251 kg/m^3$，$\rho_{H_2O} = 0.804 kg/m^3$。将已知数据代入式（1-23），得烟气在标准状态下的密度

$$\rho = 1.976 \times 0.136 + 2.927 \times 0.004 + 1.429 \times 0.042 + 1.251 \times 0.756$$
$$+ 0.804 \times 0.062 = 1.336 (kg/m^3)$$

1.4 作用在流体上的力

对流体力学进行深入地研究必须明确作用在流体上的力有哪些类型，以及这些力的性质和表示方法。一般将作用在流体上的力分为两种类型，一类是分离体以外的其他物体作用在分离体上的表面力，另一类是某种力场作用在流体上的力，此类力称为质量力。

1.4.1 表面力

如图 1.10 所示，在运动的流体中取一体积为 V 的一团流体作为研究对象，在此称为分离体。在分离体的表面上必然存在分离体以外的其他物体对分离体内的流体的作用力，这个力就称为表面力。如图，在分离体表面围绕 b 点取一小的面积 δA，作用在 δA 上的表面力为 $\delta \vec{F}$，根据力的平行四边形法则，可将 $\delta \vec{F}$ 分解为沿外法线方向 $\vec{n}$ 的 $\delta \vec{F}_n$ 和沿切线方向 $\vec{\tau}$ 的 $\delta \vec{F}_\tau$。以 δA 去除 $\delta \vec{F}$，并在 δA 趋向零的情况下取极限，就可得到作用在 b 点的单位面积上的表面力 $\vec{p}_n$：

$$\vec{p}_n = \lim_{\delta A \to 0} \frac{\delta \vec{F}}{\delta A} \qquad (1-24)$$

其大小和点的坐标、时间 t 及作用面的方位有关，可表示为：$\vec{p}_n = f(x,\ y,\ z,\ n,\ t)$。其在法线和切线方向上的分力可分别表示为

$$\vec{P}_{nn} = \lim_{\delta A \to 0} \frac{\delta \vec{F}_n}{\delta A} = \frac{\mathrm{d}\vec{F}_n}{\mathrm{d}A} \qquad (1-25)$$

$$\vec{p}_{n\tau} = \lim_{\delta A \to 0} \frac{\delta \vec{F}_\tau}{\delta A} = \frac{\mathrm{d}\vec{F}_\tau}{\mathrm{d}A} \qquad (1-26)$$

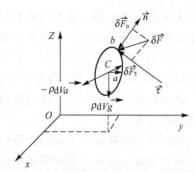

图 1.10　作用在流体上的表面力和质量力

它们分别表示作用在 b 点上的法向应力和切向应力，其单位为 N/m²，是研究问题经常用到的两个力。前面提到的表面张力不是此类表面力，它是液体自身分子间的相互引力造成的。

1.4.2　质量力

质量力是某种力场作用在全部流体质点上的力，其大小和流体的质量或体积成正比，故称为质量力或体积力。例如：在重力场中流体受到的重力、磁性物质在磁场中受到磁性力和带电体在电场中受到的电动力等都是质量力。在图 1.10 所取的分离体中围绕任意一点 C 取一微元体 $\mathrm{d}V$，若其中某点的密度为 ρ，则重力场作用在该微元体上的质量力可表示为 $\rho\mathrm{d}Vg$。

若用达朗伯原理来研究问题，虚加在流体质点上的惯性力也是质量力。在匀加速直线运动中，沿直线的惯性力、一般曲线运动中的切向惯性力和离心惯性力、牵连运动为转动时的哥式惯性力等在这一研究方法中都是质量力。如图所示，若微元体内某点的加速度为 $\vec{a}$，惯性力可表示为 $-\rho a\mathrm{d}V$。

流体力学中将单位质量流体受到的质量力称为单位质量力，用 $\vec{f}$ 表示，其在 3 个坐标轴上的分量分别用 f_x、f_y 和 f_z 表示，则

$$\vec{f} = f_x\vec{i} + f_y\vec{j} + f_z\vec{k}$$

在重力场中，若取 z 轴铅直向上，则 $f_x = f_y = 0$；$f_z = -g$。显然单位质量力的单位为加速度的单位，为 m/s²。

由前述分析知，在一般流体力学问题中，根据流体的受力状态可比较容易地确定单位质量力，质量力采用这种分量形式表示，为流体力学的研究提供了极大的方便。

1.5　液体的表面性质

1.5.1　表面张力

液体中的分子都要受到它周围分子引力的影响，而引力的作用范围很小，大约只有 3~4 倍的平均分子距，若用 r 来表示其大小，显然当某分子距自由液面的距离大于或等于 $2r$ 时，该分子受到的周围分子的引力是平衡的。当某分子距自由液面的距离小于 $2r$

时，由于自由液面另一侧的气体分子和该分子间的引力小于液体分子对该分子的引力，其结果使得这一分子受到一个将其拉向液体内部的合力。在距液面小于$2r$的范围内的所有分子均受到这样一个力的作用，其大小因距液面的距离不同而不同，当其距液面的距离大于或等于$2r$时，这一合力为零，随着距离的减小，合力逐渐增大，当距液面的距离等于r时，合力达到最大值。这一合力称为内聚力，由于内聚力的作用液体自由表面有明显的呈现球形的趋势。

表面张力是液体分子间的力引起的，其作用结果使得液面好像一张紧的弹性膜。若假想一和自由液面垂直的平面将自由液面分开，则平面两侧的自由液面彼此之间均作用着引力，其方向沿自由液面的切线方向，试图将液面张得更紧。作用在自由液面上的这样的力称为表面张力，用σ表示，单位为N/m。表面张力的数值很小，一般不予考虑，只有在自由液面的尺寸很小时才加以考虑，如多孔介质中的液体的自由液面、细小玻璃管插入液体时形成的自由液面等，此时必须计及表面张力的影响。

表面张力的大小和液体的种类有关，不同的液体表面张力的大小不同。温度变化时，表面张力的大小也要发生变化，温度升高表面张力减小。另外，表面张力还和自由表面上的气体种类有关。表 1-8 给出了几种常见液体和空气接触时的表面张力，表 1-9 给出了1 个标准大气压下水和空气接触，并处于不同温度时的表面张力。

表 1-8　几种常见液体的 σ（与 20℃ 的空气接触）

液体名称	酒精	煤油	润滑油	原油	水	水银
10^{-3} N/m	22.3	27	36	30	72.8	465

表 1-9　水的表面张力系数

温度	0	10	20	30	40	60	80	100
10^{-3} N/m	75.6	74.2	72.8	71.2	69.6	66.2	62.6	58.9

1.5.2　毛细现象

液体分子间的相互引力形成内聚力，使得分子间相互制约，不能轻易破坏它们之间的平衡。液体和固体接触时，液体和固体分子之间相互吸引，形成液体对固体壁面的附着力。

当液体和固体壁面接触时，若内聚力小于附着力，液体将在固体壁面上伸展开来，湿润固体壁面，这种现象称为浸润现象，如水在玻璃壁面上将出现浸润现象。而当内聚力大于附着力时，液体将缩成一团，不湿润与之接触的固体壁面；水银和玻璃接触时，就出现这种现象。

内聚力和附着力之间的关系可以用来解释毛细现象。如图 1.11(a) 所示，将细玻璃管插入水中时，由于附着力大于内聚力，出现浸润现象，表面张力将牵引液面上升一段距离h，并使管内的液面呈向上凹的曲面。如图 1.11(b) 所示，将细玻璃管插入水银中时，由于内聚力大于附着力，在表面张力的作用下液面将呈现上凸的形状，并下降一段距离h。由于内聚力和附着力的差别使得微小间隙的液面上升和下降的现象称为毛细现象。日常生活中毛细现象的例子很多，例如土壤中水分的蒸发、地下水的渗流、植物内部水分的输送就是依靠毛细现象来完成的。

液面之所以是弯曲的，是因为液面两侧的压强不同，这一压强差是表面张力引起的，称为毛细压强。曲面两侧的压强差可用下述方法求得。如图 1.12 所示，在弯曲的液面上取一微小矩形曲面，边长分别为 dS_1 和 dS_2，两互相垂直的平面和曲面正交，在这两平面内平面和曲面交线对应的圆心角分别为 $d\alpha$ 和 $d\beta$，交线的曲率半径分别为 R_1 和 R_2。由图知：在矩形的两对边 dS_1 和 dS_2 上表面张力在铅直方向上的合力分别为 $\sigma dS_1 \tan\dfrac{d\beta}{2}$ 和 $\sigma dS_2 \tan\dfrac{d\alpha}{2}$，由于 $d\alpha$ 和 $d\beta$ 很小，角度的正切约等于角度值，因此这两个合力可表示为 $\sigma dS_1 \dfrac{d\beta}{2}$ 和 $\sigma dS_2 \dfrac{d\alpha}{2}$。矩形曲面 4 个边上的表面张力的合力和曲面两侧压强差产生的铅直方向上的合力相平衡，其平衡方程为

$$(p_1 - p_2)dS_1 dS_2 = 2\sigma \left(dS_1 \frac{d\beta}{2} + dS_2 \frac{d\alpha}{2} \right)$$

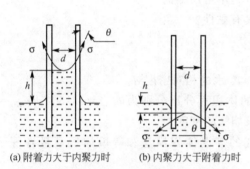

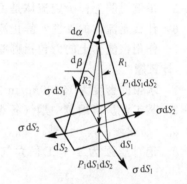

图 1.11 弯曲液面上的表面张力和压强   **图 1.12 毛细管中液面的上升和下降现象**

(a) 附着力大于内聚力时   (b) 内聚力大于附着力时

由于 $d\alpha = dS_1/R_1$，$d\beta = dS_2/R_2$，将该关系代入上式，两端同除以 $dS_1 dS_2$，可得到曲面两侧的压强差

$$p_1 - p_2 = \sigma \left(\frac{1}{R_1} + \frac{1}{R_2} \right) \tag{1-27}$$

对于球形液滴液面内外的压强差可由上式求出，因为 $R = R_1 = R_2$，所以液面内外的压强差为

$$p_1 - p_2 = \Delta p = \frac{2\sigma}{R}$$

同理也可求得肥皂泡内外的压强差，$\Delta p = \dfrac{4\sigma}{R}$。

毛细管中液面上升或下降的高度可用下述方法求得，如图 1.11 所示，毛细管的直径为 d，表面张力和管壁的夹角为 θ，则沿管壁一周表面张力的合力在管轴方向上的投影为 $\pi d\sigma\cos\theta$，这个力应和上升或下降的液柱的重量相等，所以有

$$\pi d\sigma\cos\theta = \rho g h \pi d^2 / 4$$

由上式可以解得

$$h = \frac{4\sigma\cos\theta}{\rho g d} \tag{1-28}$$

由上式知：毛细管中液面上升或下降的高度与流体的种类、管子的材料、液体接触的

气体种类和温度有关，因为这些因素都影响到表面张力的大小，以及附着力的大小、θ 的大小，另外 h 还和管子的直径有关，在一定条件下，管径越大 h 越小。通常情况下，对于水，当管径大于 20mm，对于水银，管径大于 12mm 时，毛细现象的影响可以忽略不计。在工程实际中考虑到误差允许范围，一般常用的测压管，当管径大于 10mm 时，毛细现象引起的误差就可以忽略不计。

 习 题

一、思考题

1-1 流体有哪些特性？试述液体和气体特征的差异。

1-2 什么是连续介质模型？在流体力学中为什么要建立连续介质这一理论模型？

1-3 试述流体的密度、相对密度的概念，并说明它们之间的关系。

1-4 什么是流体的压缩性和膨胀性？

1-5 举例说明怎样确定流体是可压缩的或是不可压缩的。

1-6 什么是流体的黏性？静止流体是否具有黏性？

1-7 作用在流体上的力包括哪些？

二、计算题

1-1 水银的密度为 13600kg/m³，求它对 4℃水的相对密度 d。

1-2 某工业炉窑烟道中烟气各组分气体的体积百分比分别为 $\alpha_{CO_2}=13.5\%$，$\alpha_{SO_2}=0.3\%$，$\alpha_{O_2}=5.2\%$，$\alpha_{N_2}=76\%$，$\alpha_{H_2O}=5\%$，求烟气的密度。

1-3 绝对压强为 4 个工程大气压的空气的等温体积模量和等熵体积模量各等于多少？

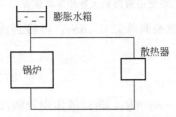

图 1.13 锅炉循环水系统示意图

1-4 图 1.13 所示为锅炉循环水系统，温度升高时水可以自由膨胀，进入膨胀水箱。已知系统内水的体积为 8m³，水的膨胀系数为 0.005(1/℃)，试求当系统内的水温升高 50℃时，膨胀水箱最小应有多大容积？

1-5 在温度不变的条件下，体积 5m³ 的水压强从 0.98×10⁵Pa 增加到 4.9×10⁵Pa，体积减小了 1×10⁻³ m³，试求水的压缩率。

1-6 某种油的运动黏度是 4.28×10^{-7}m²/s，密度是 678kg/m³，试求其动力黏度。

1-7 试求当水的动力黏度 $\mu=1.3\times10^{-3}$Pa·s，密度 $\rho=999.4$kg/m³ 时水的运动黏度。

1-8 15℃的空气在直径 200mm 的圆管中流动，假定距管壁 1mm 处的速度为 0.3m/s，试求每米管长上的摩擦阻力。

1-9 如图 1.14 所示，已知锥体高为 H，锥顶角为 2α，锥体与锥腔之间的间隙为 δ，间隙内润滑油的动力黏度为 μ，锥体在锥腔内以 ω 的角速度旋转，试求旋转所需力矩 M 的表达式。

1-10 如图 1.15 所示，已知动力润滑轴承内轴的直径 $D=0.2$m，轴承宽度 $b=0.3$m，间隙 $\delta=0.8$mm，间隙内润滑油的动力黏度 $\mu=0.245$Pa·s，消耗的功率 $P=50.7$W，试求轴的转速 n 为多少？

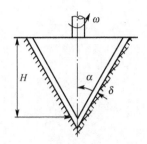

图1.14 锥体转动示意图

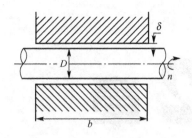

图 1.15 滑动轴承示意图

1-11 直径为 0.46m 的水平圆盘，在较大的平板上绕其中心以 90r/min 的转速旋转。已知两壁面间的间隙为 0.23mm，间隙内油的动力黏度为 0.4Pa·s，如果忽略油的离心惯性力的影响圆盘上面的空气阻力，试求转动圆盘所需的力矩？

1-12 两平行平板之间的间隙为 2mm，间隙内充满密度为 885kg/m³、运动黏度为 0.00159m²/s 的油，试求当两板相对速度为 4m/s 时作用在平板上的摩擦应力？

1-13 如图 1.16 所示，活塞直径 d=152.4mm，缸径 D=152.6mm，活塞长 L=30.48cm，润滑油的运动黏度 ν=0.9144×10⁻⁴ m²/s，密度 ρ=920kg/m³。试求活塞以 v=6m/s 的速度运动时，克服摩擦阻力所消耗的功率。

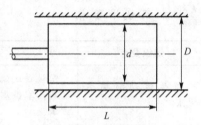

图 1.16 活塞运动示意图

1-14 重 500N 的飞轮的回转半径为 30cm，转速为 600rpm，由于轴承中润滑油的黏性阻滞，飞轮以 0.02rad/s² 的角减速度放慢，已知轴的直径为 2cm，轴套的长度为 5cm，它们之间的间隙为 0.05mm，求润滑油的动力黏度。

1-15 内径 8mm 的开口玻璃管，插入 20℃ 的水中，已知水与玻璃的接触角 θ=10°，试求水在玻璃管中上升的高度。

1-16 内径 8mm 的开口玻璃管，插入 20℃ 的水银中，已知水银与玻璃的接触角约为 140°，试求水银液面在管中下降的高度。

第2章
流体动力学基础

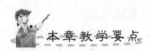 本章教学要点

知识要点	掌握程度	相关知识
流体运动的描述方法	掌握描述流体运动的两种方法及其区别；掌握质点导数的意义及其计算方法	高数中复合函数的求导方法；恒定电场及交变电场
动力学基本概念	掌握流线、迹线、流管、流束等流体基本概念的定义及表达式	流场显示方法；流量的概念
系统、控制体、输运方程	掌握控制体、系统的概念及其区别和联系；理解输运方程的物理意义及其应用	开口系与闭口系的差别
连续性方程	理解高斯定理的实际应用；掌握连续性方程的应用方法	高数中高斯定理、散度的概念
能量方程	理解理想流体运动微分方程的推导过程；掌握能量方程的适用条件及其积分过程；掌握能量方程的应用方法	机械能守恒；牛顿第二定理；势能及有势力的特点
动量方程和动量矩方程	掌握动量方程、动量矩方程的适用条件及其应用	动量方程及动量矩方程
风力机贝茨理论	掌握风力机贝茨理论的推导过程及理想效率值的得出	理想情况下的最高效率

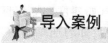

导入案例

　　风力机的工作介质是空气，而风的速度一般小于 70m/s，所以满足不可压缩流体的假设。如果考虑空气的黏性会使理论问题不便于解决，所以先撇开空气的黏性，认为空气是理想流体，先研究理想流体所遵循的一般规律，建立完整的理论体系，再通过实验研究考虑空气黏性的影响，致使问题得以圆满解决。第 1 章引入了连续介质模型使流体连续，但看不见空气中流体质点，如何研究其运动规律？用传统的研究方法研究对象吗？

　　流体动力学是研究流体在外力作用下的运动规律，即研究作用在流体上的力与流体运动的关系。那么首先要研究流体的运动规律，即速度、加速度、变形等运动参数的变化规律，其次再研究引起运动的力与运动之间的关系。本章首先介绍流体力学的一些基本概念，然后依据自然界中物质运动的普遍规律导出流体运动时所遵循的基本规律。

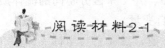

阅读材料2-1

现实中属于典型侦查手段的拉格朗日法与欧拉法

　　在现实中，如果对某人有犯案怀疑，尤其是典型的重大犯罪嫌疑人，执法部门往往会采取 24 小时监控的方式，比如在贩毒等有组织犯罪的侦查过程中，执法部门跟踪已暴露的犯罪嫌疑人，监控他在每时每刻所接触的人，以期挖出更高一层的组织人，最起码要做到捉贼捉赃，拿到犯罪嫌疑人的罪证——做到用事实说话，不冤枉一个好人，也不放过一个坏人。这与流体力学的拉格朗日法是一样的，所以跟踪法也叫拉格朗日法。在跟踪法中，如果没有抓到接头人，那么要仔细研究其行踪路线，这时的行踪路线即为迹线也称踪迹线。

　　对于有卧底或线人提供了时间和地点的、有预谋的大规模犯罪行动(如大宗的毒品交易，交易双方皆为犯罪嫌疑人，双方约定时间地点进行交易)，这时现实中会采用蹲坑法——武警或军队在犯罪时间前预先埋伏在有预谋的犯罪地点，在大规模犯罪行动实施时，抓捕罪犯，一网打尽。这时，不论谁出现在犯罪现场(除武警或军队人员)，都会被抓捕(因为这些地点在犯罪行动实施期间，往往没有其他人来往，凡是没有犯罪而出现在犯罪现场的人员，必须有绝对合理的理由)。这与流体力学中的欧拉法一样，着眼于检测空间——犯罪现场，因此蹲坑法也叫欧拉法。这时双方大批人马一个跟一个地行动，在空间所描绘出的路线即为流线。

2.1　流体运动的描述方法

　　连续介质模型的引入告诉我们，流体可以看成是由无数质点组成的，而且流体质点连续地、彼此无间隙地充满空间。因此，流体的运动实际上是大量流体质点运动的总合。一般将流体质点运动的全部空间称为"流场"。

由于流体是连续介质，那么描述流体特征的物理量——运动参数（如速度、加速度等）、物性参数（密度、温度等）、力参数（如压强、切应力等）都是所选坐标的连续函数。那么如何去描述这些物理量的函数呢？

通常描述流体运动有两种不同的方法。

2.1.1 拉格朗日(Lagrange)法

拉格朗日法又称为随体法（也可称为质点追踪法）。

拉格朗日法研究流场中每一个流体质点的运动，分析运动参数随时间的变化规律，然后综合所有的流体质点的运动规律得到整个流场的运动规律。显然这个方法可以了解每一个流体质点的运动规律。

流体由连续分布的流体质点所组成，在某一确定的空间里，流体流过时，在这一空间中的各点均由不同的流体质点所占据，随着位置和时间的变化，在不同位置上占有不同的流体质点。为了研究不同流体质点随时间的变化规律，定义 a、b、c 为某一流体质点在初始时刻——即 t_0 时刻的坐标值来作为本质点的标记，就像给每个流体质点贴签一样，这样每一个流体质点都有它的识别标志——$(a$、b、$c)$，用不同的 a、b、c 来区分不同的流体质点，叫作"拉格朗日变数"（或拉格朗日自变量——lagrange 自变量）。

尽管拉格朗日变数 a、b、c 在初始时刻是每个质点的坐标值，然而它与坐标 x、y、z 是不同的。因为当流体质点运动时，它们不随时间变化。流体质点在运动中每一时刻的位置由其在该时刻的坐标 x、y、z 决定，而 x、y、z 取决于 a、b、c 和时间 t。又由于流体质点连续存在于流场之中，所以拉格朗日变数在流场中也是连续存在的。

综上所述，流体质点在不同时刻，空间位置既随流体质点的不同而不同，又随时间而变化。因此任何流体质点的坐标 x、y、z 为

$$\begin{cases} x = x(a, b, c, t) \\ y = y(a, b, c, t) \\ z = z(a, b, c, t) \end{cases} \tag{2-1}$$

例如，对某流体质点 (a_1, b_1, c_1)，在 t 时刻的坐标为

$$\begin{cases} x = x(a_1, b_1, c_1, t) \\ y = y(a_1, b_1, c_1, t) \\ z = z(a_1, b_1, c_1, t) \end{cases}$$

而对于另一流体质点 (a_2, b_2, c_2)，在 t 时刻的坐标为

$$\begin{cases} x = x(a_2, b_2, c_2, t) \\ y = y(a_2, b_2, c_2, t) \\ z = z(a_2, b_2, c_2, t) \end{cases}$$

由此可见，拉格朗日法对不同的流体质点可以用 (a, b, c) 加以区分。

由前面的分析和式(2-1)可将任何流体质点的运动速度表示为

$$\begin{cases} v_x = \dfrac{\mathrm{d}x}{\mathrm{d}t} = \dfrac{\partial x}{\partial t} = \dfrac{\partial x(a, b, c, t)}{\partial t} = x'(a, b, c, t) \\ v_y = \dfrac{\mathrm{d}y}{\mathrm{d}t} = \dfrac{\partial y}{\partial t} = \dfrac{\partial y(a, b, c, t)}{\partial t} = y'(a, b, c, t) \\ v_z = \dfrac{\mathrm{d}z}{\mathrm{d}t} = \dfrac{\partial z}{\partial t} = \dfrac{\partial z(a, b, c, t)}{\partial t} = z'(a, b, c, t) \end{cases} \tag{2-2}$$

因为 a、b、c 不随时间变化，所以 $\dfrac{\mathrm{d}x}{\mathrm{d}t}=\dfrac{\partial x}{\partial t}$，$\dfrac{\mathrm{d}y}{\mathrm{d}t}=\dfrac{\partial y}{\partial t}$，$\dfrac{\mathrm{d}z}{\mathrm{d}t}=\dfrac{\partial z}{\partial t}$。而在微分之后将 a、b、c 看成变数，将 t 看成常数，再给出 t 时刻流体质点的速度分布。同理，加速度可表示为

$$\begin{cases} a_x=\dfrac{\mathrm{d}v_x}{\mathrm{d}t}=\dfrac{\partial^2 x(a,\,b,\,c,\,t)}{\partial t^2}=x''(a,\,b,\,c,\,t) \\[2mm] a_y=\dfrac{\mathrm{d}v_y}{\mathrm{d}t}=\dfrac{\partial^2 y(a,\,b,\,c,\,t)}{\partial t^2}=y''(a,\,b,\,c,\,t) \\[2mm] a_z=\dfrac{\mathrm{d}v_z}{\mathrm{d}t}=\dfrac{\partial^2 z(a,\,b,\,c,\,t)}{\partial t^2}=z''(a,\,b,\,c,\,t) \end{cases} \tag{2-3}$$

流体质点的其他运动参数可以类似地表示为 a、b、c 和 t 的函数。如

$$\rho=\rho(a,\,b,\,c,\,t)$$
$$p=p(a,\,b,\,c,\,t)$$

由上述各式可以决定任一流体质点的运动。但是可以看出，用拉格朗日法必须首先找出函数关系 $(x,\,y,\,z)=(x(a,\,b,\,c,\,t),\,y(a,\,b,\,c,\,t),\,z(a,\,b,\,c,\,t))$，$v=v(a,\,b,\,c,\,t)$，$\rho=\rho(a,\,b,\,c,\,t)$ 等。实际上就是要跟踪每一个流体质点，可见这个办法在方程的建立和数学处理上是十分困难的，因而除研究波浪运动等个别情况外很少采用。

2.1.2 欧拉(Euler)法

欧拉法又称局部法(或摄像法)。

欧拉法是研究流体质点通过空间固定点时(图 2.1)的运动参数随时间的变化规律，也即研究某瞬时整个流场内位于不同位置上的流体质点的运动参数，然后综合所有空间点，用以描述整个流场中流体的运动规律。显然，欧拉法的着眼点不在于个别流体质点，而在于整个流场中各空间点处的状态。

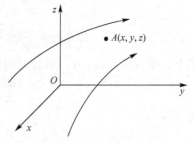

图 2.1 欧拉法着眼点

为了表示不同空间点位置，引入独立变量 $(x,\,y,\,z,\,t)$；其中 x、y、z 称为"欧拉变数"(Euler 变数)。

一般情况下，同一时刻不同空间点上的运动参数是不同的。因此运动参数是空间点坐标 x、y、z 的函数，而在不同时刻同一空间点上的运动参数也不相同，因而运动参数也是时间的函数。即

$$\begin{cases} v_x=v_x(x,\,y,\,z,\,t) \\ v_y=v_y(x,\,y,\,z,\,t) \\ v_z=v_z(x,\,y,\,z,\,t) \end{cases} \tag{2-4}$$
$$p=p(x,\,y,\,z,\,t)$$
$$\rho=\rho(x,\,y,\,z,\,t)$$

Lagrange 法与 Euler 法是描述流体运动的两种不同方法。前者着眼于流体质点的运动特性，进而研究整个流体的运动规律；后者着眼于流场中的空间点，进而研究流场内流体的运动情况；前者可称为随体法，后者称为局部法。为了研究问题方便，可采用不同方法。如研究波动问题，采用 Lagrange 法较方便，但流体力学中最常用到的是 Euler 法。本

课程也主要以 Euler 法(场的观点)研究流体流动问题。

2.1.3 质点导数

现在要用欧拉法研究流体的运动规律,但观察的是固定空间,空间是不动的且所研究的流体是运动的,流体质点的速度可认为在很小区间内,流体基本在空间的附近,这样可以认为流体质点的速度为位置坐标对时间的导数。空间点的物理量可以认为是某时刻占据该空间点的流体质点的物理量。这样不同时刻空间点由不同的流体质点所占据,而空间点的物理量就是位置坐标(x, y, z)和 t 的函数,而位置坐标(x, y, z)又是时间 t 的函数。根据定义,认为流体质点的物理量对于时间的变化量称作该物理量的质点导数(图 2.2)。

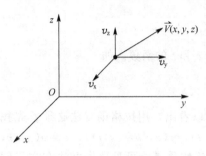

图 2.2 质点导数

如在欧拉法中讨论加速度时,应将上面的式(2-4)中 3 个速度分量的表达式分别对时间求导,得到加速度 3 个分量的表达式,此时,质点本身的位置坐标(x, y, z)应看成是时间 t 的函数,因而自变量只有 t。由复合函数的全导数的概念可得到通过流场中某点流体质点的加速度为

$$\begin{cases} a_x = \dfrac{dv_x}{dt} = \dfrac{\partial v_x}{\partial t} + \dfrac{\partial v_x}{\partial x}\dfrac{dx}{dt} + \dfrac{\partial v_x}{\partial y}\dfrac{dy}{dt} + \dfrac{\partial v_x}{\partial z}\dfrac{dz}{dt} \\[2mm] a_y = \dfrac{dv_y}{dt} = \dfrac{\partial v_y}{\partial t} + \dfrac{\partial v_y}{\partial x}\dfrac{dx}{dt} + \dfrac{\partial v_y}{\partial y}\dfrac{dy}{dt} + \dfrac{\partial v_y}{\partial z}\dfrac{dz}{dt} \\[2mm] a_z = \dfrac{dv_z}{dt} = \dfrac{\partial v_z}{\partial t} + \dfrac{\partial v_z}{\partial x}\dfrac{dx}{dt} + \dfrac{\partial v_z}{\partial y}\dfrac{dy}{dt} + \dfrac{\partial v_z}{\partial z}\dfrac{dz}{dt} \end{cases} \quad (2-5)$$

式中,质点坐标(x, y, z)对时间的导数为该质点的速度分量,即

$$\frac{dx}{dt} = v_x, \quad \frac{dy}{dt} = v_y, \quad \frac{dz}{dt} = v_z$$

所以得

$$\begin{cases} a_x = \dfrac{dv_x}{dt} = \dfrac{\partial v_x}{\partial t} + v_x\dfrac{\partial v_x}{\partial x} + v_y\dfrac{\partial v_x}{\partial y} + v_z\dfrac{\partial v_x}{\partial z} \\[2mm] a_y = \dfrac{dv_y}{dt} = \dfrac{\partial v_y}{\partial t} + v_x\dfrac{\partial v_y}{\partial x} + v_y\dfrac{\partial v_y}{\partial y} + v_z\dfrac{\partial v_y}{\partial z} \\[2mm] a_z = \dfrac{dv_z}{dt} = \dfrac{\partial v_z}{\partial t} + v_x\dfrac{\partial v_z}{\partial x} + v_y\dfrac{\partial v_z}{\partial y} + v_z\dfrac{\partial v_z}{\partial z} \end{cases} \quad (2-6)$$

其向量表达式为

$$\vec{a} = \frac{D\vec{v}}{Dt} = \frac{\partial \vec{v}}{\partial t} + \vec{v} \cdot \nabla \vec{v} \quad (2-7)$$

式中,$\nabla = \dfrac{\partial}{\partial x}\vec{i} + \dfrac{\partial}{\partial y}\vec{j} + \dfrac{\partial}{\partial z}\vec{k}$,称为哈密顿算子。

由上述表达式(2-6)可以看出,位于空间某点上的流体质点的加速度由两部分组成。第一部分是右边第一项,它表示位于所观察空间点上的流体质点的速度随时间的变化率,通常称为时变加速度或当地加速度。第二部分是右边第二、三、四项,它们表示流体质点所在空间位置的变化所引起的速度变化率,称为位变加速度或迁移加速度。两部分的和即为流体质点的全加速度,又称为质点加速度。

如果针对任一个物理量求其质点导数，同速度一样求全导数，得

$$\frac{\mathrm{D}\vec{B}}{\mathrm{D}t}=\frac{\partial\vec{B}}{\partial t}+\vec{v}\cdot\nabla\vec{B} \tag{2-8}$$

式中，$\vec{B}$ 为任一物理量，这个物理量既可以是标量，如密度、温度等，也可以是矢量，如速度、力等；$\dfrac{\mathrm{D}\vec{B}}{\mathrm{D}t}$ 为本物理量的全导数或质点导数；$\dfrac{\partial\vec{B}}{\partial t}$ 为本物理量的当地导数（或时变导数）；$\vec{v}\cdot\nabla\vec{B}$ 为本物理量的迁移导数（或位变导数）。

这样可以认为流体的任一物理量的质点导数等于其当地导数（或时变导数）与迁移导数（或位变导数）之和。

1. 恒定流动和非恒定流动

通常情况下，流场中流体的运动参数要随空间点的位置和时间变化。然而，工程实际和自然现象中也存在着不同的情况，为研究方便起见，按流体质点通过空间固定点时运动参数是否随时间变化将它分为两类。

1）恒定流动（又称定常流动）

流场中，每一点的运动参数不随时间变化（即当地导数为零），这样的流动称为恒定流动。当然，不同点的运动参数一般情况下是不同的。

如图 2.3(a) 所示，储水容器侧面装有一泄水短管，水自管中流出。当采用某种方法补充流出的流体，使容器中的液面高度保持不变时，管内的点 A、B 处的流速和压力，以及流出液流的轨迹都将保持不变。而 A、B 两点的参数值可以互不相同。显然，这种流动是恒定流动。此时各点的运动参数可表示为

$$\begin{cases}v_x=v_x(x,\ y,\ z)\\ v_y=v_y(x,\ y,\ z)\\ v_z=v_z(x,\ y,\ z)\end{cases}$$
$$p=p(x,\ y,\ z)$$

2）非恒定流动（又称非定常流动）

若流场中运动参数不但随位置改变而改变，而且也随时间而变化，这种流动称为非恒定流动。

在图 2.3(b) 所示的实验中，若不往容器中加水，水面将不断下降。这时不但 A、B 两点的运动参数不同，而且每点上的运动参数也将随时间而改变。自管中流出的水流轨迹亦将不断变化，这种流动即为非恒定流动。某点的运动参数值应表示为

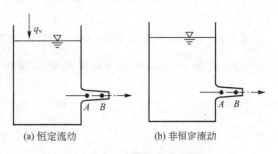

(a) 恒定流动　　　　(b) 非恒定流动

图 2.3　恒定流动与非恒定流动

$$\begin{cases}v_x=v_x(x,\ y,\ z,\ t)\\ v_y=v_y(x,\ y,\ z,\ t)\\ v_z=v_z(x,\ y,\ z,\ t)\end{cases}$$

$$p = p(x, y, z, t)$$

若流动参数随时间变化很小，即 $\frac{\partial}{\partial t} \rightarrow 0$ 时的流动，一般在工程上均可当作恒定流动处理。如：小孔泄流：当 $A_1 \gg A_2$ 时，当作恒定处理不会引起太大的误差，工程上常作这样的处理。

2. 均匀流与非均匀流

流场中，每一点的运动参数不随位置变化（即迁移导数为零），这样的流动称为均匀流。一般来说流体都不可能进行均匀流动，只在理论假设中存在。一般实际流动都不是均匀流，凡是不满足均匀流条件的均为非均匀流。

一般情况下流体都是在空间流场即三元空间内流动的，流动参数为 3 个坐标的函数。这种流动称为三元流动。如风绕过汽车、房屋的流动、水绕过球体的流动等，不难想象，那是三元流动。当适当地选择坐标或将流动作某些简化时，其流动参数在某些情况下可表示为 2 个坐标的函数，这种流动称为二元流动。如假想流体绕过无限长圆柱体的运动就是二元流动。若流动参数只是 1 个坐标的函数便称为一元流动。当液体在等径水平放置的圆管中作均匀层流运动时速度分布就是半径的函数，即为一元流动。

由于自变量数目的减少将使问题简化，因此在流体力学的研究和实际工程技术中，在可能的条件下应尽量将三元流动简化为二元甚至一元流动予以解决或近似求解。在今后的研究中将逐渐看清它的实际意义。

例2-1

已知：$\vec{v} = xy^2\vec{i} + \frac{1}{3}y^3\vec{j} + xy\vec{k}$ 的流动。

问：此流动为几元流动？是否定常？且求 $(x, y, z,) = (1, 2, 3)$ 的加速度 $\vec{a}(1, 2, 3) = ?$

【解】 (1) 因为速度 $\vec{v} = \vec{v}(x, y)$，所以为二元流动。

(2) 因为 $\frac{\partial \vec{v}}{\partial t} = 0$，所以为恒定流动（定常流动）。

(3) $\vec{a} = \frac{\partial \vec{v}}{\partial t} + v_x\frac{\partial \vec{v}}{\partial x} + v_y\frac{\partial \vec{v}}{\partial y} + v_z\frac{\partial \vec{v}}{\partial z}$

$= 0 + a_x\vec{i} + a_y\vec{j} + a_z\vec{k}$

$= 0 + \left(xy^4 + \frac{2}{3}xy^4\right)\vec{i} + \left(\frac{1}{3}y^5\right)\vec{j} + \left(xy^3 + \frac{1}{3}xy^3\right)\vec{k}$

代入 $(x, y, z) = (1, 2, 3)$ 得

$$\vec{a}(1, 2, 3) = \frac{16}{3}(5\vec{i} + 2\vec{j} + 2\vec{k})$$

2.2　动力学基本概念

本节主要介绍用欧拉法描述流体运动时所涉及的基本概念，这些概念揭示了流体力学和一般力学的根本区别。正确理解和掌握流体力学的基本概念对于认识流体的流动规律十分必要。

2.2.1　迹线和流线

1. 迹线

流体质点运动的轨迹称为迹线（图 2.4）。迹线给出了同一质点在不同时刻的速度方向，是同一流体质点运动规律的几何表示。如将不易扩散的染料滴到水中一滴就可看到染了色的流体质点的运动轨迹。流体的迹线和理论力学中质点的运动轨迹是一样的，所以，迹线是拉格朗日法研究的内容及结果。如果某一流体质点在 $\mathrm{d}t$ 时间内运动的路程为 $\mathrm{d}l$，其在 3 个坐标轴上的分量分别为 $\mathrm{d}x$、$\mathrm{d}y$、$\mathrm{d}z$，则

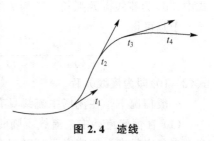

图 2.4　迹线

$$\mathrm{d}x=v_x\mathrm{d}t\ ,\ \ \mathrm{d}y=v_y\mathrm{d}t\ ,\ \ \mathrm{d}z=v_z\mathrm{d}t$$

由上述关系式得

$$\frac{\mathrm{d}x}{v_x}=\frac{\mathrm{d}y}{v_y}=\frac{\mathrm{d}z}{v_z}=\mathrm{d}t \tag{2-9}$$

式（2-9）即为迹线的微分方程，其中 v_x、v_y、v_z 是 x、y、z 和 t 的函数，是一个含有 3 个常微分方程的方程组。

2. 流线

流线是这样一条空间曲线，对于某一固定时刻，曲线上任意一点的速度方向和曲线在该点的切线方向重合，如图 2.5 所示，是众多相邻近的流体质点运动方向的组合，或者可以说流线是同一时刻不同流体质点所组成的曲线，它给出该时刻不同流体质点的运动方向。也可以说流线是无数流体质点在同一时刻，运动速度方向的包络线。

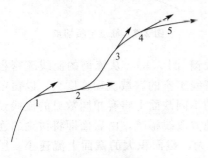

图 2.5　流线

流线形象地给出了流场的流动状态。通过流线可以清楚地看出某时刻流场中各点的速度方向，由流线的疏密程度也可以比较速度的大小。显然，流线是欧拉法研究的内容和结果。

在某一瞬时，流场中的每一点上都有一个流体质点，所以在每一点上均可画出一个速度矢量，即在某一瞬时流场中的每一点上均有一条流线经过，但不同时刻有不同的流线。

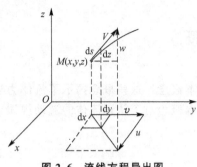

图 2.6 流线方程导出图

根据流线的定义可得流线方程。流线上各点的速度方向与其切线方向一致，即如图 2.6 所示。在 $M(x, y, z)$ 点上速度方向与 x 轴的夹角和位移矢量 $\mathrm{d}s$ 与 x 轴的夹角一样大，那么它们的余弦也一样大。

在直角坐标系中，由几何关系可看出

$$
\begin{cases}
\cos(V, \ x) = \dfrac{v_x}{V} = \dfrac{\mathrm{d}x}{\mathrm{d}s} \\[2mm]
\cos(V, \ y) = \dfrac{v_y}{V} = \dfrac{\mathrm{d}y}{\mathrm{d}s} \\[2mm]
\cos(V, \ z) = \dfrac{v_z}{V} = \dfrac{\mathrm{d}z}{\mathrm{d}s}
\end{cases}
$$

式中，$\mathrm{d}s$ 为流线微元弧长；V 为流线上 M 点速度的模数。

于是可得

$$
\frac{\mathrm{d}x}{v_x(x, \ y, \ z, \ t)} = \frac{\mathrm{d}y}{v_y(x, \ y, \ z, \ t)} = \frac{\mathrm{d}z}{v_z(x, \ y, \ z, \ t)} \tag{2-10}
$$

式（2-10）即为流线方程。

一般情况下，在流场中流线具有以下重要性质。

（1）在恒定流动中，流线不随时间改变其位置和形状，流线与迹线重合。因为在恒定流动中各空间点上的速度不随时间变化，由这些速度矢量组合出的流线形状和位置将不随时间变化。而迹线是流体质点在不同时刻占据不同空间点所组合出的图形，当流场中流动参数不随时间变化时，这种组合也不随时间发生变化，运动起始于同一点的不同流体质点将按照同一路线运动，即此时不同的流体质点有相同的迹线，而这条迹线也是过该点的流线，所以恒定流动情况下流线与迹线重合。而在非恒定流动中，由于各空间点上速度随时间变化，流线的形状和位置是在不停地变化的。

（2）一般情况下，流线是不能彼此相交的，也不能转折，只能平滑过渡。流线的这一性质是显而易见的，因为若流线彼此相交或转折时，在相交点或转折点的这点上将出现两个速度矢量，这就违背了流体作为连续介质其流动参数是空间和时间的单值连续函数的条件。所以，根据流线的这一性质可知，在流场中的同一空间点上只能有一条流线。除以下 3 种特殊情况外。

① 驻点：速度为零的点，这时速度矢量无方向。

② 奇点：速度为无穷大的点，理想中存在，如点源、点汇。

③ 速度相切点：两条流线相切点，如图 2.7 所示，机翼后缘点两条流线相切。

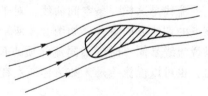

图 2.7 驻点与相切点

（3）流场中每一点都有流线通过，流线簇组成流线谱（图 2.8）。从流谱的流线疏密程度反映其速度的大小，流线稀疏的区域流动速度小，流线密集的区域流动速度大。以恒定流动的管流来说，根据流线的前两个性质，在管路中的不同截面上将有相同数目的流线经过，所以在截面积小的地方流线密集，在截面积大的地方流线稀疏，由后面即将讨论的连续性方程可知，在同一管路中截面积小的截面上流速大，截面积大的截面上流速小。所以，流线密集的地方流速大，流线稀疏的地方流速小。非恒定流动中同样具有这种性质。

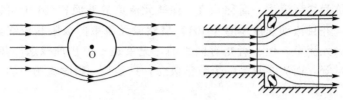

图 2.8　流谱图

由上述讨论可知，流线和迹线都是流场中的曲线，并且方程的形式是相同的，但是它们有着本质的区别，流线是流场中的瞬时曲线，描述的是某一瞬时处在该曲线上的众多流体质点的运动方向；迹线则是和时间过程有关的曲线，描述的是一个流体质点在一段时间内由一点运动到另一点的轨迹。

例2-2

设流体运动由下列欧拉变数下的速度函数：$v_x = x+t$，$v_y = -y+t$，$v_z = 0$ 给出，求：$t=0$ 时过 M $(-1,-1)$ 点的流线。

【解】　由流线微分方程可知

$$\frac{\mathrm{d}x}{x+t} = \frac{\mathrm{d}y}{-y+t}$$　——积分（t 作常数）

$$(x+t)(-y+t) = c$$　——流线族

当 $t=0$，$x=-1$，$y=-1$，可得 $C=-1$。

于是 $t=0$ 时，过 $M(-1,-1)$ 点的流线是：$xy=1$，这是双曲线方程

图 2.9 为此流线的图。

图 2.9　例 2-2 结果图

2.2.2　流管、流束、元流和总流

1. 流管

在流场中作一不是流线的任意封闭曲线，于同一瞬时过此曲线上的每一点作流线，由这些流线所组成的管状曲面称为流管，如图 2.10 所示。根据流线的性质，流体质点不可能穿过流管侧面流入或流出流管。在流管中，流动的流体被局限在流管的内部和外部，流体就像在真实的管道中流动一样。

在恒定流动情况下，由于流线的位置和形状不随时间变化，所以流管的位置和形状也不随时间 t 发生变化；在非恒定流动情况下可随时间 t 变化。流管不能终止于流场内部，否则在流管终止点上的速度将无穷大。

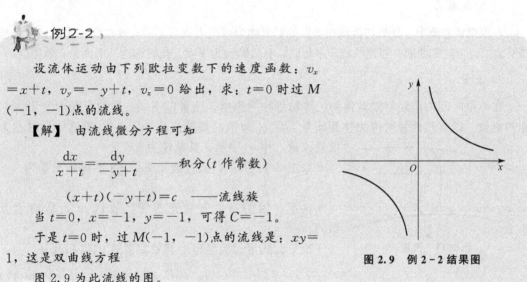

图 2.10　流管

2. 流束、元流

充满流管内部的一束流体称为流束。截面积

为无穷小的流束称为微元流束，简称元流。在微元流束的截面积 dA 上可以认为流动参数的分布是均匀的，并且流动速度垂直于 dA，显然微元流束的极限是流线，所以经常用流线的方程来表征微元流束。但二者是有区别的，流束是一个物理概念，涉及流速、压强、动量、能量、流量等，而流线只是一个数学概念，只是某一瞬时流场中的一条光滑曲线。

3. 总流

在实际流动中，流束的截面积往往是有限大的，所以定义由无限多微元流束所组成的截面积为有限大的流束称为总流，如实际管道和渠道内的流动。

2.2.3 有效截面、流量和平均流速

1. 有效截面

在流束或总流中，处处与流线相垂直的截面称为该流束或总流的有效截面。这一截面可能是平面，也可能是曲面，当流线趋于平行时，有效断面为平面，此时称这一平面为有效截面。

2. 流量

在单位时间内流经有效截面的流体的量称为流量。流量以不同的单位计量时有不同名称的流量，以体积计量时称为体积流量，用 q_V 表示，其单位为 m^3/s；以质量计量时称为质量流量，用 q_m 表示，其单位为 kg/s。

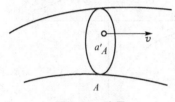

图 2.11 流量

如图 2.11 所示，流过微元面积 dA 的体积流量为

$$dq_V = v dA$$

这里，因为 dA 为微元面积，故认为 v 是均匀分布的。

积分此式可得流经整个有效截面 A 的体积流量

$$q_V = \iint_A v dA \tag{2-11}$$

当所取的截面不是有效截面时，因为截面上每一点上的速度并不见得与截面垂直，故微元流量为

$$dq_V = v\cos(\vec{v}, \vec{n}) dA$$

式中，$\cos(\vec{v}, \vec{n})$ 为速度 v 与微元面积 dA 的法线方向 $\vec{n}$ 的夹角的余弦。

那么，流过整个截面 A 的体积流量为

$$q_V = \iint_A v\cos(\vec{v}, \vec{n}) dA \tag{2-12}$$

在工程实际中往往不需要知道实际流速在有效截面每一点的速度分布情况，只需要知道有效截面上流速的平均值即可，因此引入平均流速的概念。

3. 平均流速

平均流速实际中是不存在的，假想一个均匀的速度分布，使其流经同一个有效截面的流量与实际流量相等，此时这个均匀分布的速度就叫平均流速。平均流速也可认为是体积流量除以有效截面面积所得的商，即

$$\overline{V} = q_V/A = \frac{\iint_A v\cos(\vec{v}, \vec{n}) dA}{A} \tag{2-13}$$

在以后的应用中，为简单起见，不作平均标记，直接以大写的 V 表示，用小写的 v 表示不均匀的速度分布。显然，由于实际流体具有黏性，流速在有效截面上的分布肯定不会是均匀的，以后将会看到其规律可能为抛物线分布、对数分布、指数分布等。因此，每一点的实际流速可以表示为

$$v = V \pm \Delta v$$

可见，实际流速可能大于也可能小于平均流速。对于整个有效截面，有 $\sum \pm \Delta v = 0$。

平均流速的概念十分重要，它将使研究和计算大为简化，尤其在工程设计计算中具有十分重要的实际意义。

2.2.4 缓变流和急变流

流束内流线的夹角很小、流线的曲率半径很大，近乎平行直线的流动称为缓变流；否则为急变流。流线的夹角很小，意味着流线近乎平行；流线的曲率半径很大，则意味着流体质点的离心惯性力近乎为零。流体在直管道内的流动为缓变流，在管道截面积变化剧烈、流动方向发生改变的地方，如突扩管、突缩管、弯管、阀门等处的流动为急变流。

2.2.5 湿周、水力半径和当量直径

在总流的有效截面上，流体与固体壁面相接触的长度称为湿周，用字母 χ 标记。

总流有效截面面积 A 与湿周之比称为水力半径，用字母 R 标记

$$R = \frac{A}{\chi} \tag{2-14}$$

对于满流的圆形截面的管道，其水力半径为

$$R = \frac{A}{\chi} = \frac{\pi d^2 / 4}{\pi d} = \frac{1}{4} d$$

或

$$d = \frac{\pi d^2}{\pi d} = \frac{4A}{\chi} = 4R$$

即对于满流的圆形截面管道，其几何直径是其水力半径的 4 倍，或可以说，圆形截面管道在满流时的水力半径为其几何直径的 1/4。与圆形截面管道相类比，定义非圆形截面管道的当量直径 D_e 为其水力半径的 4 倍，即

$$D_e = \frac{4A}{\chi} = 4R \tag{2-15}$$

在实际中衡量一个流动尺寸大小时，满流的圆形管道用内径（几何直径）衡量；不满流时，用水力半径衡量；满流的非圆形管道用当量直径衡量。

按照式（2-15）的关系，图 2.12 中几种非圆形截面管道的当量直径计算如下

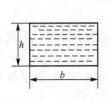

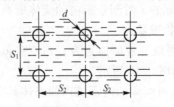

图 2.12 几种非圆形截面的管道

充满流体的矩形管道

$$D_e = \frac{4bh}{2(h+b)} = \frac{2bh}{b+h}$$

充满流体的环形截面管道

$$D_e = \frac{4\left(\dfrac{\pi d_2^2}{4} - \dfrac{\pi d_1^2}{4}\right)}{\pi d_1 + \pi d_2} = d_2 - d_1$$

充满流体的管束

$$D_e = \frac{4\left(S_1 S_2 - \dfrac{\pi d^2}{4}\right)}{\pi d} = \frac{4 S_1 S_2}{\pi d} - d$$

2.3 系统、控制体与输运方程

讨论流体的流动有两种基本方法，一是质点法，再就是控制体法。质点法关心的是个别质点的运动，流体质点运动要素随时间的变化率可用式（2−8）求得；而控制体法中往往要求解答的是和流动总体有关的流动要素，而不去追究个别流体质点运动要素的变化率。控制体法所要求求解的问题往往涉及众多流体质点所组成系统的能量、动量等的变化率。输运方程是控制体法中的重要方程，描述流体运动的连续性方程、动量方程等都可以依据输运方程推导出来，所以本节介绍系统与控制体的概念，并推导输运方程，即将系统所具有的物理量随时间的变化率转换为按控制体去计算的公式。

系统是一团流体质点的集合。在运动过程中，系统始终包含着确定的流体质点，有确定的质量，而这一团流体质点的外表面常常是不断变形的。控制体是指流场中某一确定的空间区域，这个区域的外周面称为控制面。控制体的形状是根据流体流动情况和边界位置任意选定的，一旦选定之后就不像系统那样随着流体的流动而变化。控制体的位置和形状相对于所选定的坐标系来讲是固定不变的。

总之，系统的概念是采用拉格朗日的观点的，即以确定的流体质点所组成的流体团作为研究对象。控制体的概念是采用欧拉的观点的，即以流体通过某一固定空间作为研究对象。

流体力学中的系统相当于热力学中的闭口系统，控制体相当于热力学中的开口系统。

过去直接提出的质量守恒、动量守恒和能量守恒等基本定律都是在质点力学中从系统的角度出发，揭示自然界物质所遵循的基本规律的。假如用场的观点讨论这些问题，怎么办呢？下面讨论的输运方程建立了两者的联系，为采用欧拉方法讨论系统所具有的物理量（如质量、动量、动量矩、能量等）创造了便利条件。

设：N 表示在 t 时刻系统内的流体所具有的某种物理量的总量，η 表示单位质量流体所具有的某种物理量。

在 t 时刻系统与控制体重合，占有空间体积为 II。经过 Δt 时间，系统占有空间体积为 $\text{II}' + \text{III}$，如图 2.13 所示。

那么在 Δt 时间间隔内系统内的流体具有的某种物理量的总量 N 的增量为

$$N_{t+\Delta t} - N_t = \left(\iiint_{\text{II}'} \eta \rho \, dV + \iiint_{\text{III}} \eta \rho \, dV\right)_{t+\Delta t} - \left(\iiint_{\text{II}} \eta \rho \, dV\right)_t \tag{2-16}$$

在上式右边加、减 $\left(\iiint_\text{I}\eta\rho\mathrm{d}V\right)_{t+\Delta t}$ 后，等式两边同除 Δt，整理可得

$$\frac{N_{t+\Delta t}-N_t}{\Delta t}=\frac{\left(\int_{\text{II}'}\eta\rho\mathrm{d}V+\int_\text{I}\eta\rho\mathrm{d}V\right)_{t+\Delta t}-\left(\int_\text{II}\eta\rho\mathrm{d}V\right)_t}{\Delta t}+\frac{\left(\int_\text{III}\eta\rho\mathrm{d}V\right)_{t+\Delta t}}{\Delta t}-\frac{\left(\int_\text{I}\eta\rho\mathrm{d}V\right)_{t+\Delta t}}{\Delta t}$$

等式两边同时取极限

等式左端：$\lim\limits_{\Delta t\to0}\dfrac{N_{t+\Delta t}-N_t}{\Delta t}=\dfrac{\mathrm{D}N}{\mathrm{D}t}$ ———系统导数。

等式右端第一项：因为 $\text{II}'+\text{I}=\text{II}$，所以有

$$\lim\limits_{\Delta t\to0}\frac{\left(\int_{\text{II}'}\eta\rho\mathrm{d}V+\int_\text{I}\eta\rho\mathrm{d}V\right)_{t+\Delta t}-\left(\int_\text{II}\eta\rho\mathrm{d}V\right)_t}{\Delta t}=\frac{\partial}{\partial t}\int_\text{II}\eta\rho\mathrm{d}V=\frac{\partial}{\partial t}\int_{CV}\eta\rho\mathrm{d}V \quad (2-17)$$

等式右端第二项和第三项所表示的物理意义如下。

由图 2.14 可看出，$\left(\int_\text{III}\eta\rho\mathrm{d}V\right)_{t+\Delta t}\Big/\Delta t$ 是单位时间流出的流体所具有的某物理量的总值。则

$$\lim\limits_{\Delta t\to0}\frac{\left(\int_\text{III}\eta\rho\mathrm{d}V\right)_{t+\Delta t}}{\Delta t}=\iint_{A_2}\eta\rho\vec{v}\cdot\mathrm{d}\vec{A}$$

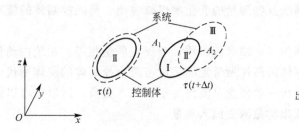

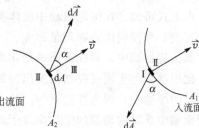

图 2.13 系统和控制体　　　　　　**图 2.14 控制面**

而 $\lim\limits_{\Delta t\to0}\dfrac{\left(\int_\text{I}\eta\rho\mathrm{d}V\right)_{t+\Delta t}}{\Delta t}=-\iint_{A_1}\eta\rho\vec{v}\cdot\mathrm{d}\vec{A}$。负号表示流入的流体。

于是两项相加 $(A_1+A_2=A)$，可得 $\lim\limits_{\Delta t\to0}\dfrac{\left(\int_\text{III}\eta\rho\mathrm{d}V\right)_{t+\Delta t}}{\Delta t}+\lim\limits_{\Delta t\to0}\dfrac{\left(\int_\text{I}\eta\rho\mathrm{d}V\right)_{t+\Delta t}}{\Delta t}=\iint_{CS}\eta\rho\vec{v}\cdot\mathrm{d}\vec{A}$

$$为\frac{\mathrm{D}N}{\mathrm{D}t}=\frac{\partial}{\partial t}\iiint_{CV}\eta\rho\mathrm{d}V+\iint_{CS}\eta\rho\vec{v}\cdot\mathrm{d}\vec{A} \quad (2-18)$$

$$或\frac{\mathrm{D}N}{\mathrm{D}t}=\frac{\partial}{\partial t}\iiint_{CV}\eta\rho\mathrm{d}V+\iint_{CS}\eta\rho v_n\mathrm{d}A$$

式中，CV 为表示对控制体的体积积分；CS 为表示对控制面的面积积分；$v_n=v\cdot\cos(\vec{v},$
$\vec{n})=v\cdot\cos\alpha$。 （2-19）

(1) $\dfrac{\partial}{\partial t}\iiint_{CV}\eta\rho\mathrm{d}V$ 表示在单位时间内，控制体中所含物理量总量的增量。亦即假如系统体积所占位置不发生变化，仅由于被积函数 $\eta\rho$ 随时间变化而在单位时间内物理量的总量

的增量，可与质点导数中的当地导数相比拟。它是由于流场的不恒定（定常）性造成的。在恒定流动的前提下：$\frac{\partial}{\partial t}\iiint_{cv}\eta\rho\mathrm{d}V = 0$。

（2）$\iint_{cs}\eta\rho\vec{v}\cdot\mathrm{d}\vec{A}$ 表示单位时间内净流出控制面的某种物理量。亦即如果被积函数 $\eta\rho$ 不随时间变化，由于系统体积位置的变化（它是由于有流体质点流出或流入 A 面所引起的）而在单位时间内产生的物理量总量的增量，可与质点导数中的迁移导数相比拟。它是由于流场的不均匀性造成的。

于是系统导数可叙述为：系统内部的 N 随时间变化率等于控制体内的 N 随时间的变化率加上单位时间经过控制面的 N 的净通量。物理量 N 可以是标量，如质量、能量等，也可以是矢量，如动量和动量矩等。

在恒定流动中，流场中所有物理量不随时间发生变化，所有控制体内的物理量随时间的变化率为零，即 $\frac{\partial}{\partial t}\iiint_{cv}\eta\rho\mathrm{d}V = 0$，此时系统内物理量 N 的变化率为

$$\frac{\mathrm{d}N}{\mathrm{d}t} = \iint_{cs}\eta\rho\vec{v}\cdot\mathrm{d}\vec{A} \qquad (2-20)$$

或

$$\frac{\mathrm{d}N}{\mathrm{d}t} = \iint_{cs}\eta\rho v_n\cdot\mathrm{d}A \qquad (2-21)$$

由上式可知，在恒定流动中流体系统某物理量的变化率仅与流出、流入控制体的流动情况有关，和控制体内物理量无关。

如恒定流动中，系统内质量变化率为零，那么流出质量与流入质量相等。系统内动量的变化率就只等于通过控制面流出控制体的流体所带走的动量与流入控制体的流体所代入的动量的净通量，因为在物理与高数中统一的概念是流出为正、流入为负，所以也可以说恒定流动中系统内动量的变化率等于流出动量减去流入动量。

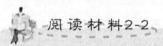
阅读材料2-2

"黄金周"景区人流量的控制

在"黄金周"期间，各旅游景点客流集中，景区内人满为患，对景区环境及管理造成了极大的破坏和困难。尤其是一些有危险地段的景区，如泰山、华山、黄山等，极易因管理不到位造成人员拥挤而发生危险（如挤落山崖），即使一般景点有时也会因拥挤发生踩踏伤人事故。

旅游景点不会规定每个游客的入园时间、旅游路线等，也不可能规定。所以为了避免发生事故，在"黄金周"时，旅游景点应采用欧拉法控制入园人数，即在极限量的游人入园后，采用出多少人就进多少人的方法，这样一来，景点内人数控制在合理范围内就不容易发生上述事故，园内管理人员压力也会减小很多，当然在黄金周前应尽量通报园内的限额人数及时疏导客流，以方便游客达到预期的游玩效果。

近几年的"黄金周"人们出游兴致降低，一部分原因是因为在"黄金周"许多景点只涨门票，不提高管理水平与服务质量，造成人们认为在"黄金周"出游既花钱又受罪，而且旅游景点只注重门票收入，不注重游人感受的不良印象。如果要限制景区人流量，完全可以采用排队或者提前报名登记的方法。

悄然兴起的无景点旅游也是分散景点人流量的办法，这样既可以玩好，又减少景区环境破坏严重的现象。以前每到节假日，人们就奔往全国各地的知名旅游景点，结果到处人潮涌动，不仅吃、住、行困难，就连拍下来的照片也张张有"陪照"。现在人们厌倦了"走马观花"式的旅游方式，而以休闲为主的"无景点旅游"会让人们感到前所未有的轻松和新鲜。所谓"无景点旅游"，即不跟随旅行团"走马观花"地到知名景点一"游"了之，而是自由安排行程，或在城市大街小巷闲逛，或到乡野郊外体验民俗民风。"无景点旅游"既可以省去景点的拥挤，欣赏未经"雕琢"的风光，又能随意安排行程，减少旅途劳累，还可以节约大量费用。

2.4 连续性方程

根据流体的连续性假设，流体是由无穷多的流体质点无间隙地组成的。在流动过程中，流体质点必须相互衔接，不出现缝隙。这样根据质量守恒定律可以导出流体流动的连续性方程。

由输运方程式(2-18)可知，当讨论的系统物理量 N 为质量时，则 $\eta=1$，$N=m$。由于在流动过程中流体系统内的质量不发生变化，于是有

$$\frac{\mathrm{d}N}{\mathrm{d}t}=\frac{\mathrm{d}m}{\mathrm{d}t}=0$$

将此结果应用于式(2-18)式则有

$$\frac{\partial}{\partial t}\iiint_{CV}\rho\mathrm{d}V+\iint_{CS}\rho v_n\mathrm{d}A=0 \tag{2-22}$$

上式即为积分形式的连续性方程，该式表明：单位时间内控制体内流体质量的增加量等于通过控制体表面的质量的净通量。或者说单位时间内控制体内流体质量的增加或减少量等于同一时间内通过控制面的质量的净通量。

显然对于恒定流动，式(2-22)左端第一项为零，所以恒定流动的积分形式的连续性方程为

$$\iint_{CS}\rho v_n\mathrm{d}A=0 \tag{2-23}$$

上式表明，在恒定流动中通过控制体表面的流体质量的净通量等于零。

在高数中，高斯-奥斯特罗格拉德斯基定理指出：某矢量在封闭固定体积的表面积上的净通量等于本矢量的散度在该体积的体积分。如下式

$$\iiint_V\left(\frac{\partial P}{\partial x}+\frac{\partial Q}{\partial y}+\frac{\partial R}{\partial z}\right)\mathrm{d}x\mathrm{d}y\mathrm{d}z=\oiint_A P\mathrm{d}y\mathrm{d}z+Q\mathrm{d}x\mathrm{d}z+R\mathrm{d}x\mathrm{d}y \tag{2-24}$$

高斯-奥斯特罗格拉德斯基公式(2-24)中 P、Q、R 分别表示一个矢量在 x、y、z 3个坐标上的分量；公式右侧表示3个分量分别通过与其垂直的封闭表面积的通量；公式左侧表示对矢量的3个分量做偏导数(括号内)叫这个矢量的散度，对这个散度做体积分。

如果这个矢量为速度矢，那么 P、Q、R 分别为 v_x、v_y、v_z，那么高斯-奥斯特罗格拉德斯基公式应用到式(2-23)中得

$$\iint_{CS} \rho v_n \mathrm{d}A = \iint_{CS} \rho v_x \mathrm{d}y\mathrm{d}z + \rho v_y \mathrm{d}x\mathrm{d}z + \rho v_z \mathrm{d}x\mathrm{d}y$$
$$= \iiint_{CV} \left(\frac{\partial \rho v_x}{\partial x} + \frac{\partial \rho v_y}{\partial y} + \frac{\partial \rho v_z}{\partial z} \right) \mathrm{d}x\mathrm{d}y\mathrm{d}z$$
$$= 0 \qquad (2-25)$$

要想体积分得零，必须括号内的被积函数为零，即矢量散度为零。这样就得出恒定流动的微分形式的连续性方程

$$\frac{\partial \rho v_x}{\partial x} + \frac{\partial \rho v_y}{\partial y} + \frac{\partial \rho v_z}{\partial z} = 0 \qquad (2-26)$$

如果是不可压缩流体 $\rho = c$，则微分形式的连续性方程表示为

$$\frac{\partial v_x}{\partial x} + \frac{\partial v_y}{\partial y} + \frac{\partial v_z}{\partial z} = 0 \qquad (2-27)$$

即在不可压缩流体中连续性方程是由速度的散度为零得到的。因为不可压缩流体密度不变，这时不论是不是恒定流动，控制体内流体质量都不变，也就是说不可压缩流体的体积不会发生变化，速度的散度为零也就是说体积的涨缩率为零。

积分形式的连续性方程式(2-22)应用于一元的恒定管道流动时，如图 2.15 所示，选取一段微元流管，控制体和坐标如图所示。根据流管性质；流管侧壁 $v_n = 0$，则由式(2-23)可得 $\rho_1 v_1 \mathrm{d}A_1 = \rho_2 v_2 \mathrm{d}A_2$。

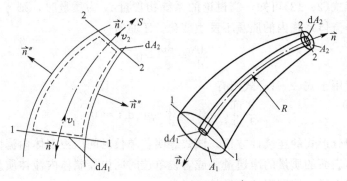

图 2.15   微元流管连续性方程

即单位时间内流入微元流管的质量等于流出该微元流管的质量。

取一段有限截面的流管为控制体，A_1、A_2 为流管两端面，ρ_1、ρ_2 分别为截面 1 和 2 的平均密度。$\vec{n}$ 为控制体外法线方向。于是由质量守恒定律可得

$$\iint_{A_1} \rho_1 v_n \mathrm{d}A = \iint_{A_2} \rho_2 v_n \mathrm{d}A \qquad (2-28)$$

式(2-28)中等号两端的积分分别为截面 1 和 2 上的质量流量，解出这两个积分可以得到常用的一元恒定流动的积分形式的连续性方程。一般情况下，管道截面上流体密度近似为常数，如果用 V_1 和 V_2 分别表示两个截面上的平均流速，并将截面取为有效截面，则对式(2-28)积分有

$$\rho_1 V_1 A_1 = \rho_2 V_2 A_2 \qquad (2-29)$$

或者

$$\rho V A = c \qquad (2-30)$$

式(2-30)即为一元恒定流动积分形式的连续性方程，该式表明在恒定管流的两个有效截面 1 和 2 上，流体的质量流量等于常数，由于 1、2 两个有效截面是任意选取的，所

以在恒定管流中任意有效截面上，流体的质量流量都等于常数。

对于不可压缩流体，密度等于常数，即在管流的任意截面上流体的密度都相等，式(2-29)两端同除以密度 ρ，则有

$$V_1 A_1 = V_2 A_2 \qquad\qquad (2-31)$$

或者

$$VA = c \qquad\qquad (2-32)$$

上式表明：对于不可压缩流体的恒定一元管流，任意有效截面上的体积流量等于常数。由该式可知，在同一总流上，通流截面积大的截面上流速小，截面积小的截面上流速大，这与流谱所得的结论是一致的。在大江截流时，最关键的步骤是截流汇合，此时江水流速最大，放入碎石将会被江水冲走，这时需放置预制件(一般是重量重、不易滚动的水泥浇注的四面体)或者在网中装入大石投入江水中。

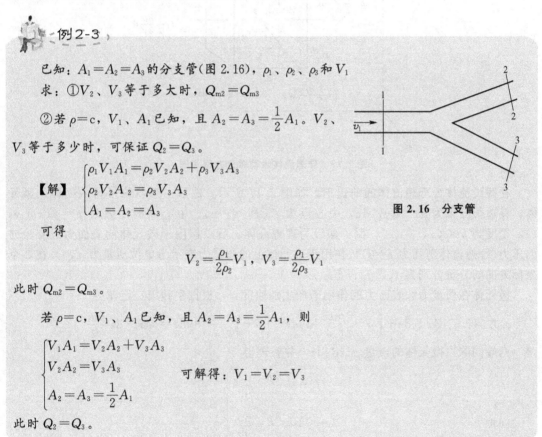

例2-3

已知：$A_1 = A_2 = A_3$ 的分支管(图2.16)，ρ_1、ρ_2、ρ_3 和 V_1

求：①V_2、V_3 等于多大时，$Q_{m2} = Q_{m3}$

②若 $\rho = c$，V_1、A_1 已知，且 $A_2 = A_3 = \frac{1}{2} A_1$。$V_2$、$V_3$ 等于多少时，可保证 $Q_2 = Q_3$。

【解】
$$\begin{cases} \rho_1 V_1 A_1 = \rho_2 V_2 A_2 + \rho_3 V_3 A_3 \\ \rho_2 V_2 A_2 = \rho_3 V_3 A_3 \\ A_1 = A_2 = A_3 \end{cases}$$

图 2.16 分支管

可得

$$V_2 = \frac{\rho_1}{2\rho_2} V_1, \quad V_3 = \frac{\rho_1}{2\rho_3} V_1$$

此时 $Q_{m2} = Q_{m3}$。

若 $\rho = c$，V_1、A_1 已知，且 $A_2 = A_3 = \frac{1}{2} A_1$，则

$$\begin{cases} V_1 A_1 = V_2 A_2 + V_3 A_3 \\ V_2 A_2 = V_3 A_3 \\ A_2 = A_3 = \frac{1}{2} A_1 \end{cases} \qquad 可解得：V_1 = V_2 = V_3$$

此时 $Q_2 = Q_3$。

2.5 能量方程

在经典力学中，动力学部分首先都要遵守牛顿第二定律，即 $\sum F = ma$，然后来分析物体或质点系的能量变化、动量变化等，在经典流体力学中也要先得出流体力学中牛顿第二定律的表达式，再进一步研究能量及动量的问题。在经典力学中，考虑到摩擦力较难分析

求解，所以先忽略摩擦力，然后通过实验来研究摩擦力的问题，同样在经典流体力学中先忽略流体的黏性，认为流体的黏性系数为零，即 $\mu=0$——理想流体，用理想流体假设得出结论与实际相矛盾的地方，再用实验研究去修正，得到符合实际的结果。

2.5.1　理想流体运动微分方程

理想流体运动微分方程是研究动力学的重要理论基础，可以用牛顿第二定律加以推导，如图 2.17 所示。

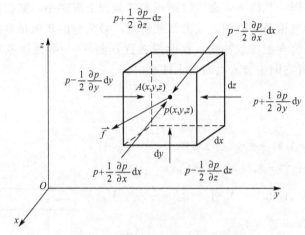

图 2.17　理想流体运动微分方程用图

在假设流体为理想流体的前提下，如图 2.17 所示。选取一形状为平行六面体的微元体，其边长分别为 $\mathrm{d}x$、$\mathrm{d}y$、$\mathrm{d}z$，中心点为 $A(x,\ y,\ z)$。中心点的压强为 $p=p(x,\ y,\ z)$，密度为 $\rho=\rho(x,\ y,\ z)$。因为假设为理想流体，所以作用于微元体的表面力只有法向的压力(理想流体剪切力 $\tau=0$)，作用于微元体上的质量力表示为单位质量力 f，其在 3 个坐标方向的分量分别为 f_x、f_y、f_z。

微元体在质量力和表面力的作用下产生加速度 $\vec{a}$，根据牛顿第二定律得

$$x \text{ 方向：} f_x\rho\mathrm{d}x\mathrm{d}y\mathrm{d}z+\left(p-\frac{\partial p}{\partial x}\frac{\mathrm{d}x}{2}\right)\mathrm{d}y\mathrm{d}z-\left(p+\frac{\partial p}{\partial x}\frac{\mathrm{d}x}{2}\right)\mathrm{d}y\mathrm{d}z=\rho\mathrm{d}x\mathrm{d}y\mathrm{d}z\frac{\mathrm{d}v_x}{\mathrm{d}t}$$

两端同除以微元体的质量 $\rho\mathrm{d}x\mathrm{d}y\mathrm{d}z$，并整理得

$$
\left.
\begin{aligned}
f_x-\frac{1}{\rho}\frac{\partial p}{\partial x}&=\frac{\mathrm{d}v_x}{\mathrm{d}t}\\
f_y-\frac{1}{\rho}\frac{\partial p}{\partial y}&=\frac{\mathrm{d}v_y}{\mathrm{d}t}\\
f_z-\frac{1}{\rho}\frac{\partial p}{\partial z}&=\frac{\mathrm{d}v_z}{\mathrm{d}t}
\end{aligned}
\right\}
$$

同理 $\qquad\qquad\qquad\qquad\qquad\qquad\qquad\qquad\qquad\qquad\qquad\qquad\qquad$ (2-33)

写成矢量式为

$$\vec{f}-\frac{1}{\rho}\mathrm{grad}\,p=\frac{\mathrm{d}\vec{v}}{\mathrm{d}t} \qquad\qquad\qquad (2-34)$$

将质点加速度的表达式(2-5)代入式(2-33)得

$$f_x - \frac{1}{\rho}\frac{\partial p}{\partial x} = \frac{\partial v_x}{\partial t} + v_x\frac{\partial v_x}{\partial x} + v_y\frac{\partial v_x}{\partial y} + v_z\frac{\partial v_x}{\partial z}$$

$$\left.\begin{array}{l} f_y - \frac{1}{\rho}\frac{\partial p}{\partial y} = \frac{\partial v_y}{\partial t} + v_x\frac{\partial v_y}{\partial x} + v_y\frac{\partial v_y}{\partial y} + v_z\frac{\partial v_y}{\partial z} \end{array}\right\} \qquad (2-35)$$

$$f_z - \frac{1}{\rho}\frac{\partial p}{\partial z} = \frac{\partial v_z}{\partial t} + v_x\frac{\partial v_z}{\partial x} + v_y\frac{\partial v_z}{\partial y} + v_z\frac{\partial v_z}{\partial z}$$

其矢量式为

$$\vec{f} - \frac{1}{\rho}\mathrm{grad}\,p = \frac{\partial \vec{v}}{\partial t} + (\vec{v}\,\nabla)\vec{v} \qquad (2-36)$$

式(2-35)为理想流体运动微分方程式，物理上表示作用在单位质量流体上的质量力、表面力和惯性力相平衡的牛顿第二定律的意义。该式推导过程中对流体的压缩性没有加以限制，故它可适用于理想的不可压缩流体和可压缩流体。

2.5.2 伯努利方程的推导

理想流体运动微分方程加上微分形式的连续性方程可以求解理想流体的问题，但实际中求解这样的四元偏微方程组很困难，边界条件也很难得出，往往在实际中将问题减元处理。

现在在简化问题的条件下推导伯努利方程。

现将理想流体运动微分方程写成全微分形式，第一步将式(2-35)中 x 方向的微分方程两边同时乘以 $\mathrm{d}x$，得

$$f_x\mathrm{d}x - \frac{1}{\rho}\frac{\partial p}{\partial x}\mathrm{d}x = \frac{\partial v_x}{\partial t}\mathrm{d}x + v_x\frac{\partial v_x}{\partial x}\mathrm{d}x + v_y\frac{\partial v_x}{\partial y}\mathrm{d}x + v_z\frac{\partial v_x}{\partial z}\mathrm{d}x$$

同理：

$$\left.\begin{array}{l} f_y\mathrm{d}y - \frac{1}{\rho}\frac{\partial p}{\partial y}\mathrm{d}y = \frac{\partial v_y}{\partial t}\mathrm{d}y + v_x\frac{\partial v_y}{\partial x}\mathrm{d}y + v_y\frac{\partial v_y}{\partial y}\mathrm{d}y + v_z\frac{\partial v_y}{\partial z}\mathrm{d}y \\[2mm] f_z\mathrm{d}z - \frac{1}{\rho}\frac{\partial p}{\partial z}\mathrm{d}z = \frac{\partial v_z}{\partial t}\mathrm{d}z + v_x\frac{\partial v_z}{\partial x}\mathrm{d}z + v_y\frac{\partial v_z}{\partial y}\mathrm{d}z + v_z\frac{\partial v_z}{\partial z}\mathrm{d}z \end{array}\right\}$$

3式中右边第一项无意义，所以假设流动是恒定流动，即 $\frac{\partial}{\partial t}=0$，消掉3式中右边第一项，然后将3式相加。

左边第一项相加的结果是：$f_x\mathrm{d}x + f_y\mathrm{d}y + f_z\mathrm{d}z$，如果质量力有势，即可以表示为 $f_x\mathrm{d}x + f_y\mathrm{d}y + f_z\mathrm{d}z = \mathrm{d}\pi$，如果质量力为重力，那么重力势函数 $\pi = -gz$。

左边第二项相加的结果是：$\frac{1}{\rho}\frac{\partial p}{\partial x}\mathrm{d}x + \frac{1}{\rho}\frac{\partial p}{\partial y}\mathrm{d}y + \frac{1}{\rho}\frac{\partial p}{\partial z}\mathrm{d}z = \frac{1}{\rho}\mathrm{d}p$。

右边要想变成全微分形式，必须再加条件，假设在流线上做积分。

由流线方程 $\dfrac{\mathrm{d}x}{v_x(x, y, z, t)} = \dfrac{\mathrm{d}y}{v_y(x, y, z, t)} = \dfrac{\mathrm{d}z}{v_z(x, y, z, t)}$ 得

$$v_x\mathrm{d}y = v_y\mathrm{d}x, \quad v_x\mathrm{d}z = v_z\mathrm{d}x, \quad v_y\mathrm{d}z = v_z\mathrm{d}y$$

将上式代入 x 方向的微分方程，右边微分式改写为

$$v_x\frac{\partial v_x}{\partial x}\mathrm{d}x + v_x\frac{\partial v_x}{\partial y}\mathrm{d}y + v_x\frac{\partial v_x}{\partial z}\mathrm{d}z = \mathrm{d}\left(\frac{v_x^2}{2}\right)$$

同理 y 方向为：$v_y\dfrac{\partial v_y}{\partial x}\mathrm{d}x + v_y\dfrac{\partial v_y}{\partial y}\mathrm{d}y + v_y\dfrac{\partial v_y}{\partial z}\mathrm{d}z = \mathrm{d}\left(\dfrac{v_y^2}{2}\right)$。

z 方向为：$v_z\dfrac{\partial v_z}{\partial x}\mathrm{d}x + v_z\dfrac{\partial v_z}{\partial y}\mathrm{d}y + v_z\dfrac{\partial v_z}{\partial z}\mathrm{d}z = \mathrm{d}\left(\dfrac{v_z^2}{2}\right)$。

3 式相加得：等式右边为 $\mathrm{d}\left(\dfrac{v^2}{2}\right)$。式中 v^2 为速度矢的模长的平方。

综上所述，理想流体运动微分方程的全微分形式可写为

$$-\mathrm{d}\pi+\frac{1}{\rho}\mathrm{d}p+\mathrm{d}\left(\frac{v^2}{2}\right)=0 \tag{2-37}$$

要想积分，还需假定流体为不可压缩流体，即 $\rho=c$，上式积分后得

$$gz+\frac{p}{\rho}+\frac{v^2}{2}=c \tag{2-38}$$

此方程就是著名的伯努利方程，它是由伯努利（Daniel Bernoulli）于 1738 年首先提出的，所以命名为伯努利方程。

伯努利方程的适用条件为：理想的不可压缩流体在重力场中作恒定流动时，沿流线满足机械能守恒。不难看出，理想的不可压缩流体在重力场中作恒定流动时，沿流线单位质量流体的动能、位势能和压势能之和为常数。但是沿不同的流线时，这个积分常数的值一般是不同的。所以一般来讲，伯努利方程只能应用于一条流线上的不同点。

伯努利方程指出，理想的不可压缩流体在重力场中作恒定流动时，在同一条流线上的不同点上或者同一微元流束的不同截面上，单位质量（重量或体积）流体的动能、位势能和压势能之和为常数。这就是伯努利方程的物理意义，是能量守恒定律在这种流动中的具体体现，所以伯努利方程也称为能量方程。在流体力学中一般采用欧拉法，因此流体不能有固定的质量，所以能量也不会是总能量，其单位不可能是焦耳 J。式（2-38）是单位质量流体的能量方程，其单位是速度的平方 m²/s²，也可表示成单位重量流体的能量方程

$$z+\frac{p}{\rho g}+\frac{v^2}{2g}=H \tag{2-39}$$

其单位是米/m。单位体积的能量方程为

$$\rho gz+p+\frac{1}{2}\rho v^2=c \tag{2-40}$$

其单位是帕斯卡/Pa。

一般可根据需要采用不同形式的伯努利方程，工程中常常采用单位重量流体的能量方程，即式（2-39），因为其各项的量纲均为长度，因此可以将每一项的大小按比例画出其几何长度，这时 z 称为位置水头，$\dfrac{p}{\rho g}$ 称为压力水头，$\dfrac{v^2}{2g}$ 称为速度水头（或动水头），前两项之和称为静水头或测压管水头，记作 H_s，3 项之和称为总水头，记作 H。所以伯努利方程的几何意义可表述为：理想的不可压缩流体在重力场中作恒定流动时，沿任意流线或者微元流束，单位重量流体的位置水头、压力水头和速度水头之和为常数，即总水头线为平行于基准面的水平线，这一关系如图 2.18 所示。

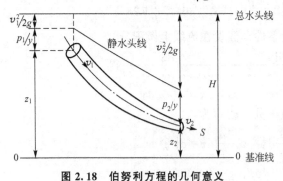

图 2.18　伯努利方程的几何意义

对于平面流场或者流场中流动参数随位置 z 的变化可以忽略不计的流动，式（2-38）可以简写成

$$\frac{p}{\rho}+\frac{v^2}{2}=c \tag{2-41}$$

该式表明，沿流线速度和压强的变化是相互制约的，流速高的地方压强低，流速低的地方压强高。根据这一原理，工程中需要提高流速的地方可以用降低压强的方法来实现。但是对于液体来说，当压强降低到饱和压强时，液体气化，产生气泡，这时方程不再适用。

2.5.3 伯努利方程的应用

1. 皮托管

皮托(Henri Pitot)在 1773 年首次用一根弯成直角的玻璃管(图 2.19)测量了法国巴黎塞纳河的流速，他的作法如下：将两端开口弯成 90°的玻璃管放置在水流中，一端的开口面向来流，另一端的开口铅直向上，这时管内液面将上升到高出河面 h 的高度，水中的 B 端距离水面 H。这样的结果用伯努利方程分析：B 点形成驻点，驻点处的压强称为驻点压强或总压，它应该等于玻璃管内单位面积上液柱的重力，即 $\rho g(h+H)$；驻点 B 上游的 A 点未受测管影响，且与 B 点位于同一水平流线上，在 A、B 两点上建立伯努利方程如下

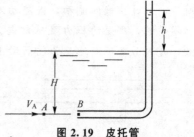

图 2.19 皮托管

$$z_A+\frac{p_A}{\rho g}+\frac{v_A^2}{2g}=z_B+\frac{p_B}{\rho g}+\frac{v_B^2}{2g}$$

由于式中 $z_A=z_B$，$p_B=\rho g(h+H)$，$p_A=\rho gH$，$v_B=0$(驻点)，故解得

$$v_A=\sqrt{\frac{2}{\rho}(p_B-p_A)}=\sqrt{2gh} \tag{2-42}$$

式(2-42)只是理想流体中的测速结果，并不是公式。

由上面的例子可以看出，由于 A、B 两点距离很近，总能量相等，所以在实际中只要测出某一点的总压($p+\rho v^2/2$)和静压 p(这里的静压并非静止流体中的压强，而是指不受测管影响的点 A 的压强)就可以依据上述方法求出被测点上的流速 v。这种弯成直角测得总压(进而测出流速)的管子命名为皮托管，以纪念皮托的贡献；因为皮托管常用于测量流速，因此也叫测速管。

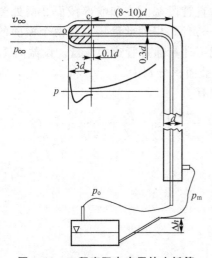

图 2.20 工程实际中应用的皮托管

实际中工程中用的皮托管结构如图 2.20 所示。静压管包围着总压管，在驻点之后适当距离的外壁上沿周围钻几个小孔，称为静压孔。将静压孔的通路和总压孔的通路分别连接于差压计的两端，差压计给出总压和静压的差值，从而由式(2-42)得到测点速度。

严格地说，由于皮托管中测得的总压 p_0 反映的是总压孔面积上的平均压力，并非驻点压力，所以稍小于驻点压力。另一方面，由于皮托管头部和支杆对气流的影响，在 C 点不能完全恢复到来流的 v_∞、p_∞，所以它所测得的静压比 p_∞ 稍大，还有加工等问

题。综合所有因素对测量的影响，对式(2-42)作一修正

$$v = \sqrt{\frac{2\xi(p_0 - p)}{\rho}} \, (\text{m/s})$$

式中，ξ为修正系数，一般$\xi = 0.98 \sim 1.05$，要求不太高时，$\xi \approx 1$。

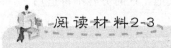阅读材料2-3

静压及其测量方法

静压是反映流体受扰动前分子热运动，以及由于流体运动加剧了这一分子运动所产生的压力。因此要想准确地得到运动流体的静压必须有随流体一起运动的压力计所指示的压力。这样的测量是不可能达到的，工程上一般采用这样的方法测取静压：如图2.21所示，经过狭缝的流动，当流动处于稳定状态(图2.21(b))时，在狭缝中流体几乎是静止不动的，那里的压力显然就与流体中的压力相等，因为在静止区域中的压力为一常数，并且必定不断地变为间断面上运动流体的压力。

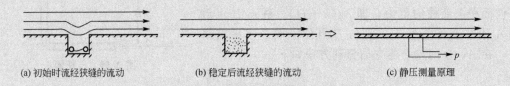

(a) 初始时流经狭缝的流动　　(b) 稳定后流经狭缝的流动　　(c) 静压测量原理

图 2.21　静压测量

如果将压力计用导管连到缝内便可得到运动流体中的静压。但是这种测量方法要求板面平行于来流方向，狭缝垂直于来流方向。由此原理可制成静压管(Prandtl tube)。

2. 文丘里管

文丘里(Venturi)管用于管道中的流量测量，它是由收缩段和扩张段所组成的，如

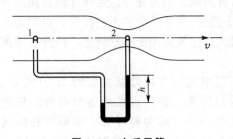

图 2.22　文丘里管

图2.22所示，两段结合处称为喉部。在文丘里管入出口前的直管段截面1和喉部截面2两处测量静压差$(p_1 - p_2)$，根据此静压差和两个截面的已知截面积就可计算通过管道的流量。设截面1、2上的流速和截面积分别为v_1、A_1和v_2、A_2，根据伯努利方程有

$$\frac{p_1}{\gamma} + \frac{v_1^2}{2g} + z_1 = \frac{p_2}{\gamma} + \frac{v_2^2}{2g} + z_2 \qquad (2-43)$$

连续性方程

$$v_1 = \frac{A_2}{A_1} v_2 \qquad (2-44)$$

式(2-43)、式(2-44)联立求解截面2的流速为

$$v_2 = \sqrt{\frac{2(p_1 - p_2)}{\rho\left[1 - \left(\frac{A_2}{A_1}\right)^2\right]}}$$

则通过文丘里管的体积流量为

$$q_V = A_2 v_2 = A_2 \sqrt{\frac{2(p_1 - p_2)}{\rho \left[1 - \left(\frac{A_2}{A_1} \right)^2 \right]}}$$

在实际测量中，考虑到黏性引起各个截面参数分布的不均匀性，以及流动中的能量损失，还应乘上修正系数 β。且用 U 形管差压计中液面高度差 h 表示成

$$p_1 - p_2 = h(\rho' - \rho)g$$

式中，ρ' 为 U 形管中液体的密重度；ρ 为所测量液体的重度。

于是有

$$q_V = \beta A_2 \sqrt{\frac{2gh(\rho' - \rho)}{\rho \left[1 - \left(\frac{A_2}{A_1} \right)^2 \right]}} \tag{2-45}$$

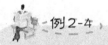 例2-4

虹吸管：如图 2.23 所示，已知：H、h、p_a、d、γ，容器 A 可视为无限大，在开始时刻出流，管内充满液体，不计流动损失。试求：点 2、3、4 处的速度和压力。

【解】

分析：不计流动损失，管内流动取其各点的平均参数。容器 A 很大，与小管出流相比可视为定常流动，流动介质 $\rho = c$。因此利用各截面上的平均值，由伯努利方程计算得

$$\frac{v^2}{2g} + \frac{p}{\rho g} + z = c$$

选取坐标如图 2.23 所示，取流线 1-2-3-4，沿此流线可建立以下方程。

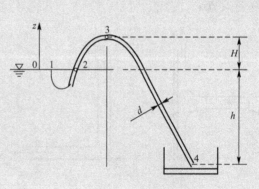

图 2.23 虹吸管

1-4：$\dfrac{p_1}{\rho g} + \dfrac{v_1^2}{2g} + z_1 = \dfrac{p_4}{\rho g} + \dfrac{v_4^2}{2g} + z_4$

$\because p_1 = p_4 = p_a$（与大气相通），$v_1 \ll v_4$，$v_1 \approx 0$，$z_1 - z_4 = h$

$\therefore v_4 = \sqrt{2gh}$，$Q = v_4 A' = \dfrac{\pi}{4} d^2 \cdot v_4$，$p_4 = p_a$。

1-3：$\dfrac{p_1}{\rho g} + \dfrac{v_1^2}{2g} + z_1 = \dfrac{p_3}{\rho g} + \dfrac{v_3^2}{2g} + z_3$

$\because p_1 = p_a$，$v_3 = v_4 \gg v_1$，$z_1 - z_3 = -H$

$\therefore p_3 - p_a = -\gamma(H + h) = -p_v$（真空度）

在一般工程实际中，要求 $p_v < p_v'$（气化压力），故虹吸管高度 H 有一定的限制

$$H < \frac{p_v'}{\rho g} - h$$

$$1-2: \frac{p_1}{\rho g}+\frac{v_1^2}{2g}+z_1=\frac{p_2}{\rho g}+\frac{v_2^2}{2g}+z_2$$

$\because p_1=p_a$，$v_2=v_4 \gg v_1$，$z_1=z_3=0$

$\therefore p_2=p_a-\rho gh$。

能量转换关系如下。

1→4：位势能→动能；　　　2→3：压力能→位势能；

3→4：位势能→压力能；　　1→2：压力能→动能。

思考题：(1) 为什么要求管中灌满水？

(2) 当下游比上游水位高时，能否出流，为什么？

(3) 为什么 H 有一定的限制？

2.6　动量方程和动量矩方程

前面讨论了连续性方程和伯努利方程，应用这两个方程可以求解许多工程问题。如流速、流量、管道截面积，以及液体机械中的压头、扬程等。下面所讨论的动量方程可以用来解决流体在流动过程中流体与固体之间的相互作用的动力学规律，动量方程不限于理想流体，不限于沿某一流线(或流束)，也不必考虑流体在流动过程中的内部变化情况，仅仅知道流体在流动过程某截面上的速度、压力等就可求得流体与固体之间的相互作用力，因此动量方程适用于求解整体力的作用。这在工程应用中是十分重要的，如弯管、射流等，如图 2.24 所示。

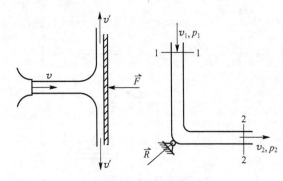

图 2.24　动量方程示意图

2.6.1　动量方程

1. 动量方程推导

将质点系动量定理应用于流体系统的运动可以导出流体运动的动量方程。

动量定理告诉我们：系统内的流体动量对时间的导数等于作用在系统上的外力的矢量和。在输运方程式(2-18)中，如果物理量 N 为系统内的动量，那么 η 就代表单位质量流体的动量，即 $\eta=\vec{v}$，则 $N=\iiint_V \rho \vec{v} \, \mathrm{d}V$，则由输运方程可知

$$\frac{\mathrm{D}N}{\mathrm{D}t}=\frac{\mathrm{D}}{\mathrm{D}t}\iiint_V \rho \vec{v} \, \mathrm{d}V=\frac{\partial}{\partial t}\iiint_{cv} \rho \vec{v} \, \mathrm{d}V+\iint_{cs} \vec{v} \rho v_n \mathrm{d}A$$

等式右端第一项是控制体内的动量随时间的变化率，第二项是单位时间内经过控制面的流体的通量。

动量方程即为

$$\frac{D}{Dt}\iiint_V \rho\vec{v}\,dV = \sum\vec{F} \tag{2-46}$$

式中，$\sum\vec{F}$ 为作用在系统上的外力的矢量和。

在恒定流动的条件下，控制体内流体的动量不随时间变化，于是有

$$\iint_{CS}\vec{v}\,\rho v_n\,dA = \sum\vec{F} \tag{2-47}$$

它说明，在恒定流动的条件下，控制体内流体所受的合外力矢量等于单位时间内通过控制体表面的流体的动量净通量的主矢量。

表示为分量式为

$$\begin{cases}\iint_{CS}\rho v_x v_n\,dA = \sum F_x\\[4pt]\iint_{CS}\rho v_y v_n\,dA = \sum F_y\\[4pt]\iint_{CS}\rho v_z v_n\,dA = \sum F_z\end{cases} \tag{2-48}$$

如图 2.25 所示的一弯管，其坐标系、控制体如图所示。（以 xyz 坐标为例）则有

$$\begin{cases}\rho_2 A_2 v_{2n} v_{x2} - \rho_1 A_1 v_{1n} v_{x1} = \sum F_x\\[4pt]\rho_2 A_2 v_{2n} v_{y2} - \rho_1 A_1 v_{1n} v_{y1} = \sum F_y\\[4pt]\rho_2 A_2 v_{2n} v_{z2} - \rho_1 A_1 v_{1n} v_{z1} = \sum F_z\end{cases}$$

又由连续性方程：$\rho_2 A_2 v_{2n} = \rho_1 A_1 v_{1n} = \rho q_V$，得分量式

$$\begin{cases}\rho q_V(v_{x2} - v_{x1}) = \sum F_x\\[4pt]\rho q_V(v_{y2} - v_{y1}) = \sum F_y\\[4pt]\rho q_V(v_{z2} - v_{z1}) = \sum F_z\end{cases} \tag{2-49}$$

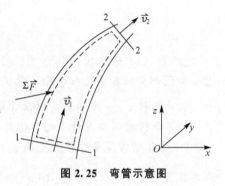

图 2.25　弯管示意图

矢量式

$$\rho q_v(\vec{v}_2 - \vec{v}_1) = \sum\vec{F} \tag{2-50}$$

式（2-50）为最常用的管流恒定流动的动量方程，常用来求解动水反力等问题。式中，$\vec{v}_2$、$\vec{v}_1$、$\vec{F}$ 同时带有正负号。速度与力的投影方向与所在轴的方向一致，取正；反之，与其轴线方向相反，取负。

此时动量方程的物理意义：作用在控制体内的流体上的外力总和等于单位时间内流出与流入该控制体的动量之差。

2. 动量方程应用

在应用式（2-50）求解有关问题时必须注意以下几个问题。

（1）动量方程是一个矢量方程，每一个量均具有方向性，必须根据建立的坐标系判断各量在坐标系中的正负号。

（2）根据问题的要求正确地选择控制体，选择的控制体必须包含对所求作用力有影响的全部流体。

（3）方程中合外力项包括作用于控制体内流体上的所有外力，但不包括惯性力。

（4）方程只涉及两个流入、流出截面上的流动参数，而不必顾及控制体内是否有间断面存在。

例2-5

如图 2.26 所示，已知一弯管截面 A_1、A_2，其各截面上的速度 v_1、v_2，平均绝对压力 p_1、p_2，以及外界大气压 p_a 和出口速度 v_2 与 x 方向的夹角 α，弯管水平放置而不考虑质量力。不可压流体 $\rho = c$。

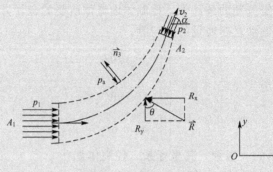

图 2.26　例 2-5 题图

【解】　(1) 选取控制体如图 2.26 所示，一般控制体要选在：①所研究的边界上；②全部或部分物理量已知的面；③流面。

(2) 选取 x-y 坐标系，假设管壁对流体的作用力 $\vec{R}$，如图 2.26 所示。

(3) 分析控制体内动量的变化与外力。

① 在管壁四周受外界大气压 p_a 的作用，设面积 A_3 为管壁面积，则在管壁四周受外界总压力为 $\vec{P}_3 = -\int_{A_3} \vec{n}_3 p_a \mathrm{d}A$。

② 在 1 截面上作用有绝压 p_1，则有 $\vec{P}_1 = -p_1 A_1 \vec{n}_1$。

在 2 截面上作用有绝压 p_2，则有 $\vec{P}_2 = -p_2 A_2 \vec{n}_2$。

③ 管壁对流体的作用力 $\vec{R}$。

作用在控制体内流体的合外力为

$$\sum \vec{F} = -\left[\vec{R} + \int_{A_3} \vec{n}_3 p_a \mathrm{d}A + p_1 A_1 \vec{n}_1 + p_2 A_2 \vec{n}_2 \right]$$

负号表明与外法线方向相反。

$\because A_3 = A - A_1 - A_2$，于是

$$\iint_{A_3} \vec{n}_3 p_a \mathrm{d}A = \oiint_A \vec{n} p_a \mathrm{d}A - \iint_{A_1} \vec{n}_1 p_a \mathrm{d}A - \iint_{A_2} \vec{n}_2 p_a \mathrm{d}A = -p_a A_2 \vec{n}_2 - p_a A_1 \vec{n}_1$$

$$\therefore \sum \vec{F} = -\left[\vec{R} + (p_1 - p_a) A_1 \vec{n}_1 + (p_2 - p_a) A_2 \vec{n}_2 \right]$$

而 $p_1 - p_a$ 为 1 截面上的相对压力；$p_2 - p_a$ 为 2 截面上的相对压力。

由此可见，在求解这类问题时应以相对压力计算，即可以假设大气压 $p_a = 0$。下面分别讨论 x 方向和 y 方向上满足动量方程的关系式。

④ x 方向：$\sum F_x = \rho q_V (v_{x2} - v_{x1})$

$$(p_1-p_a)A_1-(p_2-p_a)A_2\cos\alpha-R_x=\rho v_1 A_1(v_2\cos\alpha-v_1)$$

$$\therefore R_x=(p_1-p_a)A_1-(p_2-p_a)A_2\cos\alpha-\rho v_1 A_1(v_2\cos\alpha-v_1)$$

y 方向：$\sum F_x=\rho q_V(v_{y2}-v_{y1})$

$$R_y-(p_2-p_a)A_2\sin\alpha=\rho v_2 A_2(v_2\sin\alpha-0)$$

$$\therefore R_y=\rho v_2^2 A_2\sin\alpha+(p_2-p_a)A_2\sin\alpha$$

于是 $R=\sqrt{R_x^2+R_y^2}$，$\tan\theta=\dfrac{R_y}{R_x}$ 或 $\theta=\arctan\dfrac{R_y}{R_x}$。

⑤ 流体对弯管的作用力 $|F|=|R|$，方向相反。

（4）解题时需注意以下几点。

① 已知绝对压力时，需注意大气压的作用；当已知相对压力时，可以不必考虑大气压力的作用。

② 弄清题目要求作用力的对象。

③ 作用力的投影和流速的投影应正确选取符号，凡与选定的坐标方向相同时取正号；反之与坐标方向相反时取负号。

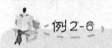 **例2-6**

射流对平壁及曲壁面的作用力。

如图2.27、图2.28所示，一理想不可压流体的平面射流在平板上的斜冲击。设想一无限大平板与来流成 α 角，射流冲击到平板后，流体向四周散开：d_2 和 d_3 分别为两股流束在无穷远处的宽度，且假设在截面1、2、3的流速均匀（V_1、V_2、V_3），流动定常，且忽略质量力。求：挡板所受外力的合力。

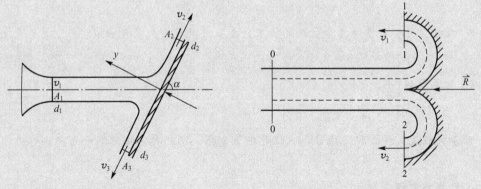

图2.27　例2-6题图（一）　　　　图2.28　例2-6题图（二）

【解】（1）首先选取控制体如图2.27所示，要求2、3截面选在流速均匀，即无限远处。

（2）选取适当坐标系 $x\text{-}y$，且设平板对流体的作用力为 $\vec{R}$。（因为讨论的是理想不可压流体，故 $\vec{R}$ 垂直于挡板）

（3）由动量方程知，控制体内流出的动量与流入的动量之差等于流体所受的合外力。

由连续性方程得：$\rho Q_1 = \rho Q_2 + \rho Q_3$。于是动量方程可写成 $\sum \vec{F} = (\rho q_{V2} \vec{v}_2 + \rho q_{V3} \vec{v}_3) - \rho q_{V1} \vec{v}_1$。

（4）射流特点就是在不考虑质量力情况下，$p_1 = p_2 = p_3 = p_a$，以及除流体与挡板的作用面外其他控制面上均受大气压的作用，而流体与挡板相互间的作用正是要解决的问题。

由 Bernoulli 方程可得：$v_1 = v_2 = v_3$，取单位宽度，则有

$$v_1 d_1 = v_2 d_2 + v_3 d_3 \Rightarrow d_1 = d_2 + d_3$$

（5）由上面的分析可知：作用于流体的外力只有 $\vec{R}$，即（以相对压力计算）

$$\vec{R} = (\rho q_{V2} \vec{v}_2 + \rho q_{V3} \vec{v}_3) - \rho q_{V1} \vec{v}_1$$

或 $\begin{cases} x: \ 0 = (\rho q_{V2} v_2 - \rho q_{V3} v_3) - \rho q_{V1} v_1 \cos\alpha \\ y: \ R = \rho q_{V1} v_1 \sin\alpha \end{cases}$，由此式可得

$$\begin{cases} d_1 \cos\alpha = d_2 - d_3 \\ d_1 = d_2 + d_3 \end{cases} \Rightarrow \begin{cases} d_2 = \dfrac{1 + \cos\alpha}{2} d_1 \\ d_3 = \dfrac{1 - \cos\alpha}{2} d_1 \end{cases}$$

$\therefore R = \rho v_1^2 d_1 \sin\alpha$，N/m 为单位宽度所受的力。于是射流对平板的冲击力为 $\vec{F} = -\vec{R}$，垂直于平板面。

（6）当 $\alpha = 90°$ 时，平板 $R = \rho q_{V1} v_1 = \rho q_V v_1 = \rho v_1^2 A_1$。

（7）$\sum \vec{F} = (\rho q_{V2} \vec{v}_2 + \rho q_{V3} \vec{v}_3) - \rho q_{V1} \vec{v}_1$ 同样适用于射流作用于曲壁面的情况。如当 $\alpha = 180°$ 时，$R' = 2\rho q_{V1} v_1 = 2R$（90°平板），由此原理可增大射流对壁面的作用力。如水轮机中叶片的曲面形状可改变其由流体获得的能量的量。

（8）解题注意事项如下。

① 除例 2-5 中所谈到的 3 点以外，解决射流对壁面的冲击力时首先要清楚射流的特点。

② 在建立方程时要注意分岔流的特点，要从总动量变化角度出发。

③ 基本方程 $\begin{cases} \rho q_V = C（或 q_V = C） \\ \dfrac{p}{\rho g} + z + \dfrac{v^2}{2g} = C \\ \sum \vec{F} = \rho q_V (\vec{v}_2 - \vec{v}_1) \end{cases}$

动量方程是矢量方程，伯努利方程是标量方程，联立时需注意这一点。

2.6.2 动量矩方程

与动量方程一样，根据质点系动量矩定理：系统内流体对某点的动量矩对时间的导数应等于作用于系统的外力对同一点的力矩的矢量和。同样应用输运方程得

$$\frac{DN}{Dt} = \iiint_V \rho(\vec{r} \times \vec{v}) dV = \sum(\vec{r}_i \times \vec{F}_i) = \sum \vec{M} \qquad (2-51)$$

式中，$N = \iiint_V \rho(\vec{r} \times \vec{v}) \mathrm{d}V$ 为系统内流体对某点的动量矩；$\eta = \vec{r} \times \vec{v}$ 为单位质量流体的动量矩；$\sum(\vec{r_i} \times \vec{F_i}) = \sum \vec{M}$ 为作用于系统的外力对同一点的力矩的矢量和。

在恒定流动的前提下，动量矩方程可写成

$$\iint_{\mathrm{cs}} \rho(\vec{r} \times \vec{v}) v_n \mathrm{d}A = \sum(\vec{r_i} \times \vec{F_i}) \tag{2-52}$$

流过整个控制面流体动量矩的通量等于作用于系统的外力对同一点的力矩的矢量和。

动量矩方程在涡轮机械中的应用如下。

前提：（1）理想流体（$\tau = 0$，或 $\mu = 0$）。

（2）定常流动（正常运转时，在同动坐标系中讨论）。

（3）无限数叶片（流体质点的运动轨迹与叶片的型线重合）。

（4）不可压缩流体（$\rho = \mathrm{C}$）。

如图 2.29 所示流体在涡轮机械内运动，属于复合运动。流体相对于叶轮的运动为相对运动，其速度称作相对速度，用 v_r 表示。流体随叶轮旋转的运动为圆周运动，其速度称作圆周速度或牵连速度，用 v_e 表示。流体相对于机壳的运动称为绝对运动，用 v 表示绝对速度。

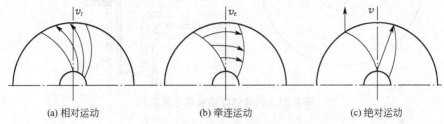

(a) 相对运动　　　　　　(b) 牵连运动　　　　　　(c) 绝对运动

图 2.29　涡轮机械中的流体运动

如图 2.30 所示，由理论力学知识可知：绝对速度 v 等于相对速度 v_r 和牵连速度 v_e 的矢量和，即：$\vec{v} = \vec{v_r} + \vec{v_e}$。

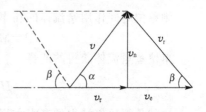

由此式可作出涡轮机械内任意流体质点的速度三角形；绝对速度也可分解为法向速度和切向速度 $\vec{v} = \vec{v_n} + \vec{v_\tau}$。式中，$v_n$ 为绝对速度在圆周上的法向速度，$v_n = v\sin\alpha$；v_τ 为绝对速度在圆周上的切向速度，$v_\tau = v\cos\alpha$；β 为出（入）口安装角，由叶片安装角确定。

图 2.30　涡轮机械速度三角形

余弦定理

$$\begin{cases} v_r^2 = v^2 + v_e^2 - 2vv_e\cos\alpha \\ v^2 = v_r^2 + v_e^2 - 2v_e v_r\cos\beta \end{cases}$$

从以上关系式可知：已知 v_e、v_r 和 β（或 v_τ）即可作出速度三角形，求得其他速度。而

$$v_e = R\omega = \frac{\pi D n}{60} = \frac{\pi R n}{30} \quad (n \text{ 为转速，r/min})$$

$$v_n = \frac{q_V}{\pi D b} \quad (q_V \text{ 为 m}^3/\text{s，} D \text{ 为直径，} b \text{ 为叶轮宽度})$$

一般安装角 β 已知。

下面就分析涡轮机械中的动量矩方程。

如图 2.31 所示，已知 ρ、q_V，略去重力影响，作用在流体上的力有：叶片对流体的作用力和内、外圈边界上的压力，后者因径向分布，所以对转轴的力矩为零。于是外力矩就是叶片对流道内的流体的作用力对转轴的力矩，其总和为

$$M_e = \sum(r_i \times F_i)$$

而

$$\iint_{CS} \rho(\vec{r} \times \vec{v})\mathrm{d}A = \int_{A_2} \rho v_2 r_2 \cos\alpha_2 v_{2n}\mathrm{d}A - \int_{A_1} \rho v_1 r_1 \cos\alpha_2 v_{1n}\mathrm{d}A$$

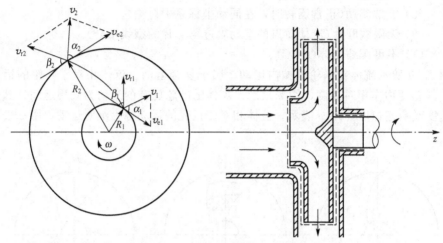

图 2.31　涡轮机械动量矩方程应用

设 ρ、v、α 均为常数，则上式等于

$$M_e = \rho q_V(r_2 v_{2\tau} - r_1 v_{1\tau}) \tag{2-53}$$

则单位时间作用给流体的功率

$$P = M_e \omega = \rho q_V(v_{2e}v_{2\tau} - v_{1e}v_{1\tau})(\mathrm{W})$$

单位重量流体获得的能量

$$H = \frac{1}{g}(v_{2e}v_{2\tau} - v_{1e}v_{1\tau})(\mathrm{m})$$

这就是涡轮机械中的基本方程，涡轮机械中常用到压头的概念

$$p = \rho g H = \rho(v_{2e}v_{2\tau} - v_{1e}v_{1\tau})(\mathrm{N/m^2})$$

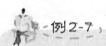
例2-7

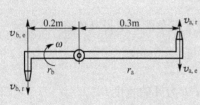

图 2.32　例 2-7 题图

如图 2.32 所示为一双臂式洒水器，水自转轴处的竖管流入，经喷管流出，已知喷管 a、b 的体积流量都是 $2.8 \times 10^{-4} \mathrm{m^3/s}$，两喷管的出口截面积均为 $1\mathrm{cm^2}$。若忽略损失，试确定洒水器的转速。

【解】　设洒水器的转速为 ω，以洒水器所包容的体积为控制体，根据动量矩方程有

$$\sum M_e = \rho q_V \left[(r_2 \times v_{2\tau}) - (r_1 \times v_{1\tau}) \right]$$

式中，下脚标为 1 的参数为入口参数，下脚标为 2 的参数为出口参数。

根据题意，没有外力作用于系统，所以 $\sum M_e = 0$，由于进口处 $r_1 = 0$，因此出口处的动量矩也为零，即 $\rho q_V (r_a \times v_a + r_b \times v_b) = 0$。

a 出口处绝对速度为 $v_a = v_{a,r} - v_{a,e}$，b 出口处绝对速度为 $v_b = v_{b,r} - v_{b,e}$，且 $v_{a,r} = v_{b,r} = \dfrac{q_V}{A} = 2.8$，$v_{a,e} = \omega r_a = 0.3\omega$，$v_{b,e} = \omega r_b = 0.2\omega$，代入动量矩方程，即为

$$\rho q_V [(2.8 - 0.3\omega) \times 0.3 - (2.8 - 0.2\omega) \times 0.2] = 0$$

解之得

$$\omega = 10.8 (\text{rad/s})$$

2.7 风力机贝茨理论

世界上第一个关于风力发电机叶轮叶片接受风能的完整理论是 1926 年由德国贝茨 (Betz) 建立的。贝茨理论假定叶轮是"理想"的：全部接受风能（没有轮毂），叶片无限多；对空气流没有阻力；空气流是连续的、不可压缩的；叶片扫掠面上的气流是均匀的；气流速度的方向不论在叶片前还是叶片后都是垂直叶片扫掠面的（或称平行叶轮轴线的），这时的叶轮称为"理想叶轮"，如图 2.33 所示。

设 V_1 为距离风力机一定距离的上游风速；V 为通过风轮时的实际风速；V_2 为离风轮远处的下游风速；S_1 为通过风轮的气流上游截面积；S 为通过风轮的气流截面积；S_2 为通过风轮的气流下游截面积。

由于风轮的机械能量仅由空气动能的降低所致，因而 V_2 必然低于 V_1，所以通过风轮的气流截

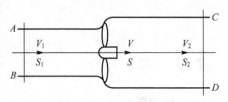

图 2.33 贝茨理论计算简图

面积从上游至下游是增加的，即 S_2 大于 S_1。如果假定空气是不可压缩的，由连续性方程可得

$$S_1 V_1 = SV = S_2 V_2 \tag{2-54}$$

风作用在风轮上的力可由动量方程得出

$$F = \rho SV(V_1 - V_2) \tag{2-55}$$

式中，ρ 为空气密度，kg/m^3；V 为平均风速，m/s。

$$V = \frac{V_1 + V_2}{2} \tag{2-56}$$

故风轮吸收的功率为

$$P = FV = \rho SV^2(V_1 - V_2) = \rho S\left(\frac{V_1 + V_2}{2}\right)(V_1^2 - V_2^2) \tag{2-57}$$

作用在风轮上的力为

$$F = \rho S V(V_1 - V_2) = \rho S(V_1 - V_2) \tag{2-58}$$

此功率是由动能转换而来的。从上游至下游动能的变化为

$$\Delta E = \frac{1}{2}\rho S V(V_1 - V_2) = \frac{1}{2}\rho S(V_1^2 - V_2^2) \tag{2-59}$$

由于风速 V_1 是给定的，P 是 V_2 的函数，所以 P 的大小取决于 V_2，对 P 微分得

$$\frac{\mathrm{d}P}{\mathrm{d}V_2} = \frac{1}{4}\rho S(V_1^2 - 2V_1V_2 - 3V_2^2) \tag{2-60}$$

令其等于 0，求解方程得到两个解：①$V_2 = -V_1$，没有物理意义；②$V_2 = \frac{1}{3}V_1$，对应的最大功率 $P_{\max}$ 为

$$p_{\max} = \frac{8}{27}\rho S V_1^3 = \frac{1}{2} \times \frac{16}{27}\rho S V_1^3 = \frac{8}{27}\rho S V_1^3 \tag{2-61}$$

将上式除以气流通过扫掠面 S 时风所具有的动能，可推得风力机的理论最大效率

$$\eta_{\max} = \frac{P_{\max}}{\frac{1}{2}\rho V_1^3 S} = \frac{(8/27)S\rho V_1^3}{\frac{1}{2}S\rho V_1^3} = \frac{16}{27} = 0.593 \tag{2-62}$$

式(2-62)即为贝茨理论的极限值。它说明风力机从自然风中所能索取的能量是有限的。令 $C_P = 0.593$，称作贝茨功率系数（或称作理想风能利用系数），说明风吹在叶片上，叶片所能获得的最大功率 $P_{\max}$ 为风吹过叶片扫掠面积风能的 59.3%。贝茨理论说明，理想的风能对叶轮叶片做功的最高效率是 59.3%。由于风力机和发电机的形式各异，能量的转换将导致功率的下降，风力机的实际风能利用系数 $C_P < 0.593$。风力机实际能得到的有用功率输出是

$$p_s = \frac{1}{2}\rho S V_1^3 C_P \tag{2-63}$$

 习 题

一、填空题

2-1 描述流体运动的两种方法是_____法和_____法。

2-2 流体运动参数的质点导数等于_____导数与_____导数之和。

2-3 流管壁面是由_____组成的，所以流管壁面上_____流体出入。

2-4 一般上来讲，流线_____相交和转折。

2-5 系统在一般情况下，形状位置随时间_____，控制体的形状位置将_____。

2-6 流体运动时有3种机械能，分别是_____、_____和_____。

2-7 射流的特点是_____和_____。

2-8 根据风力机贝茨理论得出，风力机的最高效率值是_____。

2-9 风力机的功率与风速的_____次方成正比。

二、思考题

2-1 拉格朗日法和欧拉法在分析流体运动上有什么区别？为什么常用欧拉法？

2-2 在欧拉法中加速度的表达式是怎样的？什么是当地加速度和迁移加速度？

2-3 流线与迹线的定义是什么？它们有何差别？在什么条件下二者重合？

2-4 什么是恒定流动？什么是非恒定流动？举例说明其不同之处。

2-5 什么是当量直径？为什么引进当量直径的概念？

2-6 什么是系统？什么是控制体？二者的差别有哪些？说明输运方程的意义。

2-7 连续性方程的意义是什么？

2-8 微元流束的伯努利方程的适应条件是什么？其中各项的物理意义与几何意义是什么？

2-9 应用动量方程解决问题时必须注意些什么？

2-10 动量矩方程在涡轮机中应用时的压头是什么概念？功率是如何获得的？试想风力机中如何从风中获得能量？

2-11 风力机贝茨理论推导时的前提是什么？

三、计算题

2-1 已知流场的速度分布为 $\vec{v}=x^2y\vec{i}-3y\vec{j}+2z^2\vec{k}$，试确定

(1) 属于几元流动？

(2) 求(3，1，2)点的加速度。

2-2 已知流场中的速度分布为

$$\begin{cases} v_x=yz+t \\ v_y=xz-t \\ v_z=xy \end{cases}$$

(1) 试问此流动是否恒定？

(2) 求流体质点在通过场中(1，1，1)点时的加速度。

2-3 已知流场中速度分布为 $\vec{v}=(4x^3+2y+xy)\vec{i}+(3x-y^3+z)\vec{j}$，试确定

(1) 属于几元流动？

(2) 求(2，2，3)点的加速度。

2-4 一流动的速度场为：$\vec{v}=(x+1)t^2\vec{i}+(y+2)t^2\vec{j}$，试确定在 $t=1$ 时，通过(2，1)点的迹线方程和流线方程。

2-5 设不可压缩流体运动的3个速度分量为

$$\begin{cases} v_x=ax \\ v_y=ay \\ v_z=-2az \end{cases}$$

其中 a 为常数。试证明这一流动的流线为 $y^2z=$ 常数，$\dfrac{x}{y}=$ 常数两曲面的交线。

2-6 已知平面流动的速度分布规律为 $\vec{v}=\dfrac{-\Gamma y}{2\pi(x^2+y^2)}\vec{i}+\dfrac{\Gamma x}{2\pi(x^2+y^2)}\vec{j}$，式中 Γ 为常数，求流线方程并画出几条流线。

2-7 不可压缩流体恒定流过一喷管，喷管截面积 $A(x)$ 是沿流动方向 x 变化的，若喷管中的体积流量为 q_V，按一元流动求喷管中流体流动的加速度。

2-8 不可压缩流体流过圆形截面的收缩管，管长 0.3m，管径沿管长线性变化，入口处管径 0.45m，出口处管径 0.15m，如果流动是恒定的，体积流量为 0.3m³/s，确定在管长 $\dfrac{1}{2}$ 处的加速度。

2-9 两水平放置的平行平板相距 a m，其间流体流动的速度为 $v_x=-10y/a+20y^2/a^2$ m/s，坐标系原点选在下平板上，y 轴垂直平板且方向向上。试确定单位厚度平板间的体积流量和平均速度。

2-10 已知一流场内速度分布为 $\vec{v}=\dfrac{4x}{x^2+y^2}\vec{i}+\dfrac{4y}{x^2+y^2}\vec{j}$，求证通过任意一个以原点为圆心的同心圆的流量都相等（z 方向取单位长度）。提示：将流场速度以极坐标表示。

2-11 不可压缩流体在直径 20mm 的管叉中流动，一支管的直径为 10mm，另一支管的直径为 15mm，若 10mm 管内的流动速度为 0.3m/s，15mm 管内的流动速度为 0.6m/s，试计算总管内流体的流动速度和体积流量。

2-12 由空气预热器经两条管道送往锅炉喷燃器的空气的质量流量 $q_m=8000$kg/h，气温 400℃，管道截面尺寸均为 400mm×600mm，已知标准状态（0℃，101325Pa）下空气的密度 $\rho_0=1.29$kg/m³，求输气管道中空气的平均流速。

2-13 如图 2.34 所示，一喷管直径 $D=0.5$m，收缩段长 $l=0.4$m，$\alpha=30°$，若进口平均速度 $V_1=0.3$m/s，求出口速度 V_2。

2-14 图 2.35 中倒置 U 形管中液体相对 4℃水的相对密度为 0.8，测压管读数 $H=30$cm，求所给条件下水流的流速。

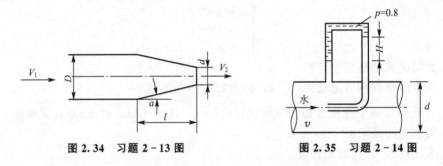

图 2.34 习题 2-13 图　　　　图 2.35 习题 2-14 图

2-15 图 2.36 所示为一文丘里管和压强计，试推导体积流量和压强计读数之间的关系式。

2-16 有一文丘里管（图 2.37），已知 $d_1=15$cm，$d_2=10$cm，水银差压计液面高差 $h=20$cm，若不计损失，求管流流量。

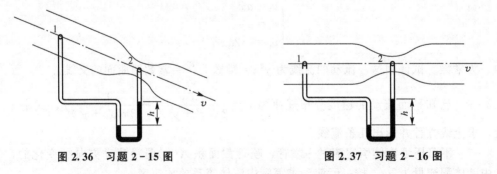

图 2.36 习题 2-15 图　　　　图 2.37 习题 2-16 图

2-17 如图 2.38 所示，水从井 A 利用虹吸管引到井 B 中，设已知体积流量 $q_V=100$m³/h，$H=3$m，$z=6$m，不计虹吸管中水头损失，试求虹吸管的管径 d 及上端管中的负压值 p。

2-18 如图 2.39 所示，已知虹吸管直径 $d=10$cm，$h=1$m，$H=2$m，不计能量损

失，求虹吸管引水量和 A 点的真空值。

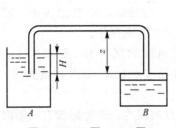 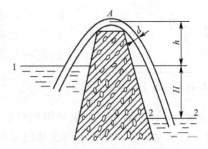

图 2.38　习题 2-17 图　　　　图 2.39　习题 2-18 图

2-19　已知离心水泵出水量 $q_V=30L/s$，吸水管直径 $d=150mm$，水泵机轴线离水面高 $H=7m$（图 2.40），不计损失，求：水泵入口处真空度。

2-20　如图 2.41 所示，用虹吸管自水池中吸水，如不计管中流动的能量损失，试求最高点 3 处的真空值。如 3 处的真空最大不得超过 $7mH_2O$，问 h_1 和 h_2 有何值限制。

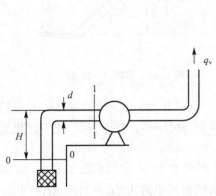 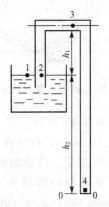

图 2.40　习题 2-19 图　　　　图 2.41　习题 2-20 图

2-21　如图 2.42 所示某一风洞试验段，已知 $D=1m$，$d=40cm$，从杯式酒精测压计上量出 $h=150mm$，空气重度 $\rho g_1=12.66N/m$，酒精重度 $\rho g_2=7848N/m$，不计损失，试求试验段处的流速。

2-22　离心式风机借集流器从大气中吸取空气。其测压装置为一从直径 $d=200mm$ 圆柱形管道上接出的、下端插入水槽中的玻璃管（图 2.43），若水在玻璃管中上升高度 $H=250mm$，空气密度 $\rho=1.29kg/m^3$，求风机每秒钟吸取的空气量 q_V。

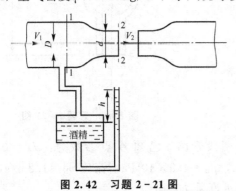 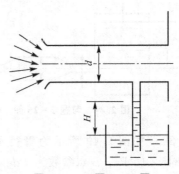

图 2.42　习题 2-21 图　　　　图 2.43　习题 2-22 图

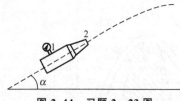

图 2.44　习题 2-23 图

2-23　如图 2.44 所示为一消防水枪，向上倾角 $\alpha=30°$，水管直径 $D=150\text{mm}$，压力表读数 $p=3\text{m}$ 水柱高，喷嘴直径 $d=75\text{mm}$，求喷出流速、喷至最高点的高程及在最高点的射流直径。

2-24　开式风洞的试验段（图 2.45），进口直径 $D=4\text{m}$，出口直径 $d=1\text{m}$，压力计读数 $h=64\text{mm}$ 水柱，空气密度 $\rho=1.29\text{kg/m}^3$，求风洞出口的风速。

2-25　计算如图 2.46 所示的流体流动时，A 点的压力。若管路没有喷嘴时 A 点的压力为多少？

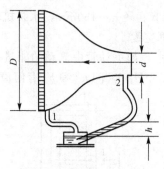

图 2.45　习题 2-24 图

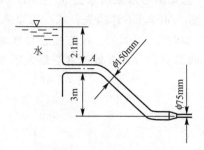

图 2.46　习题 2-25 图

2-26　如图 2.47 所示，有一变截面管路，其尺寸为：$d_1=100\text{mm}$，$d_2=150\text{mm}$，$d_3=125\text{mm}$，$d_4=75\text{mm}$，自由液面上表压 $p=147150\text{N/m}^2$，$H=5\text{m}$，若不计阻力损失，求通过管路的水流流量，并绘制测压管水头线。

2-27　液面不变的容器内水流沿变断面向外作恒定流动（图 2.48），已知 $A_1=0.04\text{m}^2$，且 $A_2=0.1\text{m}^2$，$A_3=0.03\text{m}^2$，液面至各截面的距离为 $H_1=1\text{m}$，$H_2=2\text{m}$，$H_3=3\text{m}$，试求截面 A_1 和 A_2 处的表压力。

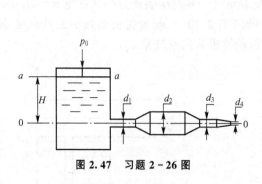

图 2.47　习题 2-26 图

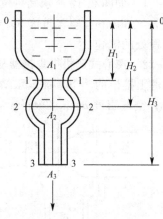

图 2.48　习题 2-27 图

2-28　如图 2.49 所示为管径不同的两段管路，已知 A 点参数为：$d_A=0.25\text{m}$，$p_A=7.845\times10^4\text{Pa}$，$B$ 点参数为：$d_B=0.5\text{m}$，$p_B=4.9\times10^4\text{Pa}$，流速 $v_B=1.2\text{m/s}$，$z_B=1\text{m}$，试求 A、B 两端面间的能量差，并判断水流运动方向。

2-29 密度为 ρ 的液体稳定地流过一水平放置的平板，平板宽为 b。入口边速度是均匀的，为 v_∞，出口边速度分布从板面上的零线性增加到距板面为 h 值时的 v_∞，在 h 以上速度仍为 v_∞，如图2.50所示。试确定流体作用于板面上的力。

2-30 如图2.51所示，水由水箱1经圆滑无摩擦的孔口水平射出，冲击到一块平板上，平板刚能盖着另一水箱的孔口，两孔口中

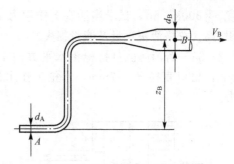

图2.49 习题2-28图

心线重合，且 $d_1 = \dfrac{1}{2}d_2$。当已知水箱1中的水位高度为 h_1 时，求水箱2中水位高度 h_2。

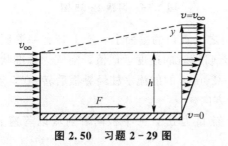

图2.50 习题2-29图

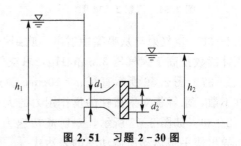

图2.51 习题2-30图

2-31 喷水船用泵从船头吸水，从船尾以高速喷水而运动。设已知泵流量 $q_V = 80\text{L/s}$，船头吸水的相对速度 $v_1 = 0.5\text{m/s}$，船尾喷水的相对速度 $v_2 = 12\text{m/s}$，试确定此船的推进力为多少？

2-32 连接水泵出口 B 的压力水管直径为 $D = 40\text{cm}$，弯管与水平面夹角为 $45°$，水流流过弯管时对弯管产生一推力。为防止弯管发生位移，如图2.52所示，做一混凝土镇墩，使管道固定。若通过管道的流量为 0.4m/s，断面1—1及2—2中心点压力分别为 $p_1 = 104000\text{N/m}^2$ 和 $p_2 = 101000\text{N/m}^2$，试求作用在镇墩上的力。

2-33 连续管系中的 $90°$ 渐缩弯管放在水平面上（图2.53），管径 $d_1 = 15\text{cm}$，$d_2 = 7.5\text{cm}$，入口处的平均流速 $v_1 = 2.5\text{m/s}$，静压 $p_1 = 6.86\text{N/cm}^2$（表压），如不计阻力损失，试求当水流过时支撑弯管在其位置所需的水平分力。

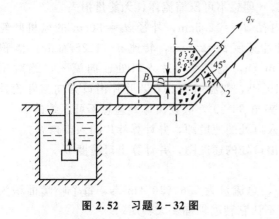

图2.52 习题2-32图

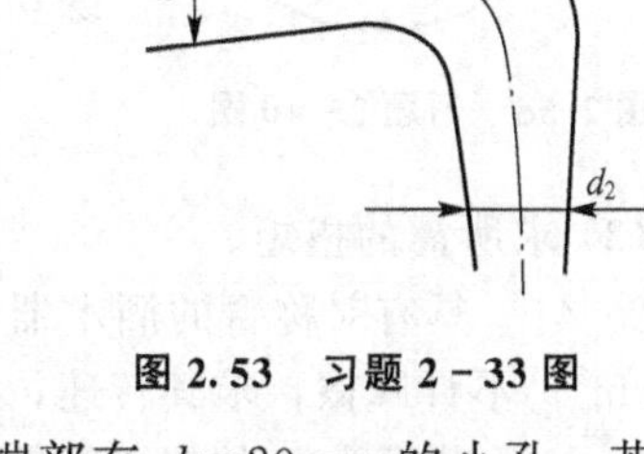

图2.53 习题2-33图

2-34 如图2.54所示，直径 $D = 80\text{mm}$ 的油缸的端部有 $d = 20\text{mm}$ 的小孔，若油的

密度 $\rho = 800 \text{kg/m}^3$，试求当活塞上作用力 $F = 3000\text{N}$，油从小孔流出时，油缸将受多大的作用力。（忽略活塞重量及能量损失）

2-35 若消防队员持枪沿水平方向工作，如图 2.55 所示，水枪喷嘴进口直径 $d_1 = 15\text{mm}$，出口直径 $d_0 = 7\text{mm}$，水枪工作水量 $q_V = 160\text{L/min}$，试确定水枪对消防队员的后坐力。

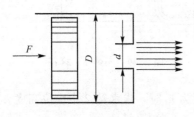

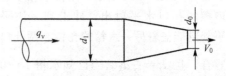

图 2.54　习题 2-34 图　　　　　　　　　图 2.55　习题 2-35 图

2-36 空气射流从喷嘴中射出，吹到一个与之成直角的壁面上。壁上装有一测压计，测压计读数是高于大气压 3.5mmHg，求空气离开喷嘴时的速度近似值，空气为标准状态。

2-37 图 2.56 所示直径 $d = 10\text{cm}$，流速 $v = 20\text{m/s}$ 的射流水柱经导板后转 90°，若射流柱不散，求导板对射流柱的反作用力的大小及方向。

2-38 如图 2.57 所示，一射流初速为 v_0，流量为 q_V，一平板向着射流以等速 u 运动，导出使平板运动所需功率的表达式。

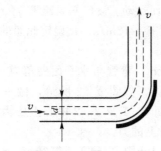

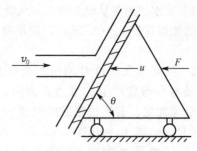

图 2.56　习题 2-37 图　　　　　　　　　图 2.57　习题 2-38 图

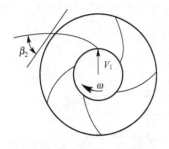

图 2.58　习题 2-40 图

2-39 试用所学动力学基础理论推导出风力机的贝茨理论理想效率值。（理想不可压缩流体，无能量损失）

2-40 内径 $d_1 = 12.5\text{cm}$，外径 $d_2 = 30\text{cm}$ 的风机叶轮（图 2.58），叶片宽度 $b = 2.5\text{cm}$，转速 $n = 1725\text{r/min}$，体积流量 $q_V = 372\text{m}^3/\text{h}$，空气在叶片入口处径向流入，绝对压力 $p_1 = 9.7 \times 10^4\text{Pa}$，气温 $t_1 = 20℃$，叶片出口方向与叶轮外缘切线方向的夹角 $\beta = 30°$，假设流体是理想不可压缩的。

（1）画出入口处的速度图，并计算叶片的入口角 β_1。

（2）画出出口处的速度图，并计算出口速度 v_2。

（3）求所需的扭矩。

2-41 具有对称臂的洒水器（图 2.59），总流量为 $5.6 \times 10^{-4} \text{m}^3/\text{s}$，每个喷嘴面积为 0.93cm^2，不计摩擦，求其转速，并计算如不让它转动须加多大转矩。

2-42 截面为 A 的偏心管接头（图 2.60），管内流体密度为 ρ，流速为 v，试求防止管接头转动需加的外力矩。

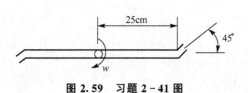

图 2.59 习题 2 – 41 图　　　　图 2.60 习题 2 – 42 图

第3章
相似原理和量纲分析

 本章教学要点

知识要点	掌握程度	相关知识
流动的相似理论	理解流动的几何相似、运动相似、动力相似的含义及关系	相似三角形；相似多边形
动力相似准则	理解重力相似准则、黏性力相似准则、压力相似准则、弹性力相似准则等各相似准则数	力的多边形
近似模型试验	理解近似模型试验的条件及方法	放大模型；缩小模型
量纲分析法	掌握量纲一致性原则；熟悉量纲分析的基本方法	量纲齐次性原理

导入案例

在水力学中，当仅知道一个物理过程包含有哪些物理量而不能给出反映该物理量过程的微分方程或积分形式的物理方程时，量纲分析法可以用来导出该物理过程各主要物理量之间的量纲关系式，并可在满足量纲齐次性原理的基础上指导建立正确的物理公式的构造形式，这是量纲分析法的主要用处。尽管量纲分析法具有如此明显的优点，但其毕竟是一种数学分析方法，具体应用时还须注意以下几点。

(1) 在选择物理过程的影响因素时，绝对不能遗漏重要的物理量，也不要选得过多、重复或选得不完全，以免导致错误的结论。

(2) 在选择 3 个基本物理量时，所选的基本物理量应满足彼此独立的条件，一般在几何学量、运动学量和动力学量中各选一个。

(3) 当通过量纲分析所得到物理过程的表达式存在无量纲系数时，量纲分析无法给出其具体数值，只能通过实验求得。

(4) 量纲分析法无法区别那些量纲相同而物理意义不同的量。例如，流函数 ψ，势函数 ϕ，运动黏度 ν，它们的量纲均为 $[L^2/T]$，但其物理意义在公式中应是不同的。

长期以来，人们主要通过两种途径研究和解决各种流体力学问题。一种是利用数学分析的方法，给出反映流体运动的各物理量($\bar{v}$、ρ、p 等)之间关系的微分方程，并根据其定解条件对方程进行求解，以求得各物理量间的规律性关系。另一种是通过实验研究的方法导出流体运动时各物理量之间的规律性关系，该方法不仅在流体力学中有着广泛的应用，而且也广泛地应用于传热、传质及其他复杂的物理化学过程内部规律的探索。

用前一种方法解决的流体力学问题是有限的，而大量的问题用后一种方法求解。但是直接实验的方法有很大的局限性，这些实验结果只能用于特定的实验条件，或只能推广到与实验条件完全相同的现象上去；特别是对于那些由于实验条件限制难以直接进行实验的问题，存在的困难就更多了。为了避免局限性，在长期的生产和科学实验中，人们逐渐掌握了一种探索自然规律行之有效的方法——以相似原理为基础的模型试验研究方法。

这一章将主要介绍流体力学中的相似原理、模型实验方法，以及量纲分析法。

3.1 流动的相似理论

相似性质是指彼此相似的现象具有什么性质；相似条件是指满足什么条件一些现象才彼此相似。只有在几何相似的基础上才能实现两个流动现象的力学相似。对于流体流动的物理过程还有时间相似、运动相似及动力相似等。表征流动过程的物理量按其性质主要有 3 类：描述几何形状的，如长度、面积、体积等；描述运动状态的，如速度、加速度、体积流量等；描述动力特征的，如质量力、表面力、动量等。下面分别讨论如下，并以上标"'"表示模型的有关量。

3.1.1 几何相似概述

几何相似(图 3.1)是指模型和原型的全部对应线形长度的比值为一定常数。

$$\frac{L'}{L} = \frac{l'}{l} = \frac{h'}{h} = C_1 \tag{3-1}$$

长度比例尺的线性长度可以是机翼(或叶轮机的叶片)截面形状——翼型(或叶型)的弦长 b(图 3.1)、圆柱的直径 d、管道的长度 L、管壁绝对粗糙度 ε 等,并称它们为特性长度。只要模型与原形的全部对应线性长度的比例相等,则它们的夹角必相等,如图 3.1 中的 $\beta' = \beta$。由于几何相似,模型与原型的对应面积、对应体积也必分别互成一定比例,即

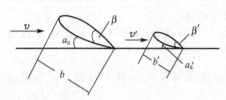

图 3.1 几何相似

面积比例尺

$$C_A = \frac{A'}{A} = \frac{l'^2}{l^2} = C_1^2 \tag{3-2}$$

体积比例尺

$$C_V = \frac{V'}{V} = \frac{l'^3}{l^3} = C_1^3 \tag{3-3}$$

式中,C_1 为长度比例尺(相似比例常数),只有满足上述条件,流动才能几何相似。

3.1.2 运动相似概述

满足几何相似的流场中,对应时刻、对应点流速(加速度)的方向一致,比例相等,即它们的速度场(加速度场)相似,如图 3.2 所示。

由于流场的几何相似是运动相似的前提条件,因此,模型与原型流场中流体微团经过对应路程所需要的时间也必互成一定比例,即

时间比例尺

$$\frac{t_1'}{t_1} = \frac{t_2'}{t_2} = \frac{t_3'}{t_3} = C_t \tag{3-4}$$

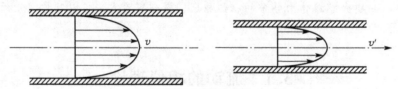

图 3.2 速度场相似

运动相似流场中对应点处的速度和加速度满足以下关系。

速度比例尺

$$C_v = \frac{v'}{v} = \frac{l'/t'}{l/t} = \frac{C_1}{C_t} \tag{3-5}$$

加速度比例尺

$$C_a = \frac{a'}{a} = \frac{v'/t'}{v/t} = \frac{C_v}{C_t} = \frac{C_v^2}{C_1} \tag{3-6}$$

体积流量比例尺

$$C_{q_V} = \frac{q'_V}{q_V} = \frac{l'^3/t'}{l^3/t} = \frac{C_l^3}{C_t} = C_l^2 C_v \qquad (3-7)$$

运动黏度比例尺

$$C_\gamma = \frac{\nu'}{\nu} = \frac{l'^2/t'}{l^2/t} = \frac{C_l^2}{C_t} = C_l C_v \qquad (3-8)$$

如上所述，若模型与原型的长度比例尺和速度比例尺确定，则可由它们确定所有运动学量的比例尺。

3.1.3 动力相似概述

两个运动相似的流场中，对应空间点上对应瞬时作用在两相似几何微团上的力，作用方向一致、大小互成比例，即它们的动力场相似，如图3.3所示。图中的 m 和 a 分别为流体微团的质量、加速度。

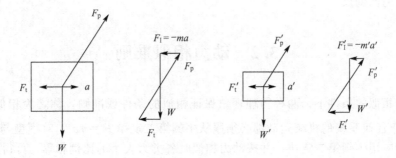

图 3.3 动力相似

力的比例尺为

$$C_F = \frac{F'_p}{F_p} = \frac{F'_t}{F_t} = \frac{W'}{W} = \frac{F'_I}{F_I} \qquad (3-9)$$

又由牛顿定律可知

$$C_F = \rho' \Delta l'^3 \frac{\Delta v'}{\Delta t'} \Big/ \rho \Delta l^3 \frac{\Delta v}{\Delta t} = C_\rho C_l^2 C_v^2 \qquad (3-10)$$

其中 $C_\rho = \dfrac{\rho'}{\rho}$ 为流体的密度比例尺。式中，F_p、F'_p、F_t、F'_t、W、W'、F_I、F'_I 分别为原型与模型的总压力、切向力、重力和惯性力。

上述几种相似是相互关联的，其中几何相似是流动力学相似的前提条件；主导因素是动力相似；运动相似则是几何相似和动力相似的表象。综上所述，模型与原型流场的几何相似、运动相似和动力相似是两个流场完全相似的重要特征和条件。即在几何相似的条件下，满足运动相似和动力相似，则此流动必定相似，而且几何相似和运动相似是此流动相似的充要条件。

在流体力学的模型实验中，经常选取长度 l、速度 v 和密度 ρ 作为独立的基本量，即选取 C_l、C_v、C_ρ 作基本比例尺，于是可以导出用 C_l、C_v 和 C_ρ 表示的有关动力学量的比例尺如下。

力矩（功，能）比例尺

$$C_M = \frac{M'}{M} = \frac{F'l'}{Fl} = C_F C_l = C_l{}^3 C_v{}^2 C_\rho \qquad (3-11)$$

压强（应力）比例尺

$$C_p = \frac{p'}{p} = \frac{\dfrac{F_p'}{A'}}{\dfrac{F_p}{A}} = \frac{C_F}{C_A} = C_v{}^2 C_\rho \qquad (3-12)$$

功率比例尺

$$C_P = \frac{P'}{P} = \frac{F'v'}{Fv} = C_F C_v = C_l{}^2 C_v{}^3 C_\rho \qquad (3-13)$$

动力黏度比例尺

$$C_\mu = \frac{\mu'}{\mu} = \frac{\rho'\nu'}{\rho\nu} = C_\rho C_\nu = C_l C_v C_\rho \qquad (3-14)$$

显然，有了模型与原型的密度比例尺、长度比例尺和速度比例尺，就可由它们确定所有动力学量的比例尺。

3.2 动力相似准则

在几何相似的条件下，两种物理现象保证相似的条件或准则，称之为相似准则（或相似律）。对于任何系统的机械运动都必须服从牛顿第二定律 $\vec{F} = m\vec{a}$。对模型与原型流场中的流体微团应用牛顿第二定律，并按动力相似时各类力大小的比例相等，可得式（3-15）即

$$\frac{C_F}{C_\rho C_l^2 C_v^2} = 1 \qquad (3-15)$$

或

$$\frac{F'}{\rho'l'^2 v'^2} = \frac{F}{\rho l^2 v^2} \qquad (3-16)$$

令

$$\frac{F}{\rho l^2 v^2} = Ne \qquad (3-17)$$

Ne 称为牛顿数，它是作用力与惯性力的比值。当模型与原型的动力相似时，则其牛顿数必定相等，即 $Ne' = Ne$；反之亦然。这就是牛顿相似准则。

流场中有各种性质的力，但无论是哪种力，只要两个流场动力相似，它们都要服从牛顿相似准则。

1. 重力相似准则（弗劳德准则）

处于重力场中的两个相似流场，重力必然相似。作用在流体微团上的重力之比可以表示为

$$C_F = \frac{W'}{W} = \frac{\rho'V'g'}{\rho V g} = C_\rho C_l{}^3 C_g$$

式中，C_g 为重力加速度比例尺。将上式代入式（3-15），得

$$\frac{C_v}{(C_l C_g)^{1/2}} = 1 \qquad (3-18)$$

或

$$\frac{v'}{(g'l')^{1/2}}=\frac{v}{(gl)^{1/2}} \tag{3-19}$$

令

$$\frac{v}{(gl)^{1/2}}=\mathrm{Fr} \tag{3-20}$$

Fr 称为弗劳德(Froude)数，其物理意义为惯性力与重力的比值。两种流动的重力作用相似，它们的弗劳德数必定相等，即 $\mathrm{Fr}'=\mathrm{Fr}$；反之亦然。这就是重力相似准则，又称弗劳德准则。在重力场中 $g'=g$，$C_g=1$，则有

$$C_v=C_l^{1/2}$$

2. 黏性力相似准则(雷诺准则)

黏性力作用下的两个相似流场，其黏性力必然相似。作用在二流场流体微团上的黏性力之比可表示为

$$C_{\mathrm{F}}=\frac{F_\mu'}{F_\mu}=\frac{\mu'\,(\mathrm{d}v_x'/\mathrm{d}y')A'}{\mu\,(\mathrm{d}v_x/\mathrm{d}y)A}=C_\mu C_l C_v$$

代入式(3-15)，得 $\qquad C_\rho C_v C_l/C_\mu=1 \quad C_v C_l/C_\nu=1 \tag{3-21}$

或

$$\frac{\rho'v'l'}{\mu'}=\frac{\rho vl}{\mu} \quad \frac{v'l'}{\nu'}=\frac{vl}{\nu} \tag{3-22}$$

令

$$\frac{\rho vl}{\mu}=\frac{vl}{\nu}=\mathrm{Re} \tag{3-23}$$

Re 称为雷诺(Reynolds)数，其物理意义为惯性力与黏性力的比值。两种流动的黏性力作用相似，它们的雷诺数必定相等，即 $\mathrm{Re}'=\mathrm{Re}$；反之亦然。这就是黏性力相似准则，又称雷诺准则。当模型与原型用同一种流体时，$C_\rho=C_\mu=1$，故有

$$C_v=1/C_l$$

3. 压力相似准则(欧拉准则)

压力作用下的两个相似流场，其压力必然相似。作用在二流场流体微团上的总压力之比可以表示为

$$C_{\mathrm{F}}=\frac{F'}{F}=\frac{p'A'}{pA}=C_p C_l^2$$

代入式(3-15)，得

$$\frac{C_p}{C_\rho C_v^2}=1 \tag{3-24}$$

或

$$\frac{p'}{\rho'v'^2}=\frac{p}{\rho v^2} \tag{3-25}$$

令

$$\frac{p}{\rho v^2}=\mathrm{Eu} \tag{3-26}$$

Eu 称为欧拉(Euler)数，其物理意义为总压力与惯性力的比值。两种流动的压力作用

相似，它们的欧拉数必定相等，即 $Eu'=Eu$；反之亦然。这就是压力相似准则，又称欧拉准则。当欧拉数中的压强 p 用压差 Δp 来代替时，这时

欧拉数

$$Eu=\frac{\Delta p}{\rho v^2} \tag{3-27}$$

欧拉相似准则

$$\frac{\Delta p'}{\rho'v'^2}=\frac{\Delta p}{\rho v^2} \tag{3-28}$$

4. 弹性力相似准则（柯西准则）

弹性力作用下的两个相似流场，其弹性力必然相似。作用在二流场流体微团上的弹性力之比可以表示为

$$C_F=\frac{F_e'}{F_e}=\frac{\mathrm{d}p'A'}{\mathrm{d}pA}=\frac{K'A'\,\mathrm{d}V'/V'}{KA\,\mathrm{d}V/V}=C_kC_l^2$$

式中，K 为体积模量，C_k 为体积模量比例尺。将上式代入式（3-15），得

$$C_\rho C_v^2/C_k=1 \tag{3-29}$$

或

$$\frac{\rho'v'^2}{K'}=\frac{\rho v^2}{K} \tag{3-30}$$

令

$$\frac{\rho v^2}{K}=Ca \tag{3-31}$$

Ca 称为柯西（Cauchy）数，其物理意义为惯性力与弹性力的比值。两种流动的弹性力作用相似，它们的柯西数必定相等，即 $Ca'=Ca$；反之亦然。这就是弹性力相似准则，又称柯西准则。

若流场中的流体为气体，由于 $K/\rho=c^2$（c 为声速），故弹性力的比例尺又可表示为 $C_F=C_c^2C_\rho C_l^2$，代入式（3-15），得

$$C_v/C_c=1 \tag{3-32}$$

式中，$C_c=\dfrac{c'}{c}$，为声速比例尺。

或

$$\frac{v'}{c'}=\frac{v}{c} \tag{3-33}$$

令

$$\frac{v}{c}=Ma \tag{3-34}$$

Ma 称马赫（Mach）数，其物理意义仍是惯性力与弹性力的比值。两种流动的弹性力作用相似，它们的马赫数必定相等，即 $Ma'=Ma$；反之亦然。这就是弹性力相似准则，又称马赫准则。

5. 表面张力相似准则（韦伯准则）

表面张力作用下的两个相似流场，其表面张力必然相似。作用在二流场流体微团上的张力之比可以表示为

$$C_F=\frac{F_\sigma'}{F_\sigma}=\frac{\sigma'l'}{\sigma l}=C_\sigma C_l$$

66

式中，σ 为表面张力，$C_\sigma = \dfrac{\sigma'}{\sigma}$，为表面张力比例尺。将上式代入式(3-15)，得

$$C_\rho C_l C_v^2 / C_\sigma = 1 \tag{3-35}$$

或

$$\frac{\rho' v'^2 l'}{\sigma'} = \frac{\rho v^2 l}{\sigma} \tag{3-36}$$

令

$$\frac{\rho v^2 l}{\sigma} = \mathrm{We} \tag{3-37}$$

We 称为韦伯(Weber)数，其物理意义为惯性力与表面张力的比值。两种流动的表面张力作用相似，它们的韦伯数必定相等，即 $\mathrm{We}' = \mathrm{We}$；反之亦然。这就是表面张力作用相似准则，又称韦伯准则。

6. 非定常性相似准则(斯特劳哈尔准则)

在非定常流动的模型实验中，要保证模型与原型的流动随时间的变化相似。此时，当地加速度引起的惯性力之比可以表示为

$$C_F = \frac{F'_{It}}{F_{It}} = \frac{\rho' V' (\partial v'_x / \partial t')}{\rho V (\partial v_x / \partial t)} = C_\rho C_l^3 C_v C_t^{-1}$$

将上式代入式(3-15)得

$$\frac{C_l}{C_v C_t} = 1 \tag{3-38}$$

或

$$\frac{l'}{v' t'} = \frac{l}{v t} \tag{3-39}$$

令

$$\frac{l}{v t} = \mathrm{Sr} \tag{3-40}$$

Sr 称为斯特劳哈尔(Strouhal)数，其物理意义为当地惯性力与迁移惯性力的比值。两种非定常流动相似，它们的斯特劳哈尔数必定相等，即 $\mathrm{Sr}' = \mathrm{Sr}$；反之亦然。这就是非定常相似准则，又称斯特劳哈尔准则。

以上给出的牛顿数、弗劳德数、雷诺数、欧拉数、柯西数、马赫数、韦伯数、斯特劳哈尔数均称为相似准则数。

如果已经有了某种流动的运动微分方程，可由该方程直接导出有关的相似准则和相似准则数，方法是令方程中的有关力与惯性力相比。

3.3 流动相似条件

在几何相似的条件下，当两种流动满足运动相似($\vec{v}$，$\vec{a}$，…)和动力相似(p，$\vec{f}$，$\vec{\tau}$，…)，则此流动必定相似。而且几何相似和运动相似是此流动相似的充要条件，亦即流动相似是指在对应点上对应瞬时所有物理量都成比例。所以相似流动必然满足以下条件。

(1) 任何相似的流动都是属于同一类的流动，相似流场对应点上的各种物理量都应为

风力机空气动力学

相同的微分方程所描述。

（2）相似流场对应点上的各种物理量都有唯一确定的解，即流动满足单值条件。

（3）由单值条件中的物理量所确定的相似准则数相等是流动相似也必须满足的条件。

例如，工程上常见的不可压缩黏性流体定常流动，密度 ρ、特性长度 l、流速 v、动力黏度 μ、重力加速度 g 等都是定性物理量，由它们组成的雷诺数 Re、弗劳德数 Fr 都是定性准则数；压强 p 与流速 v 总是以一定关系式相互联系着的，知道了流速分布就知道了压强分布，压强是被决定的物理量，包含有压强（或压差）的欧拉数 Eu 便是非定性准则数。

相似条件说明了模型实验主要解决的问题是：①根据物理量所组成的相似准则数相等的原则去设计模型，选择流动介质；②在实验过程中应测定各相似准则数中包含的一切物理量；③用数学方法找出相似准则数之间的函数关系，即准则方程式。该方程式便可推广应用到原型及其他相似流动中去。

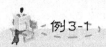

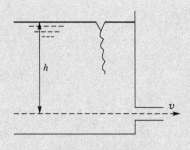

图 3.4　油池模型

如图 3.4 所示，为防止当通过油池底部的管道向外输油时，因池内油深太小形成油面的旋涡将空气吸入输油管，需要通过模型试验确定油面开始出现旋涡的最小油深 h_{min}。已知输油管内径 $d=250\text{mm}$，油的流量 $q_V=0.14\text{m}^3/\text{s}$，运动黏度 $\nu=7.5\times10^{-5}\ \text{m}^2/\text{s}$。倘若选取的长度比例尺 $C_l=1/5$，为了保证流动相似，模型输出管的内径、模型内液体的流量和运动黏度应等于多少？在模型上测得 $h'_{min}=50\text{mm}$，油池的最小油深 h_{min} 应等于多少？

【解】　该题属于在重力作用下不可压缩黏性流体的流动问题，必须同时考虑重力和黏性力的作用。因此，为了保证流动相似，必须按照弗劳德数和雷诺数分别同时相等去选择模型内液体的流速和运动黏度。

按长度比例尺得模型输出管内径

$$d'=C_l d=\frac{250}{5}=50\text{（mm）}$$

在重力场中 $g'=g$，由弗劳德数相等可得模型内液体的流速和流量为

$$v'=\left(\frac{h'}{h}\right)^{1/2}v=\left(\frac{1}{5}\right)^{1/2}v$$

$$q'_V=\frac{\pi}{4}d'^2v'=\frac{\pi}{4}\left(\frac{d}{5}\right)^2\times\left(\frac{1}{5}\right)^{1/2}v=\left(\frac{1}{5}\right)^{5/2}v,\quad q_V=\frac{0.14}{55.9}=0.0025\text{（m}^3/\text{s）}$$

由雷诺数相等可得模型内液体的运动黏度为

$$\nu'=\frac{v'd'}{vd}\nu=\left(\frac{1}{5}\right)^{3/2}\nu=\frac{7.5\times10^{-5}}{11.18}=6.708\times10^{-6}\text{（m}^2/\text{s）}$$

油池的最小油深为 $h_{min}=\dfrac{h'_{min}}{C_l}=5\times50=250\text{（mm）}$。

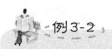 例3-2

密度和动力黏度相等的两种液体从几何相似的喷嘴中喷出。一种液体的表面张力为 0.04409N/m，出口流束直径为 7.5cm，流速为 12.5m/s，在离喷嘴 10m 处破裂成雾滴；另一液体的表面张力为 0.07348N/m。如果二流动相似，另一液体的出口流束直径、流速、破裂成雾滴的距离应多大？

【解】 要保证二流动相似，它们的雷诺数和韦伯数必须相等，即

$$\frac{\rho' v' l'}{\mu'} = \frac{\rho v l}{\mu} \quad \frac{\rho' v'^2 l'}{\sigma'} = \frac{\rho v^2 l}{\sigma}$$

或

$$C_v C_l = 1 \quad C_v^2 C_l = C_\sigma$$

故有

$$C_v = C_\sigma = \frac{0.07348}{0.04409} = 1.667$$

$$C_l = 1/C_v = 1/1.667 = 0.6$$

另一流束的出口直径、流速和破裂成雾滴的距离分别为

$$d' = C_l d = 0.6 \times 7.5 = 4.5 (\text{cm})$$

$$v' = C_l v = 1.667 \times 12.5 = 20.83 (\text{m/s})$$

$$l' = C_l l = 0.6 \times 10 = 6.0 (\text{m})$$

3.4 近似模型试验

以相似原理为基础的模型实验方法，按照流体流动相似的条件可设计模型和安排试验。这些条件是几何相似、运动相似和动力相似。

前两个相似是第三个相似的充要条件，同时满足以上条件为流动相似，模型试验的结果方可用到原型设备中去。

但是，要做到流动完全相似是很难办到（甚至是根本办不到）的。比如，对于黏性不可压缩流体定常流动，尽管只有两个定性准则，即 Re 和 Fr（Eu = f(Re，Fr)——非定性准则），但是要想同时满足 Re=Re′，Fr=Fr′ 常常也是非常困难的。因为

$$\text{Re}=\text{Re}', \quad \frac{vl}{\nu} = \frac{v'l'}{\nu'} \quad \text{或} \quad \frac{v'}{v} = \frac{l}{l'}\frac{\nu'}{\nu} \Rightarrow C_{v1} = \frac{C_v}{C_l}$$

$$\text{Fr}=\text{Fr}', \quad \frac{v^2}{gl} = \frac{v'^2}{g'l'} \quad \text{或} \quad C_{v2}^2 = C_l C_g \Rightarrow C_{v2} = \sqrt{C_l C_g}$$

在重力场中做试验，$g = g'$，即 $C_g = 1$。

则有：$C_{v1} = C_v \cdot C_l^{-1}$，$C_{v2} = \sqrt{C_l}$。

当选用相同的流动介质时，即 $\nu' = \nu$，$C_\nu = 1$

$$C_{v1} = C_l^{-1}, \quad C_{v2} = \sqrt{C_l}$$

若取 $C_l = \dfrac{l'}{l} = \dfrac{1}{10}$，$C_{v1} = \dfrac{v'}{v} = 10$，$C_{v2} = \dfrac{v'}{v} = \dfrac{1}{3.16}$，这就使得二者发生矛盾，故不能选

用同种介质。

当令 $C_{v1}=C_{v2}$ 时，则有：$C_v=C_l^{\frac{3}{2}}$。

取 $C_l=\dfrac{1}{10}$ 时，$C_v=\dfrac{v'}{v}=\dfrac{1}{31.6}$，这个比例也是很难办到的，如选用20℃的水蒸气比拟，$v_{汽}=15\times10^{-6}(\text{m}^2/\text{s})$，$v_{水}=1\times10^{-6}(\text{m}^2/\text{s})$，于是 $C_v=\dfrac{1}{15}$，也根本达不到要求。不过，若没有其他办法，此方法有时也可采用。如降低水的运动黏度，即对模型中的流动介质加温。若取60℃的水作模型中流动介质，可有 $v'=0.477\times10^{-6}(\text{m}^2/\text{s})$，则 $C_v=\dfrac{0.477}{15}=\dfrac{1}{31.5}$，可近似地满足要求。

综上所述可以看出，要想使流动完全相似是很难办到的，定性准则数越多，模型实验的设计越困难，甚至根本无法进行。为了解决这方面的矛盾，在工程实际中的模型试验好多只能满足部分相似准则，即称之为局部相似。这种方法是一种近似的模型试验，它可以抓住问题的主要物理量，忽略对过程影响小的定性准则，可使问题得到简化。如上面的黏性不可压定常流动的问题，不考虑自由面的作用及重力的作用，只考虑黏性的影响，则定性准则只考虑雷诺数 Re，因而模型尺寸和介质的选择就自由了。

简化模型实验方法中流动相似的条件，除局部相似之外，还可采用自模化特性和稳定性。如在讨论有压黏性管流中的一种特殊现象，即当雷诺数大到一定数值时，继续提高雷诺数，管内流体的紊乱程度及速度剖面几乎不再变化，雷诺准则已失去判别相似的作用，流动进入自动模化区。

自模化的概念实质是自身模拟的概念。比如在某系统中，有两个数与其他量比起来都很大(如 10^7 和 10^8)，则可认为这两个数自模拟了。又比如，在圆管流动中，当 Re≤2320 时，管内流动的速度分布都是一轴对称的旋转抛物面。当 Re>4×10^5 时，管内流动状态为紊流状态，其速度分布基本不随 Re 变化而变化，故在这一模拟区域内，不必考虑模型的 Re 与原型的 Re 相等否，只要与原型所处同一模化区即可。

实验证明，黏性流体在管道中流动时，不管入口处速度分布如何，在离入口一段距离之后，速度分布皆趋于一致，这种性质称为稳定性。由于黏性流体有这种性质，所以只要求在模型入口前有一定管道段保证入口流体通道几何相似就可以了，而不必考虑入口处速度分布相似，出口通道上也有同样的性质。

图3.5所示为弧形闸门放水时的情形。已知水深 $h=6\text{m}$。模型闸门是按长度比例尺 $C_l=1/20$ 制作的，实验时的开度与模型的相同。试求流动相似时模型闸门前的水深。在模型实验中测得收缩截面的平均流速 $v'=2.0\text{m/s}$，流量 $q_V'=3\times10^{-2}\text{m}^3/\text{s}$，水作用在闸门上的力 $F'=102\text{N}$，绕闸门轴的力矩 $M'=120\text{N}\cdot\text{m}$。试求在原型上收缩截面的平均流速、流量，以及作用在闸门上的力和力矩。

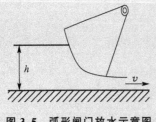

图3.5 弧形闸门放水示意图

【解】 按长度比例尺，模型闸门前的水深 $h'=C_l h=6/20=0.3(\text{m})$ 在重力作用下水从闸门下出流，要是流动相似，弗劳德数必须相等，由此可得 $C_v=C_l^{1/2}$。于是，原型上的待求量可按有关比例尺计算如下。

收缩截面的平均流速
$$v=v'/C_v=v'/C_l^{1/2}=2.0\times20^{1/2}=8.944(\text{m/s})$$

流量
$$q_V=q_V'/C_{q_V}=q_V'/C_l^{5/2}=0.03\times20^{5/2}=53.67(\text{m}^3/\text{s})$$

作用在闸门上的力
$$F=F'/C_F=F'/C_l^3=102\times20^3=8.160\times10^5(\text{N})$$

力矩
$$M=M'/C_m=M'/C_l^4=120\times20^4=1.920\times10^7(\text{N}\cdot\text{m})$$

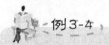 例3-4

输水管道的内径 $d=1.5\text{m}$，内装蝶阀（图3.6）。当蝶阀开度为 α，输送流量 $q_V=4.0\text{m}^3/\text{s}$ 时流动已进入自模化区。利用空气进行模拟实验，选用的长度比例尺 $C_l=1/7.5$，为了保证模型内的流动也进入自模化区。模型蝶阀在相同开度下的输送流量 $q_V'=1.6\text{m}^3/\text{s}$，实验时测得经过蝶阀气流的压强降 $\Delta p'=2697\text{Pa}$，作用在蝶阀上的力 $F'=150\text{N}$，绕阀轴的力矩 $M'=3.04\text{N}\cdot\text{m}$ 时求原型对应的压强降、作用力和力矩。已知 20℃时水的密度 $\rho'=998.2\text{kg/m}^3$，黏度 $\mu=1.005\times10^{-3}\text{Pa}\cdot\text{s}$，20℃时空气的密度 $\rho'=1.205\text{kg/m}^3$，黏度 $\mu'=1.83\times10^{-5}\text{Pa}\cdot\text{s}$，声速 $c'=343.1\text{m/s}$。

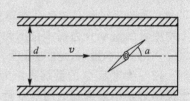
图3.6　内装蝶阀的管道

【解】 这是黏性有压管流。原型中的流速和雷诺数分别为
$$v=\frac{4q_V}{\pi d^2}=\frac{4\times4}{\pi(1.5)^2}=2.264(\text{m/s})$$
$$\text{Re}=\frac{\rho v d}{\mu}=\frac{998.2\times2.264\times1.5}{1.005\times10^{-3}}=3.373\times10^6$$

模型中的流速和雷诺数分别为
$$v'=\frac{4q_V'}{\pi d'^2}=\frac{4\times1.6}{\pi(0.20)^2}=50.93(\text{m/s})$$
$$\text{Re}'=\frac{\rho'v'd'}{\mu'}=\frac{1.205\times50.93\times0.20}{1.83\times10^{-5}}=6.707\times10^5$$

通常均已进入自模化区。模型中气流的马赫数为
$$\text{Ma}'=\frac{v'}{c'}=0.1484<0.30$$

可以不考虑气体压缩性的影响。由于 $C_l=1/7.5$，$C_\rho=0.001207$，$C_v=22.50$ 故由式(3-28)，式(3-9)，式(3-11)可得
$$\Delta p=\frac{\Delta p'}{C_\rho C_v^2}=\frac{2697}{0.001207\times22.50^2}=4414(\text{Pa})$$

$$F = \frac{F'}{C_\rho C_l^2 C_v^2} = \frac{150}{0.001207 \times (1/7.5)^2 \times 22.50^2} = 1.381 \times 10^4 (\text{N})$$

$$M = \frac{M'}{C_\rho C_l^3 C_v^2} = \frac{3.04}{0.001207 \times (1/7.5)^3 \times 22.50^2} = 2098.87 (\text{N} \cdot \text{m})$$

3.5 量纲分析法

流动的各种物理现象常常受到多种因素的影响，通过量纲分析，能将影响物理现象的各种变量合理组合，使问题大大简化。量纲分析法也是通过试验去探索流动规律的重要方法，特别是对那些很难从理论上进行分析的复杂流动，更能显示出该方法的优越性。

3.5.1 物理方程量纲一致性原则

物理量单位的种类叫量纲，由基本单位和导出单位组成单位系统。在以下几类问题的讨论中最多可出现的基本单位(量纲)有如下几种。

(1) 讨论理论力学时，基本单位有 3 个：质量(M)、时间(T)、长度(L)。

(2) 讨论流体力学和热力学时，基本单位有 4 个：质量(M)、时间(T)、长度(L)、温度(Θ)。

(3) 运动学问题有 2 个基本单位：时间(T)、长度(L)。

物理量的量纲分为基本量纲和导出量纲。通常流体力学中取长度、时间和质量的量纲 L、T、M 为基本量纲；在与温度有关的流体力学问题中，还要增加温度的量纲 Θ 为基本量纲。任一物理量 Q 的量纲表示为 $\dim Q$。

流体力学中常遇到的用基本量纲表示的导出量纲有如下几种。

密度：$\dim \rho = ML^{-3}$ 表面张力：$\dim \sigma = MT^{-2}$

压强：$\dim p = ML^{-1}T^{-2}$ 体积模量：$\dim K = ML^{-1}T^{-2}$

速度：$\dim v = LT^{-1}$ 动力黏度：$\dim \mu = ML^{-1}T^{-1}$

加速度：$\dim a = LT^{-2}$ 比定压热容：$\dim c_p = L^2 T^{-2} \Theta^{-1}$

运动黏度：$\dim v = L^2 T^{-1}$ 比定容热容：$\dim c_v = L^2 T^{-2} \Theta^{-1}$

力：$\dim F = MLT^{-2}$ 气体常数：$\dim R = L^2 T^{-2} \Theta^{-1}$

任何一个物理方程中各项的量纲必定相同，用量纲表示的物理方程必定是齐次性的，这便是物理方程量纲一致性原则。既然物理方程中各项的量纲相同，那么，用物理方程中的任何一项通除整个方程，便可将该方程化为零量纲方程。

量纲分析法正是依据物理方程量纲一致性原则，从量纲分析入手，找出流动过程的相似准则数，并借助实验找出这些相似准则数之间的函数关系。根据相似原理，用量纲分析法，结合实验研究，不仅可以找出尚无物理方程表示的复杂流动过程的流动规律，而且找出的还是同一类相似流动的普遍规律。因此，量纲分析法是探索流动规律的重要方法。常用的量纲分析法有瑞利法和 π 定理。

3.5.2 瑞利法

用定性物理量 x_1，x_2，…，x_n 的某种幂次之积的函数来表示被决定的物理量 y 的方

法称为瑞利(Rayleigh)法。即

$$y=kx_1{}^{a_1} x_2{}^{a_2} \cdots x_n{}^{a_n} \tag{3-41}$$

k 为无量纲系数，由实验确定；a_1，a_2，$\cdots$，a_n 为待定指数，根据量纲一致性原则求出。

 **例3-5**

已知三角堰流(图3.7)的流量 q_v 主要与堰顶水头 H，三角堰堰角 α，流体密度 ρ 和重力加速度 g 有关，试用瑞利法导出三角堰流量的表达式。

【解】 按照瑞利法可以写出体积流量

$$q_v=f(\rho, g, \alpha, H) \tag{a}$$

选取 H、ρ、g 为量纲无关量，则有

$$q_v=f(\alpha)\rho^a g^b H^c$$

即：$[L^3 T^{-1}]=[ML^{-3}]^a[LT^{-2}]^b[L]^c$

解得：$a=0$，$b=\dfrac{1}{2}$，$c=\dfrac{5}{2}$，即

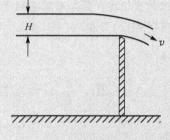

图 3.7 三角堰

$$q_v=g^{\frac{1}{2}} H^{\frac{5}{2}} f(\alpha) \tag{3-42}$$

当取 $\alpha=\dfrac{\pi}{2}$ 时，$f\left(\dfrac{\pi}{2}\right)=$ const。当重力加速度 g 不变时，三角堰流量与堰顶水头 H 的关系为

$$q_v=CH^{\frac{5}{2}} \tag{3-43}$$

其中 C 只能用实验方法或其他方法确定。

 **例3-6**

不可压缩黏性流体在粗糙管内定常流动时，沿管道的压强降 Δp 与管道长度 L、内径 d、绝对粗糙度 ε、流体的平均流速 v、密度 ρ 和动力黏度 μ 有关。试用瑞利法导出压强降的表达式。

【解】 按照瑞利法可以写出压强降

$$\Delta p=kL^{a_1} d^{a_2} \varepsilon^{a_3} v^{a_4} \rho^{a_5} \mu^{a_6} \tag{b}$$

如果用基本量纲表示方程中的各物理量，则有

$$ML^{-1}T^{-2}=L^{a_1} L^{a_2} L^{a_3} (LT^{-1})^{a_4} (ML^{-3})^{a_5} (ML^{-1}T^{-1})^{a_6}$$

根据物理方程量纲一致性原则有

对 L.

$$-1=a_1+a_2+a_3+a_4-3a_5-a_6$$

对 T

$$-2=-a_4-a_6$$

对 M

$$1=a_5+a_6$$

6个指数有3个代数方程，只有3个指数是独立的、待定的。例如取 a_1、a_3 和 a_6 为待定指数，联立求解可得

$$a_4 = 2 - a_6$$
$$a_5 = 1 - a_6$$
$$a_2 = -a_1 - a_3 - a_6$$

代入式（b），可得

$$\Delta p = k \left(\frac{L}{d} \right)^{a_1} \left(\frac{\varepsilon}{d} \right)^{a_3} \left(\frac{\mu}{\rho v d} \right)^{a_6} \rho v^2 \tag{c}$$

由于沿管道的压强降是随管长线性增加的，故 $a_1 = 1$。式（c）右侧第一个零量纲量为管道的长径比，第二个零量纲量为相对粗糙度，第三个零量纲量为相似准则数 $1/\text{Re}$，于是可将式（c）写成

$$\Delta p = f \left(\text{Re}, \frac{\varepsilon}{d} \right) \frac{L}{d} \frac{\rho v^2}{2} \tag{d}$$

令 $\lambda = f \left(\text{Re}, \dfrac{\varepsilon}{d} \right)$，称为沿程损失系数，由实验确定，则式（d）变成

$$\Delta p = \lambda \frac{L}{d} \frac{\rho v^2}{2} \tag{3-44}$$

令 $h_f = \Delta p / \rho g$，则得单位重量流体的沿程损失为

$$h_f = \lambda \frac{L}{d} \frac{v^2}{2g} \tag{3-45}$$

这就是计算沿程损失的达西-魏斯巴赫（Darcy – Weisbach）公式。

可以看出，对于变量较少的简单流动，用瑞利法可以方便地直接求出结果；对于变量较多的复杂流动，比如说有 n 个变量，由于按照基本量纲只能列出 3 个代数方程，待定系数便有 $n-3$ 个，这样便出现了待定系数选取的问题。

3.5.3　π 定理

量纲分析法中更为普遍的方法是著名的 π 定理，又称泊金汉（E. Buckingham）定理，该定理可以表示如下。

如果一个物理过程涉及 n 个物理量和 m 个基本量纲，则这个物理过程可以用由 n 个物理量组成的 $n-m$ 个零量纲量的函数关系来描述。

若物理过程的方程式为

$$F(x_1, x_2, \cdots, x_n) = 0$$

在这 n 个物理量中有 m 个基本量纲，$n-m$ 个零量纲量可用 $\pi_i (i=1, 2, \cdots, n-m)$ 来表示，则该物理方程式可以转化为无量纲量的函数关系式

$$f(\pi_1, \pi_2, \cdots, \pi_{n-m}) = 0 \tag{3-46}$$

式中无量纲 π_i 可以导出如下：若基本量纲是 L、T、M 3 个，则可以从 n 个物理量中选取 3 个既包含上述基本量纲又互为独立的量作为基本量。如果这 3 个基本量是 x_{n-2}、x_{n-1}、x_n，则其他物理量均可用 3 个基本量的某种幂次与无量纲量 π_i 的乘积来表示，即

$$x_i = \pi_i x_{n-2}^{a_i} x_{n-1}^{b_i} x_n^{c_i} \tag{3-47}$$

这样便将原来有 n 个物理量的物理方程式转化成了只有 $n-m$ 个无量纲量的准则方程式，变量减少了 m 个，这给模型实验和实验数据的整理带来很大的方便。而且，对于一些较复杂的物理现象，即使无法建立方程，但只要知道这些现象中包含哪些物理量，利用 π 定理

就能求出它们的相似律，从而提供了找出该现象规律的可能性。

例3-7

利用 π 定理求解黏性不可压缩流体定常流动的相似律。

【解】 在不考虑热交换的前提下可知

$$p,\ \rho,\ v_x,\ v_y,\ v_z = f(p_\infty,\ \rho_\infty,\ V_\infty,\ l,\ \mu_\infty,\ g,\ \alpha,\ x,\ y,\ z)$$

选取 ρ_∞、V_∞ 和 l 为基本量，由 π 定理可得

$$p* = \frac{p}{\rho_\infty V_\infty^2},\ \rho* = \frac{\rho}{\rho_\infty},\ v_x* = \frac{v_x}{V_\infty},\ v_y* = \frac{v_y}{V_\infty},\ v_z* = \frac{v_z}{V_\infty}$$

$$\pi_1 = \frac{p_\infty}{\rho_\infty V_\infty^2} = Eu$$

$$\pi_2 = \alpha,\ \pi_3 = \frac{x}{l},\ \pi_4 = \frac{y}{l},\ \pi_5 = \frac{z}{l}$$

$$\pi_6 = \mu_\infty^a V_\infty^b \rho_\infty^c l^d = [ML^{-1}T^{-1}]^a [LT^{-1}]^b [ML^{-3}]^c [L]^d = M^{a+c} L^{-a+b-3c+d} T^{-a-b}$$

则：$\begin{cases} a+c=0 \\ -a+b-3c+d=0 \\ -a-b=0 \end{cases} \Rightarrow -a=b=c=d$

当取 $a=1$ 时 可有

$$\pi_6 = \frac{V_\infty \rho_\infty l}{\mu_\infty} = Re$$

$$\pi_7 = g^a V_\infty^b \rho_\infty^c l^d = [LT^{-2}]^a [LT^{-1}]^b [ML^{-3}]^c [L]^d = L^{a+b-3c+d} T^{-2a-b} M^c$$

则：$\begin{cases} a+b-3c+d=0 \\ -2a-b=0 \\ c=0 \end{cases} \Rightarrow \begin{cases} b=-2a=-2d \\ c=0 \end{cases}$

当取 $b=2$ 时，可有

$$\pi_7 = \frac{V_\infty^2}{gl} = Fr$$

于是，黏性不可压缩流体在定常流动时

$$p^*,\ \rho^*,\ v_x^*,\ v_y^*,\ v_z^* = f\left(Eu,\ Re,\ Fr,\ \alpha,\ \frac{x}{l},\ \frac{y}{l},\ \frac{z}{l}\right)$$

故此流动在几何相似的前提下，其相似律有

$$Eu = \frac{p}{\rho v^2},\quad Re = \frac{v\rho l}{\mu},\quad Fr = \frac{v^2}{gl}$$

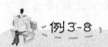
例3-8

试用 π 定理导出不可压缩黏性流体在粗糙管内的定常流动压强降的表达式。

【解】 根据与压强降有关的物理量可以写出物理方程式

$$F(\Delta p,\ \mu,\ L,\ \varepsilon,\ d,\ v,\ \rho) = 0$$

式中有 7 个物理量，选取 d、v、ρ 为基本量，可以用它们组成 4 个零量纲量，即

$$\pi_1 = \frac{\Delta p}{d^{a_1} v^{b_1} \rho^{c_1}}, \quad \pi_2 = \frac{\mu}{d^{a_2} v^{b_2} \rho^{c_2}}$$

$$\pi_3 = \frac{L}{d^{a_3} v^{b_3} \rho^{c_3}}, \quad \pi_4 = \frac{\varepsilon}{d^{a_4} v^{b_4} \rho^{c_4}}$$

用基本量纲表示 π_1 中的各物理量，得

$$ML^{-1}T^{-2} = L^{a_1}(LT^{-1})^{b_1}(ML^{-3})^{c_1}$$

根据物理方程量纲一致性原则有

对 L

$$-1 = a_1 + b_1 - 3c_1$$

对 T

$$-2 = -b_1$$

对 M

$$1 = c_1$$

解得 $a_1 = 0$，$b_1 = 2$，$c_1 = 1$，故有

$$\pi_1 = \frac{\Delta p}{\rho v^2} = \mathrm{Eu}$$

用基本量纲表示 π_2 中的各物理量，得

$$ML^{-1}T^{-1} = L^{a_2}(LT^{-1})^{b_2}(ML^{-3})^{c_2}$$

根据物理方程量纲一致性原则有：$a_2 = 1$，$b_2 = 1$，$c_2 = 1$，故有

$$\pi_2 = \frac{\mu}{\rho v d} = \frac{1}{\mathrm{Re}}$$

用基本量纲表示 π_3 和 π_4 中的各物理量，得相同的量纲

$$L = L^{a_{3,4}}(LT^{-1})^{b_{3,4}}(ML^{-3})^{c_{3,4}}$$

根据物理方程量纲一致性原则有：$a_{3,4} = 1$，$b_{3,4} = 0$，$c_{3,4} = 0$，故有

$$\pi_3 = \frac{L}{d}, \quad \pi_4 = \frac{\varepsilon}{d}$$

将所有 π 值代入式(3-49)，可得

$$\Delta p = f\left(\mathrm{Re}, \frac{\varepsilon}{d}\right)\frac{L}{d}\frac{\rho v^2}{2} = \lambda\frac{L}{d}\frac{\rho v^2}{2}$$

与用瑞利法导出的结果完全一样，但用 π 定理推导时不出现待定指数的选取问题。

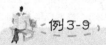 例3-9

机翼在空气中运动时，翼型的阻力 F_D 与翼型的翼弦 b、翼展 L、冲角 α、翼型与空气的相对速度 v、空气的密度 ρ、动力黏度 μ 和体积模量 K 有关。试用 π 定理导出翼型阻力的表达式。

【解】 根据与翼型阻力有关的物理量可以写出物理方程式

$$F(F_D, \mu, K, L, \alpha, b, v, \rho) = 0$$

选取 b、v、ρ 为基本量，可以组成的无量纲量为

$$\pi_1 = \frac{F_D}{b^{a_1} v^{b_1} \rho^{c_1}}, \quad \pi_2 = \frac{\mu}{b^{a_2} v^{b_2} \rho^{c_2}}, \quad \pi_3 = \frac{K}{b^{a_3} v^{b_3} \rho^{c_3}}$$

$$\pi_4 = \frac{L}{b^{a_4} v^{b_4} \rho^{c_4}}, \quad \pi_5 = \alpha$$

用基本量纲表示 π_1、π_2、π_3、π_4（π_5 已经是零量纲量）中的各物理量，得

$$MLT^{-2} = L^{a_1} (LT^{-1})^{b_1} (ML^{-3})^{c_1}$$

$$ML^{-1}T^{-1} = L^{a_2} (LT^{-1})^{b_2} (ML^{-3})^{c_2}$$

$$ML^{-1}T^{-2} = L^{a_3} (LT^{-1})^{b_3} (ML^{-3})^{c_3}$$

$$L = L^{a_4} (LT^{-1})^{b_4} (ML^{-3})^{c_4}$$

根据量纲一致性原则得

$$a_1 = 2, \ b_1 = 2, \ c_1 = 1$$
$$a_2 = 1, \ b_2 = 1, \ c_2 = 1$$
$$a_3 = 0, \ b_3 = 2, \ c_3 = 1$$
$$a_4 = 1, \ b_4 = 0, \ c_4 = 0$$

故有

$$\pi_1 = \frac{F_D}{b^2 v^2 \rho}, \quad \pi_2 = \frac{\mu}{bv\rho} = \frac{1}{Re}$$

$$\pi_3 = \frac{K}{v^2 \rho} = \frac{c^2}{v^2} = \frac{1}{M^2 a}, \quad \pi_4 = \frac{L}{b}$$

由于 $\pi_1/\pi_4 = F_D/(\rho v^2 bL)$ 仍是零量纲量，所以将所有 π 值代入式（3-46），得

$$F_D = f(Re, Ma, \alpha) bL \frac{\rho v^2}{2} = C_D A \frac{\rho v^2}{2}$$

或

$$C_D = \frac{F_D}{A \rho v^2 / 2}$$

$C_D = f(Re, Ma, \alpha)$ 为阻力系数，由试验确定。对于翼型来说，当 $Ma < 0.3$ 时可以不考虑压缩性的影响，$C_D = f(Re, \alpha)$；对于圆柱体的绕流问题，不存在 α 的影响，$C_D = f(Re)$。A 为物体的特性面积，一般取迎风截面积；对于机翼，取弦长与翼展的乘积；对于圆柱体，取直径和柱长的乘积。

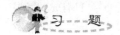 习 题

一、思考题

3-1 两种流动现象相似需要满足哪些基本条件？

3-2 常用的相似准则数有哪些？分别阐述每个准则数的物理意义。

3-3 应用动力相似进行模型试验时如何决定模型尺寸？如何安排试验条件？

3-4 为什么说使两种流动完全相似很难办到？

3-5 什么是量纲一致性原则？量纲分析法有何用处？

3-6 怎样实现近似模型实验？

3-7 常用的量纲分析法有哪些？并说明它们之间的差别。

二、计算题

3-1 试导出用基本量纲 L、T、M 表示的体积流量 q_V、质量流量 q_m、角速度 ω、力矩 M、功 W 和功率 P 的量纲。

3-2 用模型研究溢流堰的流动,采用长度比例尺 $C_l=1/20$。(1)已知原型堰顶水头 $h=3m$,试求模型的堰顶水头。(2)测得模型上的流量 $q_V'=0.19m^3/s$,试求原型上的流量。(3)测得模型堰顶的计示压强 $p_e'=-1960Pa$,试求原型堰顶的计示压强。

3-3 有一内径 $d=200mm$ 的圆管,输送运动黏度 $\nu=4.0\times10^{-5}m^2/s$ 的油,其流量 $q_V=0.12m^3/s$。若用内径 $d=50mm$ 的圆管并分别用 20℃ 的水和 20℃ 的空气作模型实验,试求流动相似时模型管内应有的流量。

3-4 将一高层建筑的几何相似模型放在开口风洞中吹风,风速为 $v=10m/s$,测得模型迎风面点 1 处的计示压强 $p_{e1}'=980Pa$,背风面点 2 处的计示压强 $p_{e2}'=-49Pa$。试求建筑物在 $v=30m/s$ 强风作用下对应的计示压强。

3-5 长度比例尺 $C_l=1/40$ 的船模,当牵引速度 $v'=0.54m/s$ 时,测得波阻 $F_W'=1.1N$。如不计黏性影响,试求原型船的速度、波阻及消耗的功率。

3-6 长度比例尺 $C_l=1/225$ 的模型水库,开闸后完全放空库水的时间是 4min,试求原型水库放空库水的时间。

3-7 新设计的汽车高 1.5m,最大行驶速度为 108km/h,拟在风洞中进行模型试验。已知风洞试验段的最大风速为 45m/s,试求模型的高度。在该风速下测得模型的风阻为 1500N,试求原型在最大行驶速度时的风阻。

3-8 在管道内以 $v=20m/s$ 的速度输送密度 $\rho=1.86kg/m^3$、运动黏度 $\nu=1.3\times10^{-5}m^2/s$ 的天然气,为了预测沿管道的压强降,采用水模型试验。取长度比例尺 $C_l=1/10$,已知,水的密度 $\rho=998kg/m^3$、运动黏度 $\nu=1.007\times10^{-6}m^2/s$。为保证流动相似,模型内水的流速应等于多少?已经测得模型每 0.1m 管长的压强降 $\Delta p'=1000Pa$,天然气管道每米的压强降等于多少?

3-9 拟用水模型来研究烟气在 600℃ 的热处理炉中的流动情况,已知烟气的运动黏度 $\nu=9.0\times10^{-5}m^2/s$,长度比例尺 $C_l=1/10$,水温为 10℃,试求速度比例尺。

3-10 某飞机的机翼弦长 $b=1500mm$,在气压 $p_a=10^5Pa$、气温 $t=10℃$ 的大气中以 $v=180km/h$ 的速度飞行,拟在风洞中用模型试验测定翼型阻力,采用长度比例尺 $C_l=1/3$。(1)如果用开口风洞,已知实验段的气压 $p_a=101325Pa$、气温 $t'=25℃$,试验段的风速应等于多少?这样的试验有什么问题?(2)如果用压力风洞,试验段的气压 $p''=1MPa$,气温 $t''=30℃$,$\mu''=1.854\times10^{-5}Pa\cdot s$ 试验段的风速应等于多少?

3-11 低压轴流风机的叶轮直径 $d=0.4m$,转速 $n=1400r/min$,流量 $q_V=1.39m^3/s$,全压 $p_{Te}=128Pa$,效率 $\eta=70\%$,空气密度 $\rho=1.2kg/m^3$,问消耗的功率 P 等于多少?在保证流动相似和假定风机效率不变的情况下,试确定作下列 3 种变动情况下的 q_V'、p_{Te}' 和 P' 值:(1)n' 变为 2800r/min;(2)风机相似放大,d 变为 0.8m;(3)ρ' 变为 1.29kg/m³。

3-12 流体通过水平毛细管的流量 q_V 与管径 d、动力黏度 μ、压力梯度 $\Delta p/L$ 有关,试导出流量的表达式。

3-13 薄壁孔口出流的流速 v 与孔径 d、孔口水头 H、流体密度 ρ、动力黏度 μ、表面张力 σ、重力加速度 g 有关,试导出孔口出流速度的表达式。

3-14 小球在不可压缩黏性流体中运动的阻力 F_D 与小球的直径 d、等速运动的速度

v、流体的密度 ρ、动力黏度 μ 有关，试导出流量表达式。

3-15　通过三角形堰的流量 q_V 与堰顶水头 H、槽口的半顶角 θ、重力加速度 g、液体的密度 ρ、动力黏度 μ、表面张力 σ 有关，试导出流量表达式。

3-16　流体通过孔板流量计的流量 q_V 与孔板前后的压差 Δp、管道的内径 d_1、管内流速 v、孔板的孔径 d、流体的密度 ρ、动力黏度 μ 有关，试导出流量表达式。

第 4 章
黏性流体的一维流动

 本章教学要点

知识要点	掌握程度	相关知识
黏性流体总流的伯努利方程	掌握由一条流线扩展为有限截面的伯努利方程的得出过程及能量分析方法；掌握理想流体伯努利方程与黏性流体总流的伯努利方程的能量差异	能量守恒；伯努利方程
黏性流体管内流动的两种损失	掌握黏性流体管内流动的两种能量损失分类依据及产生原因；掌握两种能量损失的计算公式	均匀损失；缓变流；急变流
黏性流体的两种流动状态	理解黏性流体的两种流动状态的划分依据及判别方法	流线流动显示
圆管中的层流流动	理解圆管中的层流流动的流动规律及特点	罗尔中值定理、最大值、求积
黏性流体的紊流流动	理解黏性流体紊流流动的流动规律及特点	算术平均、效果平均
沿程损失的实验研究	掌握尼古拉兹实验曲线区域分布；掌握不同雷诺数范围的损失计算方法	对数分析法
局部损失	掌握局部损失产生机理及特殊管件损失的计算方法	离心力、正负压强

导入案例

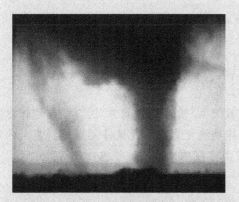

图 4.1 龙卷风现象

图 4.2 海洋旋涡现象

龙卷风和海洋旋涡是常见的自然现象(图 4.1、图 4.2),它们都可以看成是理想的旋涡,涡核外的流动是无旋的。$\omega=$常数,即 $\vec{v}\times\vec{r}=$常数,速度与半径成反比。靠近中心处的半径小,速度很大。根据伯努利方程,速度大(动能大),则压强就低,即中心处是低压区;旋涡的外围处半径较大,速度小,压强很高。龙卷风中心有真空吸力就是由于涡核区的压强比涡核外的压强低、有抽吸作用的缘故。

工程实际中的流体都具有黏性。黏性流体流经固体壁面时,接触壁面的流体质点速度为零,沿壁面的法线方向,质点速度逐渐增大,存在一个速度变化的区域。流动的黏性流体内部存在速度梯度时,相邻的流层要产生相对运动,从而产生切应力,形成阻力,消耗流体的机械能,并不可逆地转化为热能产生损失。本章的任务是讨论黏性流体一维流动中损失的计算,主要是管流的损失问题。管流的能量损失除少数问题可以用理论分析的方法计算外,多数问题只能依靠实验研究解决。

4.1 黏性流体总流的伯努利方程

利用能量方程式(2-40)可以导出黏性流体总流的伯努利方程,将该式应用于黏性不可压缩的重力流体定常流动总流的两个缓变流截面,式(2-40)可以写成下述形式

$$\iint_{A_2}\rho g v\left(\frac{u}{g}+\frac{v^2}{2g}+z+\frac{p}{\rho g}\right)\mathrm{d}A-\iint_{A_1}\rho g v\left(\frac{u}{g}+\frac{v^2}{2g}+z+\frac{p}{\rho g}\right)\mathrm{d}A=0 \qquad (4-1)$$

将上式在总流的两个缓变流截面 A_1、A_2 上积分就可以求得黏性流体总流的伯努利方程。由式(2-58)知,在缓变流截面上满足流体静力学基本方程,即单位重量流体的总势能为常数,所以势能项的积分为

$$\iint_{A}\rho v\left(z+\frac{p}{\rho g}\right)\mathrm{d}A=\rho g q_{\mathrm{v}}\left(z+\frac{p}{\rho g}\right) \qquad (4-2)$$

式中 q_V 为过流截面上的体积流量。式中的动能项采用有效截面上的平均流速 v_a 计算的动能来替代，并用动能修正系数 α 来修正两者之间的误差

$$\iint_A \rho g v \frac{v^2}{2g} dA = \alpha \rho g q_V \frac{v_a^2}{2g} \qquad (4-3)$$

动能修正系数 α 的定义式为

$$\alpha = \frac{1}{A} \iint_A \left(\frac{v}{v_a}\right)^3 dA \qquad (4-4)$$

对于黏性不可压缩流体的绝能流动，流体由截面 A_1 流动到截面 A_2 时，由于流体微团间和流体与固体壁面间要产生摩擦，摩擦力的摩擦功转化为热，使流体的温度升高，内能增大，体现为机械能损失，若用 h_w 表示单位重量流体在两截面间的损失，则有

$$\frac{1}{\rho g q_V}\left(\iint_{A_2} \rho g v \frac{u}{g} dA - \iint_{A_1} \rho g v \frac{u}{g} dA\right) = \frac{1}{\rho g q_V}\int_{q_V} \rho(u_2 - u_1) dq_V = h_w \qquad (4-5)$$

将式(4-2)、式(4-3)和式(4-4)代入式(4-1)，式子两端同除以 $\rho g q_V$，则得到黏性流体单位重量形式的伯努利方程

$$z_1 + \frac{p_1}{\rho g} + \alpha_1 \frac{v_{1a}^2}{2g} = z_2 + \frac{p_2}{\rho g} + \alpha_2 \frac{v_{2a}^2}{2g} + h_w \qquad (4-6)$$

这就是黏性流体总流的伯努利方程，由前述的推导过程可知，方程适用条件如下。

(1) 流动为定常流动。

(2) 流体为黏性不可压缩的重力流体。

(3) 沿总流流束满足连续性方程，即 $q_V = $ 常数，就是说流束不存在支流或者汇流。若出现支流或者汇流，应分段以全部流体总能量守恒列出伯努利方程。

(4) 列方程的两过流断面必须是缓变流截面，而不必顾及两截面间是否有急变流。

动能修正系数 α 的大小取决于过流断面上流速分布的均匀程度，以及断面的形状和大小，流速分布越均匀，其数值越接近于 1，流速分布越不均匀该数值就越大。对于层流流动，可用分析的方法推导求得 $\alpha = 2$。对于紊流流动只能由试验确定，$\alpha = 1.03 \sim 1.1$，在有关计算中一般取 $\alpha = 1$。并且为简便起见，以符号 v 表示管流截面上的平均流速。

黏性流体总流的伯努利方程中每一项的能量意义与微元流束的伯努利方程中相同。流体在流动过程中要克服黏性摩擦力，总流的机械能沿流程不断减小，因此，总水头线不断降低，其几何意义如图 4.3 所示。

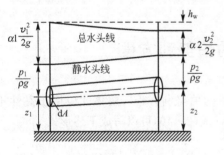

图 4.3 总流伯努利方程的几何意义

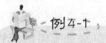

例4-1

如图 4.4 所示，一水塔向管路系统供水，当阀门打开时水管中的平均流速为 4m/s，已知 $h_1 = 9\text{m}$，$h_2 = 0.7\text{m}$，管路中总的能量损失 $h_w = 13\text{m H}_2\text{O}$，试确定水塔中的水面高度 H 为多少？

【解】 以水平管轴为基准，列水塔自由液面0-0和管道出口2-2的伯努利方程，由于水塔的横截面积比管道出口的截面积大得多，其液面下降速度可以忽略不计，即

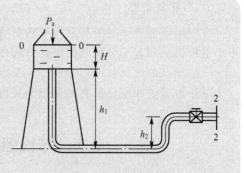

图 4.4 水塔供水管路

$$(H+h_1)+\frac{p_a}{\rho g}+0=h_2+\frac{p_a}{\rho g}+\alpha_2\frac{v_2^2}{2g}+h_w$$

因为水塔较高，压力水头较大，出口截面积较小，管道内的流动状态一般是紊流，所以取动能修正系数 $\alpha_2=1$，所以有

$$H=\frac{v_2^2}{2g}+h_w+h_2-h_1=\frac{4^2}{2\times9.806}+13+0.7-9=5.52(\text{m})$$

4.2 黏性流体管内流动的两种损失

黏性流体在管内流动时产生两种损失，即沿程损失和局部损失。

1. 沿程损失

沿程损失是发生在缓变流整个流程中的能量损失，是由流体的黏滞力造成的损失。其大小和流体的流动状态及管道壁面的粗糙度有关。单位重量流体的沿程损失可用达西-魏斯巴赫公式计算，即

$$h_f=\lambda\frac{l}{d}\frac{v^2}{2g}$$

式中，沿程阻力系数 λ 是一无量纲数，l 为管子的长度，d 为管子的直径，v 为管子有效截面上的平均流速。

该式由德国人魏斯巴赫于1850年首先提出，法国人达西在1858年用实验的方法进行了验证，故称为达西-魏斯巴赫公式。实验使用了20多种不同材料和尺度的管子，验证了无量纲沿程阻力系数 λ 与流体的黏度、雷诺数和管道的壁面粗糙度有关。它适用于任何截面形状的光滑和粗糙管内充分发展的层流和紊流流动，具有重要的工程意义。

2. 局部损失

局部损失发生在流动状态急剧变化的急变流中。流体流过管路中一些局部件(如阀门、弯管、变形截面等)时，流线变形、方向变化、速度重新分布，还有旋涡的产生等因素，使得流体质点间产生剧烈的能量交换而产生损失。

单位重量流体流过某个局部件时产生的能量损失用下式计算

$$h_j=\zeta\frac{v^2}{2g}\tag{4-7}$$

式中，ζ 为无量纲局部损失系数，和局部件的结构形状有关，由实验确定。单位重量流体的局部损失 h_j 的量纲为长度。

3. 总能量损失

在应用黏性流体的伯努利方程求解有关问题时，要选取两缓变流截面，其间可能有若干个沿程损失和若干个局部损失，方程中的 h_w 就是这些损失的总和，即

$$h_w = \sum h_f + \sum h_j \qquad\qquad (4-8)$$

单位重量流体能量损失的量纲为长度，工程中也称其为水头损失。

4.3 黏性流体的两种流动状态

英国物理学家雷诺 1883 年发表的论著中，首先提出了通过实验验证的黏性流体存在两种不同流动状态的概念，即层流和紊流状态，并确定了流态的判别方法。哈根 1839 年的管流实验给出了层流和紊流状态下管内平均流速和沿程损失之间的关系。

4.3.1 雷诺实验

图 4.5 所示为雷诺实验装置。1 为尺寸足够大的水箱，7 为保证水箱水位恒定的溢流

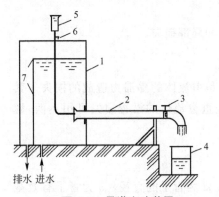

图 4.5 雷诺实验装置

板，当阀门 3 开启时水流通过玻璃管 2 流入量筒 4，通过记录时间和量筒的刻度值可以得出圆管中的平均流速。5 为颜色水瓶，当打开其下部的开关阀 6 时，着色流体将进入水平玻璃管，以观测流动状态。

实验过程如下。

阀门 3 开启，水流以较小的速度流过玻璃管，打开阀门 6，着色流体进入玻璃管，呈现一条细直线流束，如图 4.6(a) 所示。这一现象表明，着色流体和周围的流体互不参混，流线为直线，流体质点只有沿圆管轴向的运动，而没有径向运动。这种流动状态称为层流或片流。

逐渐增大阀门 3 的开度，管内流速逐渐增大，当流速增大到一定数值时，着色流束开始振荡，处于不稳定状态，如图 4.6(b) 所示。当流速增大到 v_{cr}' 时，着色流束迅即破裂，着色的流体质点扩散到水流中去，如图 4.6(c) 所示。这一现象说明，流体质点不仅有轴向运动，也具有径向运动，处于一种无序的紊乱状态。称这种流动状态为紊流或者湍流。将由层流向紊流转化的速度 v_{cr}' 称为上临界流速。

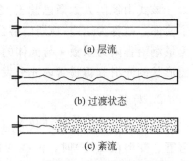

(a) 层流

(b) 过渡状态

(c) 紊流

图 4.6 雷诺实验现实的流动状态

在紊流状态下，阀门 3 的开度逐渐关小时，管内流速逐渐降低，当流速降低到比上临界流速更低的流速 v_{cr} 时，着色流体又呈现清晰直线，说明流动由层流转化成了紊流。将由紊流向层流转化的速度 v_{cr} 称为下临界流速。

以上实验说明，流动速度变化时流动状态将发生变化。某种流体在一定管道内流动

时，若流动速度大于上临界流速 v'_{cr}，流动为紊流状态；若流动速度小于下临界流速 v_{cr}，流动为层流状态；若流动速度介于两者之间，有可能是层流，也有可能是紊流，决定于实验的起始状态和扰动情况。

4.3.2 流态的判别

雷诺实验表明，用临界流速来判别流动状态和整理实验数据很不方便，因为不同的管道或者不同的流体对应不同的临界速度。临界流速和流体的黏度成正比，和管子的直径成反比。

根据上述实验和量纲分析发现，临界速度 v_{cr} 是流体运动黏度 ν 和管子直径 d 的函数，即

$$v_{cr}=f(\nu,\ d)$$

根据方程两端量纲一致的原则有

$$v_{cr}=\mathrm{Re}_{cr}\frac{\nu}{d}$$

故有

$$\mathrm{Re}_{cr}=\frac{v_{cr}d}{\nu}$$

式中，Re_{cr} 称为下临界雷诺数。同理，上临界雷诺数可表示为 $\mathrm{Re}'_{cr}=\dfrac{v'_{cr}d}{\nu}$。用任意平均流速 v 计算的雷诺数为 $\mathrm{Re}=\dfrac{vd}{\nu}$。

大量的实验数据表明，无论流体的性质和管子的直径如何变化，下临界雷诺数 $\mathrm{Re}_{cr}=2320$，上临界雷诺数 $\mathrm{Re}'_{cr}=13800$，甚至更高。当 $\mathrm{Re}<\mathrm{Re}_{cr}$ 时，流动为层流；当 $\mathrm{Re}>\mathrm{Re}'_{cr}$ 时，流动为紊流；当 $\mathrm{Re}_{cr}<\mathrm{Re}<\mathrm{Re}'_{cr}$ 时，可能是层流，也可能是紊流，处于极不稳定的状态。因此，上临界雷诺数在工程上没有实用意义，通常将下临界雷诺数 Re_{cr} 作为判别层流和紊流的准则。在工程实际中，一般取圆管的临界雷诺数 $\mathrm{Re}_{cr}=2000$。当 $\mathrm{Re}\leqslant2000$ 时，流动为层流；当 $\mathrm{Re}>2000$ 时，即认为流动是紊流。可见，要计算各种流体通道的沿程损失，必须先判别流体的流动状态。

对于非圆形截面管道，可用下式计算雷诺数

$$\mathrm{Re}=\frac{vL}{\nu}$$

式中，L 为过流断面的特征长度。该数值应采用当量直径 d_e。

例4-2

用直径 200mm 的无缝钢管输送石油，已知流量 $q_v=27.8\times10^{-3}\mathrm{m^3/s}$，冬季油的黏度 $\nu_w=1.092\times10^{-4}\mathrm{m^2/s}$，夏季油的黏度 $\nu_s=0.355\times10^{-4}\mathrm{m^2/s}$。试问油在管中呈何种流动状态？

【解】 管中油的流速为：$v=\dfrac{q_v}{\frac{\pi d^2}{4}}=0.885(\mathrm{m/s})$

冬季时 $\mathrm{Re}_w=\dfrac{vd}{\nu_w}\approx1620<2000$，油在管内呈层流状态。

夏季时 $\mathrm{Re}_s=\dfrac{vd}{\nu_s}\approx5000>2000$，油在管内呈紊流状态。

4.3.3　沿程损失和平均流速的关系

哈根 1839 年进行的管流实验验证了雷诺实验的正确性，并给出了沿程损失和平均流速的关系。他用 3 根直径分别为 2.55mm、4.02mm、5.91mm，长度分别为 47.4cm、109cm、105cm 的黄铜管在定常流动的条件下用水流进行了测量。由伯努利方程可知，对于水平管道，管内平均流速为 v 时测得管子两端的压强差 Δp，由 $h_f = \Delta p / \rho g$ 可求得沿程损失。用所得数据可绘制出图 4.7 所示的沿程损失和平均流速的关系图。

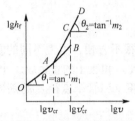

图 4.7　沿程损失和平均流速的关系

当流速由低到高时，实验点沿 $OABCD$ 线移动；当流速由高到低时，实验点沿 $DCAO$ 线移动。在对数坐标中

$$\lg h_f = \lg k + n \lg v$$

故沿程损失和平静流速的关系可表示为 $h_f = kv^n$。式中，k 为系数，n 为指数，均由实验确定。

实验结果证明：当 $v < v_{cr}$ 时，流动为层流状态，$n_1 = 1$，即层流中的沿程损失与平均流速的一次方成正比；当 $v > v'_{cr}$ 时，流动为紊流状态，$n_2 = 1.75 \sim 2$，即紊流中的沿程损失与平均流速的 1.75~2 次方成正比。在上临界流速和下临界流速之间，流动可能是层流，也有可能是紊流，决定于起始条件和扰动因素。哈根的实验结果和雷诺实验结果基本一致。

4.4　圆管中的层流流动

工程实际中常常涉及微通道和速度低、黏性大的流动问题，这类流动通常是层流流动。如液压油缸中液压油的流动、滑动轴承中油膜的流动，以及地下水的渗流等都属于层流问题，层流理论有非常重要的工程实际意义。由于起始条件、边界条件等因素的影响，大多数工程问题都不能用理论分析的方法解决，通常依靠实验和数值模拟，但对于一些相对简单的层流问题，可以用理论分析的方法解决，下面着重研究的圆管中的层流流动就是最具代表性的层流问题。

如图 4.8 所示，在一倾斜角为 θ 的圆截面直管道内，不可压缩黏性流体作定常层流流动。现取一和圆管同轴，半径为 r、长度为 $\mathrm{d}l$ 的圆柱体作为研究对象，l 轴沿流动方向。由于充分发展的层流沿管轴每个截面上的速度分布相同，所取圆柱体两端面流动情况相同，故该圆柱体在重力、两端面的总压力和圆柱侧面的黏滞力作用下处于平衡状态，于是沿 l 轴有

$$\pi r^2 p - \pi r^2 \left(p + \frac{\partial p}{\partial l} \right) - 2\pi r \mathrm{d}l \tau - \pi r^2 \mathrm{d}l \rho g \sin\theta = 0$$

用 $\pi r^2 \mathrm{d}l$ 通除上式，以 $\partial h / \partial l$ 取代 $\sin\theta$，又由 $p + \rho g h$ 不随 r 变化，可得

$$\tau = -\frac{r}{2} \frac{\mathrm{d}}{\mathrm{d}l}(p + \rho g h) \tag{4-9}$$

由于充分发展的管流沿管轴方向势能项梯度为常数，黏性流体在圆管中作层流流动时，

同一截面上的切向应力的大小与半径成正比，如图4.8所示，式(4-9)同样适用于圆管中的素流流动。

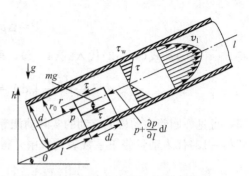

考虑到沿半径方向速度梯度为负值，根据牛顿内摩擦定律 $\tau=-\mu\dfrac{\mathrm{d}v}{\mathrm{d}r}$，代入式(4-9)，得

$$\mathrm{d}v_l=\frac{1}{2\mu}\frac{\mathrm{d}}{\mathrm{d}l}(p+\rho gh)r\mathrm{d}r$$

对 r 积分，得　　$v_l=\dfrac{1}{4\mu}\dfrac{\mathrm{d}}{\mathrm{d}l}(p+\rho gh)r^2+C$

图 4.8　圆管中黏性流体的层流流动

当 $r=r_0$ 时，$v_l=0$，$C=-\dfrac{r_0^2}{4\mu}\dfrac{\mathrm{d}}{\mathrm{d}l}(p+\rho gh)$，代入上式，得

$$v_l=-\frac{r_0^2-r^2}{4\mu}\frac{\mathrm{d}}{\mathrm{d}l}(p+\rho gh) \tag{4-10}$$

上式表明，圆管内的层流流动，其流速的分布规律为旋转抛物面，如图4.8所示。在管轴上的最大流速为

$$v_{l,\max}=-\frac{r_0^2}{4\mu}\frac{\mathrm{d}}{\mathrm{d}l}(p+\rho gh) \tag{4-11}$$

由解析几何知，旋转抛物体的体积等于它的外切圆柱体体积的一半，故平均流速等于最大流速的一半，即

$$v=\frac{1}{2}v_{l,\max}=-\frac{r_0^2}{8\mu}\frac{\mathrm{d}}{\mathrm{d}l}(p+\rho gh) \tag{4-12}$$

将速度在圆管截面上积分可求得圆管中的流量

$$q_V=\int_0^{r_0}2\pi rv_l\mathrm{d}r=\pi r_0^2v=-\frac{\pi r_0^4}{8\mu}\frac{\mathrm{d}}{\mathrm{d}l}(p+\rho gh) \tag{4-13}$$

对于水平圆管，由于 h 不变，$\mathrm{d}p/\mathrm{d}l=\mathrm{d}p/\mathrm{d}x=-\Delta p/L$，上式简化为

$$q_V=\frac{\pi d^4\Delta p}{128\mu l} \tag{4-14}$$

式(4-14)称为哈根-泊肃叶(Hagen-Poiseuille)公式。该式表明圆管中的层流流动，流量和管径的4次方成正比，可见管径对流量的影响很大。该式即为第1章提到的管流法测黏度的原理，即测定式中有关物理量，从而算出流体的黏度。

由式(4-14)得单位体积流体的压强降为

$$\Delta p=\frac{128\mu l q_V}{\pi d^4} \tag{4-15}$$

可见，管长 l 上的压降与流体的黏度、流体的流量成正比，而与管道内径的4次方成反比。单位重量流体的压强降为

$$h_f=\frac{\Delta p}{\rho g}=\frac{32\mu lv}{\rho g d^2}=\frac{64\mu}{\rho vd}\frac{l}{d}\frac{v^2}{2g}=\frac{64}{\mathrm{Re}}\frac{l}{d}\frac{v^2}{2g}=\lambda\frac{l}{d}\frac{v^2}{2g}$$

其中

$$\lambda=64/\mathrm{Re} \tag{4-16}$$

由式(4-16)知，层流流动的沿程损失与平均流速的一次方成正比，且仅与雷诺数有关，而与管道壁面粗糙与否无关，这一结论已为实验所证实。在长度为 l 管段上，因沿程损失而消耗的功率为

$$P = \Delta p q_V = \frac{128\mu l q_V^2}{\pi d^4} \qquad (4-17)$$

将式(4-10)和式(4-12)代入式(4-4)，得总流伯努利方程中的动能修正系数

$$\alpha = \frac{1}{A}\iint_A \left(\frac{v_x}{v}\right)^3 \mathrm{d}A = \frac{16}{r_0^8}\int_0^{r_0}(r_0^2-r^2)^3 r\mathrm{d}r = 2$$

可见，圆管中的层流流动的实际动能等于按平均流速计算的动能的二倍。将式(4-10)、式(4-12)代入动量修正系数表达式中，得动量修正系数

$$\beta = \frac{1}{A}\iint_A \left(\frac{v_x}{v}\right)^2 \mathrm{d}A = \frac{8}{r_0^6}\int(r_0^2-r^2)^2 r\mathrm{d}r = \frac{4}{3}$$

对水平放置的圆管，当 $r=r_0$ 时，由式(4-9)得

$$\tau_w = \frac{r_0 \Delta p}{2l} \qquad (4-18)$$

将压强降公式代入上式，得

$$\tau_w = \frac{\lambda}{8}\rho v^2 \qquad (4-19)$$

显然，式(4-18)、式(4-19)对于圆管中黏性流体的层流和紊流流动都适用。在以后的有关章节中将用到该关系式。

例4-3

水平放置的毛细管黏度计，内径 $d=0.50\mathrm{mm}$，两测点间的管长 $L=1.5\mathrm{m}$，液体的密度 $\rho=999\mathrm{kg/m^3}$，当液体的流量 $q_V=880\mathrm{mm^3/s}$ 时，两测点间的压降 $\Delta p=2.0\mathrm{MPa}$，试求该液体的黏度。

【解】 首先假定管内流动为层流，则由式(4-15)得

$$\mu = \frac{\pi d^4 \Delta p}{128 l q_V} = \frac{\pi(0.5\times10^{-3})^4\times2.0\times10^6}{128\times1.5\times880\times10^{-9}} = 2.324\times10^{-3}(\mathrm{Pa\cdot s})$$

由于 $Re = \frac{4q_V\rho}{\pi d\mu} = \frac{4\times880\times10^{-9}\times999}{\pi\times0.5\times10^{-3}\times2.324\times10^{-3}} = 964 < 2000$

说明层流的假定是对的，故计算成立。

例4-4

如图4.9所示，一倾斜放置，内径为20mm的圆管，其中流过密度 $\rho=900\mathrm{kg/m^3}$、黏度 $\mu=0.045\mathrm{Pa\cdot s}$ 的流体，已知截面1处的压强 $p=1.0\times10^5\mathrm{Pa}$，截面2处的压强 $p=1.5\times10^5\mathrm{Pa}$。试确定流体在管中的流动方向，并计算流量和雷诺数。

【解】 由于等截面管道在1和2处的流速相等，即它们的动能相等，因而流动方向决定于这两处总势能的大小。在截面1处

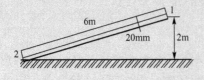

图4.9 倾斜圆管中黏性流体的流动

$$(p+\rho gh)_1 = 1.0 \times 10^5 + 900 \times 9.807 \times 2 = 1.177 \times 10^5 \,\text{Pa}$$

在截面 2 处

$$(p+\rho gh)_2 = 1.5 \times 10^5 + 0 = 1.5 \times 10^5 \,(\text{Pa})$$

由于 $(p+\rho gh)_2 > (p+\rho gh)_1$,故流体自截面 2 流向截面 1。假定管内流动为层流流动,由式(4-14)得流量

$$q_v = -\frac{\pi r_0^4}{8\mu}\frac{\mathrm{d}}{\mathrm{d}l}(p+\rho gh) = \frac{\pi(0.01)^4}{8 \times 0.045}\left(-\frac{1.177 \times 10^5 - 1.5 \times 10^5}{6}\right) = 0.47 \times 10^{-3}\,(\text{m}^3/\text{s})$$

平均流速

$$v = \frac{q_v}{\pi r_0^2} = \frac{0.47 \times 10^{-3}}{\pi(0.01)^2} = 1.495\,(\text{m/s})$$

雷诺数

$$\mathrm{Re} = \frac{\rho v d}{\mu} = \frac{900 \times 1.495 \times 0.02}{0.045} = 598 < 2000$$

故管内流动为层流,以上计算成立。

4.5　黏性流体的紊流流动

4.5.1　紊流流动时均值

由雷诺实验可知,当流体处于紊流状态时,流体质点作杂乱无章的运动。流场中同一点上,不同时刻有不同的流体质点经过,各自的速度不同,其他流动参数也处于无序的变化之中。因此,这种瞬息变化的紊流流动实质上是非定常流动。

图 4.10 所示为用热线测速仪测出的水平管道中某点瞬时轴向速度 v_{xi} 随时间 t 的变化情况。由图可以看出,尽管速度的大小随时间变化,但在一段足够长的时间 Δt 内,速度总是绕一固定值波动。因此,人们总结出了用时均速度来研究紊流问题的方法,时均速度为时间间隔 Δt 内轴向速度的平均值,用 v_x 表示

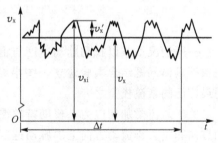

图 4.10　瞬时轴向速度与时均速度

$$v_x = \frac{1}{\Delta t}\int_0^{\Delta t} v_{xi}\,\mathrm{d}t$$

其数值等于速度在 Δt 时间间隔中的平均值。显然,瞬时速度

$$v_{xi} = v_x + v_x'$$

式中,v_x' 为瞬时速度与时均速度之差,称脉动速度。在紊流流动中,流体质点的脉动速度有正有负,所以,在一段时间内脉动速度的时均值必然为零,在 y、z 方向上同样如此。

同理,可引出其他参数的时间平均值,如以时间平均的压强为

$$p = \frac{1}{\Delta t}\int_0^{\Delta t} p_i\,\mathrm{d}t$$

所以,瞬时压强可表示为 $p_i = p + p'$,式中,p_i 为瞬时压强,p' 为脉动压强。

如用瞬时参数去研究紊流运动，问题将极为复杂，从工程应用的角度看，一般情况下也没有这种必要。如对管流的研究，通常关心的是流体主流的速度分布、压强分布，以及能量损失等，并不关心其中每个流体质点的微观运动。流体主流的速度和压强通常指的是时均速度和时均压强，工程中通常使用的测速管、测压计等所能够测量的也正是速度和压强的时间平均值。所以，通常情况下都是用流动的时均参数去描述流体的紊流流动，使所研究的问题大为简化。但对紊流机理的研究及某些工程应用问题，有时还必须考虑质点的复杂脉动运动。

工程上将流场中的时均参数不随时间改变的紊流流动称为准定常流动或时均定常流。

4.5.2　雷诺应力

对于层流流动，其剪切应力可用牛顿内摩擦定律表示。对于黏性流体的紊流流动，除流层之间相对滑移引起的摩擦切向应力 τ_v 之外，还由于流体质点在相邻流层之间的交换，在流层之间进行动量交换，增加能量损失，而出现紊流附加切向应力即雷诺应力 τ_t。所以，紊流中的切向应力 τ 可表示为

$$\tau = \tau_v + \tau_t = (\mu + \mu_t)\frac{\mathrm{d}v_x}{\mathrm{d}y} \tag{4-20}$$

如图 4.11 所示，在垂直于 y 轴的控制面 δA 上，x、y 方向上的脉动速度为 v_x'、v_y'。若单位时间内通过 δA 进入下层的流体质量为 $\rho v_y' \delta A$，则 x 方向上的动量变化即为 δA 上受到的 x 方向上的切向力 $\delta F'$

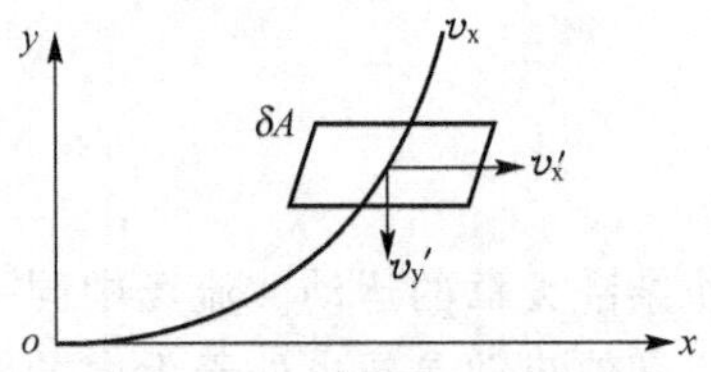

图 4.11　脉动速度示意图

$$\delta F' = -\rho v_y' \delta A v_x'$$

由连续性方程可知，上式中的 v_x'、v_y' 应异号，所以等号右端冠以负号。对单位面积上的切应力取时均值时即为紊流附加切应力

$$\tau_t = -\rho \overline{v_x' v_y'} \tag{4-21}$$

一般情况下难以找到脉动速度与雷诺应力之间的一般关系式，为了工程实际需要，往往根据具体问题结合实验建立一些半经验性的关系式，即紊流模型。如 $k-\varepsilon$ 模型就是应用最广泛的紊流模型之一。

关于紊流附加切应力，普朗特的混合长假说给出了较合理的解释。普朗特认为，沿流动方向和垂直于流动方向上的脉动速度都与时均速度的梯度有关。在每一点引入一个垂直方向上的长度 l，用该距离两端的时均速度差值表示该点在流动方向上的脉动速度 v_x'，即

$$v_x' \sim l\frac{\mathrm{d}v_x}{\mathrm{d}y}$$

由于脉动的随机性，相邻近的两个流体质点无论是以 v_x' 相撞还是离开，均将引起垂直方向上的连续流动，或是向两侧流出，或是由两侧流入，根据不可压缩的连续性方程，流出或者流入的脉动速度 v_y' 应与 v_x' 同数量级，即

$$v_y' \sim l\frac{\mathrm{d}v_x}{\mathrm{d}y}$$

由此，紊流附加切应力可表示为

$$\tau_t = -\rho \overline{v'_x v'_y} = \rho l^2 \left(\frac{\mathrm{d}v_x}{\mathrm{d}y}\right)^2 \tag{4-22}$$

从物理现象上看，纵向和横向脉动速度都与流体质点的相互参混有关，在相互碰撞之前都要走过一段距离，因此普朗特将以上定义的长度 l 叫做混合长度。此式说明，紊流附加切应力与混合长度和时均速度梯度乘积的平方成正比。与黏性剪切应力相比较可知

$$\mu_t = \rho l^2 \frac{\mathrm{d}v_x}{\mathrm{d}y} \tag{4-23}$$

但 μ_t 与 μ 不同，它不是流体的属性，它只决定于流体的密度、时均速度梯度和混合长度。

混合长度假说在管道、渠道、边界层流动中已有成功的应用范例，一般只适用于压强梯度较小的平行流动问题，对于曲壁面和压强梯度较大的紊流流动，需要建立合适的紊流模型。

4.5.3 圆管中紊流的速度分布和沿程损失

1. 圆管中紊流的构成、黏性底层、水力光滑与水力粗糙

图 4.12 所示为平均流速相等时圆管中层流与紊流的速度分布示意。由前述分析可知，层流流动时，圆管中的速度分布为抛物线规律。紊流流动由于流动机制不同于层流，其速度分布（指时均速度，下同）和层流有根本的不同。在靠近管轴的大部分区域内，流体质点的横向脉动使流层间进行的动量交换较为剧烈，速度趋于均匀，速度梯度较小，曲线中心部分较平坦，该区域称为紊流充分发展区或者紊流核区。由于紧贴壁面有一因壁面限制而脉动消失的层流薄层，其黏滞

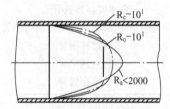

图 4.12 圆管中紊流与层流的速度剖面

力使流速急剧下降，速度梯度较大，这一薄层称为黏性底层。可见，圆管中的紊流可以分为 3 个区域，即紊流核区、黏性底层区，以及介于两者之间的由层流向紊流的过渡区。过渡区很薄，一般不单独考虑，而将它和中心部分合在一起统称为紊流部分。紊流部分的切向应力决定于式(4-20)，但其第二项都比第一项大很多，第一项可以忽略不计；黏性底层中的切向应力决定于该式的第一项。

黏性底层的厚度和流体运动速度的大小有关，速度越大，流体质点的脉动越强烈，其厚度就越小；反之，就越厚。由分析推导和实验得到的黏性底层厚度 δ 与雷诺数的关系为

$$\delta = \frac{34.2d}{\mathrm{Re}^{0.875}} \tag{4-24}$$

或

$$\delta = \frac{32.8d}{\mathrm{Re}(\lambda)^{1/2}} \tag{4-25}$$

式中，δ 与管道直径 d 的单位均为 mm，Re 为雷诺数，λ 为沿程损失系数。

由以上两式可知，黏性底层的厚度通常只有几分之一毫米。尽管其厚度很小，但它对紊流流动的能量损失，以及流体与壁面间的热交换等却有重要的影响。这种影响与管道壁面的粗糙程度直接有关。

通常将管壁粗糙凸出部分的平均高度叫做管壁的绝对粗糙度，记为 ε，绝对粗糙度与

管径的比值 ε/d 称为相对粗糙度。常用管道管壁的绝对粗糙度 ε 列于表 4-1。

当 $\delta > \varepsilon$ 时，如图 4.13(a)所示，黏性底层完全淹没了管壁的粗糙凸出部分。这时紊流完全感受不到管壁粗糙度的影响，流体好像在完全光滑的管子中流动一样。这种情况的管内流动称作"水力光滑"，或简称"光滑管"。

表 4-1　管壁绝对粗糙度

管壁情况	ε/mm		管壁情况	ε/mm
干净的、整体的黄铜管、铜管、铅管	0.0015~0.01		干净的玻璃管	0.0015~0.01
新的仔细浇成的无缝钢管	0.04~0.17		橡皮软管	0.01~0.03
在煤气管道上使用一年后的钢管	0.12		粗糙的内涂橡胶的软管	0.20~0.30
在普通条件下浇成的钢管	0.19		水管	0.25~1.25
使用数年后的整体钢管	0.19		陶土排水管	0.45~0.60
涂柏油的钢管	0.12~0.21		涂有珐琅质的排水管	0.25~0.60
精制镀锌的钢管	0.25		纯水泥的表面	0.25~1.25
浇成并很好整平接头的新铸铁管	0.31		涂有珐琅质的砖	0.45~3.0
钢板制成的管道及很好整平的水泥管	0.33		水泥浆硅砌体	0.80~6.0
普通的镀锌钢管	0.39		混凝土槽	0.80~9.0
普通的新铸铁管	0.25~0.42		用水泥的普通块石砌体	6.0~17.0
不太仔细浇成的新的或干净的铸铁管	0.45		刨平木板制成的木槽	0.25~2.0
粗陋镀锌钢管	0.50		非刨平木板制成的木槽	0.45~3.0
旧的生锈钢管	0.60		钉有平板条的木板制成的木槽	0.80~4.0
污秽的金属管	0.75~0.90			

（金属管材 / 非金属管材 为左右两组的行分类标签）

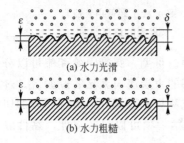

(a) 水力光滑

(b) 水力粗糙

图 4.13　水力光滑与水力粗糙

当 $\delta < \varepsilon$ 时，如图 4.13(b)所示，管壁的粗糙凸出部分有一部分或大部分暴露在紊流区中，当流体流过凸出部分时将产生旋涡，造成新的能量损失，管壁粗糙度将对紊流产生影响。这种情况的管内紊流称作"水力粗糙"，或简称"粗糙管"。

由前述分析知，黏性底层的厚度随着雷诺数变化。因此，同样一根管子，其流动处于"水力光滑"还是"水力粗糙"还要看雷诺数的大小。

2. 圆管中紊流的速度分布

由以上分析可知，对于圆管中的紊流流动，在黏性底层区紊流附加切应力可以忽略，只考虑黏性剪切力。对于层流到紊流的过渡区，可并入紊流区一同考虑。

对于紊流区，其切应力可近似用(4-22)式表示，即

$$\tau = \rho l^2 \left(\frac{\mathrm{d}v_x}{\mathrm{d}y}\right)^2 \tag{4-26}$$

由上式可解得

$$\frac{\mathrm{d}v_x}{\mathrm{d}y} = \frac{1}{l}\sqrt{\frac{\tau}{\rho}} \tag{4-27}$$

令 $v_* = \sqrt{\dfrac{\tau}{\rho}}$，由于其具有速度的量纲，故称为切应力速度。

由于式中普朗特混合长不确定，上式还无法解出速度的表达式，据此，普朗特提出进一步假设。对于光滑平壁面，假设 $l=ky$，其中 k 为常数；同时假设 k 与 y 无关。由式(4-27)得

$$\frac{\mathrm{d}v_x}{v_*}=\frac{1}{k}\frac{\mathrm{d}y}{y}$$

积分之，得

$$\frac{v_x}{v_*}=\frac{1}{k}\ln y+C \qquad (4-28)$$

式中，C 为积分常数，由边界条件决定。在此，可借助黏性底层的边界条件。

在黏性底层中，速度可近似认为是直线分布，即

$$\frac{\mathrm{d}v_x}{\mathrm{d}y}=\frac{v_x}{y}$$

应力近似表示为

$$\tau=\mu\frac{v_x}{y}, \qquad y\leqslant\delta$$

由此式得

$$v_x=\frac{\tau}{\mu}y=\frac{\tau y}{\rho v}=v_*^2\frac{y}{v}$$

或

$$\frac{v_x}{v_*}=\frac{yv_*}{v}$$

假设黏性底层与紊流分界处的流速用 v_{xb} 表示，即当 $y=\delta$ 时，$v_x=v_{xb}$。则由上式得

$$\delta=\frac{v_{xb}v}{v_*v_*}$$

由式(4-28)得

$$C=\frac{v_{xb}}{v_*}-\frac{1}{k}\ln\delta$$

将 C 和 δ 代入式(4-28)，得

$$\frac{v_x}{v_*}=\frac{1}{k}\ln\frac{yv_*}{v}+\frac{v_{xb}}{v_*}-\frac{1}{k}\ln\frac{v_{xb}}{v_*}$$

或

$$\frac{v_x}{v_*}=\frac{1}{k}\ln\frac{yv_*}{v}+C_1 \qquad (4-29)$$

观察发现，在大雷诺数时，式(4-28)和式(4-29)与实际测量结果一致性较好。尽管以上推导过程中切应力假定为常数，但速度变化主要发生在近壁面处，在紊流充分发展区速度变化很小，切应力可近似看作常数。

式(4-29)也可作为光滑直管中紊流速度分布的近似公式，尼古拉兹(J. Nikuradse)由水力光滑管实验得出 $k=0.40$，$C_1=5.50$，代入上式，并将自然对数换算成以 10 为底的对数，得

$$\frac{v_x}{v_*}=5.75\lg\frac{yv_*}{v}+5.5 \qquad (4-30)$$

计算光滑管紊流速度，还有一个更为方便的指数公式，即

$$\frac{v_x}{v_{x\max}}=\left(\frac{y}{r_0}\right)^n \qquad (4-31)$$

指数 n 随雷诺数 Re 而变，见表 $4-2$。当 Re$=1.1\times10^5$ 时，$n=1/7$，这就是常用的由布拉休斯（H. Blasius）导出的 $1/7$ 次方规律。按式（$4-31$）可求得平均流速

$$v = 2v_{x,max}\int_0^1 \left(\frac{y}{r_0}\right)^n\left(1-\frac{y}{r_0}\right)d\left(\frac{y}{r_0}\right) = \frac{2v_{x,max}}{(n+1)(n+2)}$$

$$\frac{v}{v_{x,max}} = \frac{2}{(n+1)(n+2)} \tag{4-32}$$

表 $4-2$ 中给出由实验测得的 n、$v/v_{x,max}$ 和 Re 之间的关系。为研究紊流问题提供了很大的方便，只要测出管轴上的最大流速便可由该表计算出平均流速和流量。

表 4-2　Re 和 n、v/v_{xmax} 的关系

Re	4.0×10^3	2.3×10^4	1.1×10^5	1.1×10^6	$(2.0\sim3.2)\times10^6$
n	1/6.0	1/6.6	1/7.0	1/8.8	1/10
$v/v_{x,max}$	0.7912	0.8073	0.8167	0.8497	0.8658

对于紊流流过粗糙壁面的情况，在进一步的假设之下式（$4-28$）仍然适用。假设在 $y=\phi\varepsilon$ 处 $v_x=v_{xb}$（ϕ 为由管壁粗糙性质确定的形状系数），则由式（$4-28$）可得

$$C = \frac{v_{xb}}{v_*} - \frac{1}{k}\ln(\phi\varepsilon)$$

代入式（$4-28$），得　　$\dfrac{v_x}{v_*} = \dfrac{1}{k}\ln\dfrac{y}{\varepsilon} + \dfrac{v_{xb}}{v_*} - \dfrac{1}{k}\ln\phi$

或

$$\frac{v_x}{v_*} = \frac{1}{k}\ln\frac{y}{\varepsilon} + C_2 \tag{4-33}$$

尼克拉兹由水力粗糙管实验得出 $k=0.40$，$C_2=8.48$，代入上式，将自然对数换算成以 10 为底的对数，得

$$\frac{v_x}{v_*} = 5.75\lg\frac{y}{\varepsilon} + 8.48 \tag{4-34}$$

以上在一定的假设之下给出了紊流光滑管和紊流粗糙管的流速分布公式，当取 $y=r_0$ 时，可由上述公式得到管轴处的最大流速；将以上速度在有效截面上积分，并除以有效截面积，便得到过流截面上的平均流速。

4.6　沿程损失的实验研究

层流和紊流的沿程损失均可用达西公式进行计算，但沿程损失系数有所不同。前面已经用数学推演的方法得到了层流沿程损失系数计算公式，并为实验所证实；紊流沿程损失系数的计算则是依据在量纲分析理论的指导下由实验得出的半经验公式，或是根据实验归纳出来的经验公式。这项实验是由尼古兹在 1933—1934 年间完成的。其原理如图 4.14 所示。其后莫迪（L. F. Moody）针对工业管道给出了比较实用的莫迪图。

4.6.1　尼古兹实验

根据量纲分析可知，沿程损失系数与雷诺数、管子的粗糙度有关。尼古兹使用 6 根

管径不同，内壁黏附不同粒径砂粒的人工粗糙管对沿程损失、雷诺数和粗糙度之间的关系进行了一系列的实验。实验范围很广，雷诺数 $Re=500\sim10^6$，相对粗糙度 $\varepsilon/d=1/1014\sim1/30$。其实验原理如图 4.14 所示，在水平放置的圆管相距 l 的截面上装两根测压管。根据伯努利方程，测压管液面高度差即为一定流速下管段 l 上的沿程损失 h_f。根据测得速度和流体的性质可计算出雷诺数，由达西公式计算出沿程损失系数，将不同管

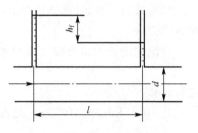

图 4.14 尼古拉兹实验原理图

子、不同流速下的数据绘制在对数坐标上，即得到图 4.15 所示的尼古拉兹实验曲线。该曲线表明，沿程损失系数和雷诺数、管子粗糙度之间的关系比较复杂，不存在描述他们之间关系的统一数学表达式，以下分 5 个区域分别加以讨论。

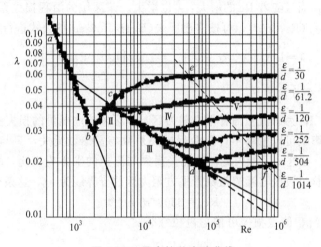

图 4.15 尼古拉兹实验曲线

1. 层流区

$Re<2320$ 为层流区。所有实验点都落在尼古拉兹实验曲线 Ⅰ 上，由这些实验数据拟合的沿程阻力系数和雷诺数的关系为 $\lambda=64/Re$。这一结果和前述经数学推演的结果相一致。在该区域内，管壁的相对粗糙度对沿程损失系数没有影响。

2. 过渡区

$2320<Re<4000$ 为由层流向紊流的转换区，可能是层流，也可能是紊流，实验数据分散，无一定规律，如图中的区域 Ⅱ 所示。

3. 紊流光滑管区

$4000<Re<26.98(d/\varepsilon)^{8/7}$，为紊流光滑管区。各种不同相对粗糙度管流的实验点都落到倾斜线 cd 上，只是它们在该线上所占的区段的大小不同。勃拉修斯(p.Blasius)1911 年用解析方法证明了该区沿程损失系数与相对粗糙度无关，只与雷诺数有关，并借助量纲分析得出了 $4\times10^3<Re<10^5$ 范围内的勃拉修斯的计算公式为

$$\lambda=\frac{0.3164}{Re^{0.25}}$$

(4-35)

当将式(4-35)代入达西公式时，可证明 h_f 与 $v^{1.75}$ 成正比，故紊流光滑管区又称1.75次方阻力区。

紊流光滑管的沿程损失系数也可按卡门-普朗特(Ka′rma′n-Prandtl)公式

$$1/\lambda^{1/2} = 2\lg(\mathrm{Re}\lambda^{1/2}) - 0.8 \tag{4-36}$$

进行计算。

当 $10^5 < \mathrm{Re} < 3 \times 10^6$ 时，尼古拉兹的计算公式为

$$\lambda = 0.0032 + 0.221\mathrm{Re}^{-0.237} \tag{4-37}$$

4. 紊流粗糙管过渡区

$26.98(d/\varepsilon)^{8/7} < \mathrm{Re} < 2308(d/\varepsilon)^{0.85}$ 为紊流粗糙管过渡区。随着雷诺数的增大，黏性底层逐渐减薄，水力光滑管逐渐变为水力粗糙管，进入粗糙管过渡区Ⅳ。相对粗糙度大的管流首先离开光滑管区，而且随着 Re 的增大，λ 也增大。该区域的沿程损失系数与相对粗糙度、雷诺数有关，即 $\lambda = f(\mathrm{Re}, \varepsilon/d)$，可按洛巴耶夫(Б. Н. Лобаев)的公式进行计算，即

$$\lambda = 1.42\left[\lg\left(\mathrm{Re}\,\frac{d}{\varepsilon}\right)\right]^{-2} = 1.42\left[\lg\left(1.273\,\frac{q_V}{\nu\varepsilon}\right)\right]^{-2} \tag{4-38}$$

5. 紊流粗糙管平方阻力区

$2308(d/\varepsilon)^{0.85} < \mathrm{Re}$ 为紊流粗糙管平方阻力区。该区内流动能量的损失主要决定于流体质点的脉动，黏性的影响可以忽略不计。沿程损失系数与雷诺数无关，只与相对粗糙度有关，如图中区域Ⅴ所示。在这一区域内流动的能量损失与流速的平方成正比，故称此区域为平方阻力。紊流粗糙管过渡区与紊流粗糙管平方阻力区的分界线为 ef，这条分界线的雷诺数为

$$\mathrm{Re}_b = 2308(d/\varepsilon)^{0.85} \tag{4-39}$$

平方阻力区的沿程能量损失可按尼占拉兹公式

$$\frac{1}{\lambda^{1/2}} = 2\lg\frac{d}{2\varepsilon} + 1.74 \tag{4-40}$$

进行计算。

4.6.2 莫迪图

尼古拉兹实验给出了人工粗糙管的沿程损失系数随相对粗糙度、雷诺数变化的曲线。而工业上用的管道与此不同，其内壁的粗糙是高低不平的，非均匀的。因此，要将尼古拉兹实验结果应用于工业管道就必须用实验方法去确定工业管道的与人工均匀粗糙度等值的绝对粗糙度。

莫迪以科勒布茹克(C. F. Colebrook)公式

$$\frac{1}{\lambda^{1/2}} = -2\lg\left(\frac{\varepsilon}{3.71d} + \frac{2.51}{\mathrm{Re}\lambda^{1/2}}\right) = 1.74 - 2\lg\left(\frac{2\varepsilon}{d} + \frac{18.7}{\mathrm{Re}\lambda^{1/2}}\right) \tag{4-41}$$

为基础，在对数坐标上绘制了新的工业管道的沿程损失系数和雷诺数、相对粗糙度之间的关系曲线，如图4.16所示，该图为计算新的工业管道的沿程损失系数提供了方便。

莫迪图分为5个区域，即层流区、临界区(相当于尼古拉兹曲线的过渡区)、光滑管、过渡区(相当于尼古拉兹曲线的紊流粗糙管过渡区)、完全粗糙区(相当于尼古拉兹曲线的紊流粗糙管平方阻力区)。过渡区同完全紊流粗糙管区之间分界线的雷诺数为

$$\mathrm{Re}_b = 3500(d/\varepsilon) \tag{4-42}$$

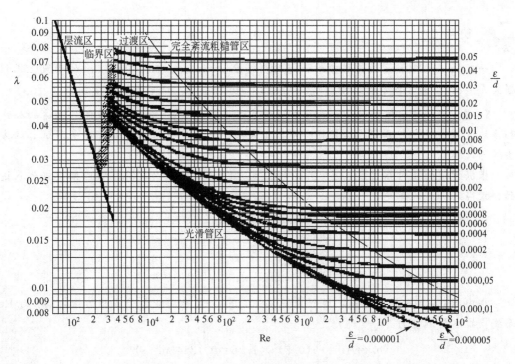

图 4.16 莫迪图

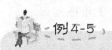 例4-5

用直径 $d=200\text{mm}$、长 $L=3000\text{m}$ 的旧无缝钢管，其粗糙度 $\varepsilon=0.2\text{mm}$，输送密度为 900kg/m^3 的原油，已知质量流量 $q_m=90000\text{kg/h}$，若原油冬天的运动黏度 $\nu=1.092\times10^{-4}\text{m}^2/\text{s}$，夏天 $\nu=0.355\times10^{-4}\text{m}^2/\text{s}$。试求冬天和夏天的沿程损失 h_f。

【解】 油在管道内的平均流速为

$$v=\frac{4q_m}{\pi\rho d^2}=\frac{4}{\pi900\times(0.2)^2}\times\frac{90000}{3600}=0.8846(\text{m/s})$$

冬天的雷诺数

$$\text{Re}_1=\frac{vd}{\nu}=\frac{0.8846\times0.2}{1.092\times10^{-4}}=1620<2000(\text{层流})$$

夏天的雷诺数

$$\text{Re}_2=\frac{vd}{\nu}=\frac{0.8846\times0.2}{0.355\times10^{-4}}=4984>2000(\text{紊流})$$

冬天的沿程损

$$h_f=\frac{64}{\text{Re}_1}\frac{L}{d}\frac{v^2}{2g}=\frac{64}{1620}\times\frac{3000}{0.2}\times\frac{0.8846^2}{2\times9.807}=23.64\text{m(油柱)}$$

在夏天，根据 $\varepsilon/d=0.001$ 和 $\text{Re}_2=4984$ 在莫迪图上查得 $\lambda=0.0385$，由达西公式得

$$h_f=\lambda\frac{L}{d}\frac{v^2}{2g}=0.0385\times\frac{3000}{0.2}\times\frac{0.8846^2}{2\times9.807}=23.04\ \text{m(油柱)}$$

例4-6

一直径 $d=300\text{mm}$ 的铆接钢管，绝对粗糙度 $\varepsilon=3\text{mm}$，在长 $L=400\text{m}$ 的管段上沿程损失 $h_f=8\text{m}$。若管内水的运动黏度 $\nu=1.13\times10^{-6}\text{m}^2/\text{s}$，试求水的流量 q_V。

【解】 要计算出体积流量，必须知道管内的平均流速，根据已知条件只有达西公式和平均流速有关，但其中的沿程损失系数 λ 未知，此时，可根据已知条件采用试算的方法进行计算。

根据管道的相对粗糙度 $\varepsilon/d=0.01$，在莫迪图上试取 $\lambda=0.038$。将已知数据代入达西公式得

$$v=\left(\frac{2gh_f d}{\lambda L}\right)^{1/2}=\left(\frac{2\times9.807\times8\times0.3}{0.038\times400}\right)^{1/2}=1.760(\text{m/s})$$

于是

$$\text{Re}=\frac{vd}{\nu}=\frac{1.76\times0.3}{1.13\times10^{-6}}=4.670\times10^5$$

再由 Re 与 ε/d 查莫迪图，适巧查得 $\lambda=0.038$，且流动处于平方阻力区，λ 不随 Re 而变。故水的流量为

$$q_V=Av=\frac{\pi}{4}(0.3)^2\times1.76=0.1244(\text{m}^3/\text{s})$$

如果根据 Re 与 ε/d 由莫迪图查得的 λ 与试选的 λ 值不相符合，则应以查得的 λ 为改进值，再按上述步骤进行重复计算，直至由莫迪图查得的 λ 与改进的 λ 值相符为止。

例4-7

一低碳钢管内油的体积流量 $q_V=1000\text{m}^3/\text{h}$，油的运动黏度 $\nu=1\times10^{-5}\text{m}^2/\text{s}$，在管长 200m 的距离上沿程损失 $h_f=20\text{m}$，若管道的绝对粗糙度 $\varepsilon=0.046\text{mm}$，试确定管子直径 d。

【解】 根据已知条件求管道直径，和例 4-6 一样，必须知道沿程损失系数 λ，但在流速不确定的情况下，λ 是未知数，故也必须采用试算的方法。

将 $v=\dfrac{4q_V}{\pi d^2}$ 代入达西公式，整理得

$$d^5=\frac{8Lq_V^2}{\pi^2 gh_f}\lambda=\frac{8\times200\text{m}\times(1000/3600\text{m}^3/\text{s})^2}{\pi^2\times9.807\text{m/s}^2\times20\text{m}}\lambda=0.06377\lambda\text{m}^5 \tag{a}$$

将以 q_V 表示的 v 代入 Re 的公式，得

$$\text{Re}=\frac{4q_V}{\pi\nu}\frac{1}{d}=\frac{4\times(1000/3600\text{m}^3/\text{s})}{\pi\times1\times10^{-5}\text{m}^2/\text{s}}\frac{1}{d}=\frac{35370\text{m}}{d} \tag{b}$$

试取 $\lambda=0.02$，代入式（a），得 $d=0.264\text{m}$，代入式（b），得 $\text{Re}=134000$，$\varepsilon/d=0.000174$，由图 4.15 查得 $\lambda=0.0182$。以查得的 λ 为改进值，重复上述计算，得 $d=0.259\text{m}$，$\text{Re}=136700$，$\varepsilon/d=0.000178$，由莫迪图查 $\lambda=0.018$。再以查得的 λ 为改进值，重复上述计算，得 $d=0.258\text{m}$，$\text{Re}=137000$，$\varepsilon/d=0.000178$，再由莫迪图查得 $\lambda=0.018$，与改进值一致。故取 $d=0.258\text{m}$。工业用管道直径没有 0.258mm 的规格，此时可用公称直径 300mm 的管子。

在工程实际中，输送流体的管道截面形状并不都是圆形截面，如电场中输送烟气的管道多是矩形截面，有些情况还会有环形截面管道。在这些管道的水力计算中，沿程损失的计算仍然可以用前述的达西公式，但必须将直径换成当量直径，有关计算在此不再赘述。

4.7 局 部 损 失

4.7.1 局部损失产生的原因

在工业管路中常常安装一些局部装置，如阀门、弯管、突扩和突缩等管件。流体经过这些局部件时，由于通流截面、流动方向的急剧变化，引起速度场的迅速改变，增大流体间的摩擦、碰撞，以及形成旋涡等原因，从而产生局部损失。

突然扩大的管件中的流动如图 4.17 所示。流体从小直径的管道流向大直径的管道时，主流流束先收缩后扩张，在管壁拐角与主流束之间形成旋涡。旋涡在主流束带动下不断旋转，由于和周围固体壁面、其他流体质点间的摩擦不断地将机械能转化为热能而耗散；另外，由于随机因素的影响，凸肩部位的旋涡还可能脱落，随主流进入下游，又产生新的旋涡，旋涡的不断脱落和生成也是一个能量耗散的过程。

另外，小直径管道中流出的流体速度较高，大直径管道的流体速度较低，二者在流动过程中必然要碰撞，产生碰撞损失。

如图 4.18 所示，当流体由大直径管道流入小直径管道时，流束急剧收缩，由于惯性作用主流最小截面并不在细管入口处，而是向后推迟一段距离，其后又经历一个扩大的过程，在上述过程中由于速度分布不断变化，产生新的摩擦，产生能量损失；在流体进入细管之前和缩颈部位存在旋涡区，也将产生不可逆的能量损失。

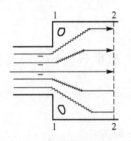

图 4.17 管道截面突然扩大

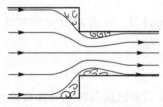

图 4.18 管道截面突然缩小

流体在弯管中流动的损失由三部分组成，一部分是由切向应力产生的沿程损失；另一部分是旋涡产生的损失；第三部分则是由二次流形成的双螺旋流动所产生的损失。

在第 2 章已经讨论过理想流体沿弯管流动时速度分布、压强分布的变化。如图 4.19 所示，当流体沿弯管流动时，弯管外侧的压强高，内侧的压强低。流体由直管进入弯管前，压强是均匀的。流体进入弯管后，外侧由 A 到 B 的流动为增压过程（压强梯度为正），B 点压强最高；内侧由 A'、B' 到 C'，压强逐渐增大，流动也是增压过程。在这两段增压过程中都有可能出现边界层分离，形成旋涡，造成损失。

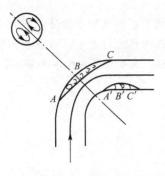

图 4.19 弯管中的流动

由于流体流经弯管时外侧的速度低于内侧,速度差将造成内外侧流体质点的离心力不同,内侧离心力大于外侧,内侧流体在离心力差值的作用下向外侧流动,造成外侧流体质点的瞬时堆积,从而产生沿管壁的由外侧向内侧的流动,在径向平面内形成两个旋转运动,这种旋转运动和主流结合就形成二次螺旋流。在紊流状态下,二次螺旋流将持续 100 倍管子直径的距离,一般弯管损失的一半来自二次螺旋流。显然,弯管的曲率半径越小,弯管内外侧的速度差越大;管子的直径越大,二次螺旋流的影响范围就越大,结果使流体流经弯管的局部损失增大。

所有管件的局部损失的大小均可用式(4-7)计算,但关键是如何确定各种管件的局部损失系数 ζ。突扩管件的 ζ 可用分析方法求得,其他管件只能由实验测定。

4.7.2 管道截面突然扩大的局部损失

突扩管件的局部损失可以用分析方法加以推导。取图 4.17 中 1-1、2-2 截面,以及它们之间的管壁为控制面,应用动量方程和连续性方程可求出损失的能量。

根据连续方程有

$$v_2 = \frac{A_1}{A_2}v_1, \quad v_1 = \frac{A_2}{A_1}v_2 \tag{4-43}$$

根据动量方程有 $p_1 A_1 - p_2 A_2 + p(A_2 - A_1) = \rho q_V (v_2 - v_1)$

式中,p 为凸肩圆环上的压强。实验证实,$p = p_1$,于是上式可写为

$$p_1 - p_2 = \rho v_2 (v_2 - v_1) \tag{4-44}$$

对截面 1-1、2-2 列伯努利方程(取动能修正系数 $\alpha = 1$)

$$\frac{p_1}{\rho g} + \frac{v_1^2}{2g} = \frac{p_2}{\rho g} + \frac{v_2^2}{2g} + h_j, \quad h_j = \frac{p_1 - p_2}{\rho g} + \frac{v_1^2 - v_2^2}{2g}$$

将式(4-43)、式(4-44)代入上式,整理得

$$h_j = \frac{(v_1 - v_2)^2}{2g} = \frac{v_1^2}{2g}\left(1 - \frac{A_1}{A_2}\right)^2 = \frac{v_2^2}{2g}\left(\frac{A_2}{A_1} - 1\right)^2 \tag{4-45}$$

上式表明,管道截面突然扩大的能量损失等于损失速度 $(v_1 - v_2)$ 的速度头。比照式(4-7)则有

$$h_j = \zeta_1 \frac{v_1^2}{2g} = \zeta_2 \frac{v_2^2}{2g}$$

按小截面流速与按大截面流速计算的局部损失系数分别为

$$\zeta_1 = \left(1 - \frac{A_1}{A_2}\right)^2, \quad \zeta_2 = \left(\frac{A_2}{A_1} - 1\right)^2 \tag{4-46}$$

如图 4.17 所示,当流体由管道流入一面积较大的水池时,由于 $A_2 \gg A_1$,由上式知,$\zeta_1 \approx 1$,则管道出口的能量损失 $h_j \approx v_1^2/(2g)$,即管道中水流的速度头完全消散于池水之中。

4.7.3 常用管件的局部损失系数

工程中常用局部件的局部损失系数大都已经由实验确定,其数值可查阅有关手册,表 4-3 给出了几种应用较普遍的局部件的局部损失系数。所介绍的各局部损失系数数值如不作特别说明都是相对于局部件之后的速度水头给出的。

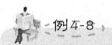

例4-8

图 4.20 所示为用于测试新阀门压强降的设备。21℃的水从一容器通过锐边入口进入管系，钢管的内径均为 50mm，绝对粗糙度为 0.04mm，管路中 3 个弯管的管径和曲率半径之比 $d/R=0.1$。用水泵保持稳定的流量 12m³/h，若在给定流量下水银差压计的示数为 150mm：①求水通过阀门的压强降；②计算水通过阀门的局部损失系数；③计算阀门前水的计示压强；④不计水泵损失，求通过该系统的总损失，并计算水泵供给水的功率。

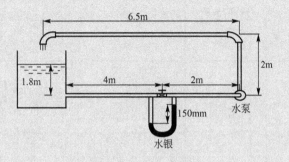

图 4.20　例 4-8 用图

【解】　管内的平均流速为

$$v=\frac{4q_v}{\pi d^2}=\frac{4\times12}{3.14\times0.05^2\times3600}=1.699(\text{m/s})$$

(1) 阀门流体经过阀门的压强降

$$\Delta p=(\rho_{Hg}-\rho)gh=(13600-1000)\times9.807\times0.15=18522(\text{Pa})$$

(2) 阀门的局部损失系数。由 $h_j=\zeta\dfrac{v^2}{2g}=\dfrac{\Delta p}{\rho g}$ 解得

$$\zeta=\frac{2\Delta p}{\rho v^2}=\frac{2\times18522}{1000\times1.699^2}=12.83$$

(3) 计算阀门前的计示压强，由于要用到黏性流体的伯努利方程，必须用有关已知量确定方程中的沿程损失系数。

21℃的水密度 ρ 近似取 1000kg/m^3，其动力黏度为

$$\mu=\frac{\mu_0}{1+0.0337t+0.000221t^2}=\frac{1.792\times10^{-3}}{1+0.0337\times21+0.000221\times21^2}=0.993\times10^{-3}(\text{Pa}\cdot\text{s})$$

管内流动的雷诺数为

$$\text{Re}=\frac{\rho vd}{\mu}=\frac{1000\times1.699\times0.05}{0.993\times10^{-3}}=8.55\times10^4$$

表 4-3　局部损失系数

类型	示意图	局部损失系数										
截面突然缩小		A_2/A_1	0.01	0.1	0.2	0.3	0.4	0.5	0.6	0.7	0.8	0.9	1
		C_c	0.618	0.632	0.644	0.659	0.676	0.696	0.717	0.744	0.784	0.890	1.0
		ζ_2	0.50	0.469	0.431	0.387	0.343	0.298	0.257	0.212	0.161	0.079	0
截面突然扩大		A_1/A_2	1	0.9	0.8	0.7	0.6	0.5	0.4	0.3	0.2	0.1	0
		ζ_1	0	0.01	0.04	0.09	0.16	0.25	0.36	0.49	0.64	0.81	1
		ζ_2	0	0.0123	0.0625	0.184	0.444	1	2.25	5.44	16	81	∞

（续）

类型	示意图	局部损失系数
渐缩管	V_1/A_1 θ V_2/A_2	$\zeta_2 = \dfrac{\lambda}{\sin(\theta/2)}\left[1-\left(\dfrac{A_2}{A_1}\right)^2\right]$

渐扩管

$$\zeta_2 = \frac{\lambda}{8\sin(\theta/2)}\left[1-\left(\frac{A_1}{A_2}\right)^2\right]+K\left[1-\frac{A_1}{A_2}\right]$$

当 $A_1/A_2 = 1/4$ 时

$\theta°$	2	4	6	8	10	12	14	16	20	25
K	0.022	0.048	0.072	0.103	0.138	0.177	0.221	0.270	0.386	0.645

折管

$$\zeta = 0.946\sin^2(\theta/2) + 2.047\sin^4(\theta/2)$$

当 $d > 30\mathrm{cm}$ 时，随着 d 的增大 ζ 相应减小

$\theta°$	20	40	60	80	90	100	120	140
ζ	0.064	0.139	0.364	0.740	0.985	1.260	1.861	2.431

90° 弯管

$$\zeta_{90°} = 0.131 + 0.163(d/R)^{3.5}$$

d/R	0.1	0.2	0.3	0.4	0.5	0.6	0.7	0.8	0.9	1.0	1.1
ζ	0.131	0.132	0.133	0.137	0.145	0.157	0.177	0.204	0.241	0.291	0.355

当 $\theta < 90°$ 时，$\zeta = \zeta_{90°}(\theta°/90°)$

闸阀

开度/%	10	20	30	40	50	60	70	80	90	100
ζ	60	16	6.5	3.2	1.8	1.1	0.60	0.30	0.18	0.10

球阀

开度/%	10	20	30	40	50	60	70	80	90	100
ζ	85	24	12	7.5	5.7	4.8	4.4	4.1	4.0	3.9

蝶阀

开度/%	10	20	30	40	50	60	70	80	90	100
ζ	200	65	26	16	8.3	4	1.8	0.85	0.48	0.3

分支管道

$$q = q_{V1}/q_{V3} \qquad m = A_1/A_3 \qquad n = d_1/d_3$$

$$\zeta_{13} = -0.92(1-q)^2 - q^2\left[(1.2-n^{1/2})(\cos\theta/m-1)+0.8(1-1/m^2)\right.$$
$$\left. -(1-m)\cos\theta/m\right]+(2-m)q(1-q)$$

$$\zeta_{23} = 0.03(1-q)^2 - q^2\left[1+(1.62-n^{1/2})(\cos\theta/m-1)-\right.$$
$$\left. 0.38(1-m)\right]+(2-m)q(1-q)$$

$$\zeta_{31} = -0.95(1-q)^2 - q^2\left[1.3\cot(180-\theta)/2-0.3+(0.4-0.1m)/m^2\right]\left[1-\right.$$
$$\left. 0.9(n/m)^{1/2}\right]-0.4q(1-q)(1+1/m)\cot(180-\theta)/2$$

$$\zeta_{32} = -0.3(1-q)^2 - 0.35q^2 + 0.2q(1-q)$$

$$26.98 \times (d/\varepsilon)^{8/7} = 26.98 \times (50/0.04)^{8/7} = 9.34 \times 10^4$$

由于 $4000 < \text{Re} < 26.98 \times (d/\varepsilon)^{8/7}$，可按紊流光滑管的有关公式计算沿程损失系数，又由于 $4000 < \text{Re} < 10^5$，所以沿程损失系数的计算可用勃拉修斯公式，即

$$\lambda = \frac{0.3164}{\text{Re}^{0.25}} = \frac{0.3164}{(8.55 \times 10^4)^{0.25}} = 0.0185$$

管道入口的局部损失系数 $\zeta = 0.5$，根据黏性流体的伯努利方程可解得

$$p = \left[1.8 - \left(1 + \zeta + \lambda \frac{d}{l} \right) \frac{v^2}{2g} \right] \rho g$$

$$= \left[1.8 - \left(1 + 0.5 + 0.0185 \times \frac{4}{0.05} \right) \frac{1.699^2}{2 \times 9.807} \right] \times 1000 \times 9.807$$

$$= 13317 \text{(Pa)}$$

(4) 根据已知条件 $d/R = 0.1$ 查表，弯管的局部阻力系数 $\zeta_1 = 0.131$，由以上数据可计算出管路中的总损失。

$$h_w = \sum h_f + \sum h_j$$

$$= \left(0.0185 \times \frac{4 + 2 + 2 + 6.5}{0.05} + 0.5 + 3 \times 0.131 + 12.83 \right) \times \frac{1.699^2}{2 \times 9.807}$$

$$= 2.70 \text{m } H_2O$$

计单位重量流体经过水泵时获得的能量为 h_p，列水箱液面和水管出口的伯努利方程

$$0 = (2 - 1.8) + \frac{v^2}{2g} - h_p + h_w$$

由上式可解得

$$h_p = (2 - 1.8) + \frac{v^2}{2g} + h_w = 0.2 + \frac{1.699^2}{2 \times 9.807} + 2.70 = 3.047 \text{m } H_2O$$

水泵的功率 P 为 $P = \rho g q_v h_p = 1000 \times 9.807 \times \frac{12}{3600} \times 3.047 = 99.61 \text{(W)}$。

 习 题

一、思考题

4-1 黏性流体总流的伯努利方程和理想流体微元流束的伯努利方程有何不同？应用条件是什么？

4-2 什么是层流？什么是紊流？圆管中，怎样判别层流或紊流状态？

4-3 试从流动特征、速度分布、切应力分布，以及水头损失等方面来比较圆管中的层流和紊流特性。

4-4 输水管道的流量一定时，随着管径的增加，雷诺数将如何变化？为什么？

4-5 为什么采用雷诺数来判别流态？

4-6 什么是普朗特混合长理论？根据这一理论紊流中的切应力如何计算？

4-7 什么叫水力光滑管和水力粗糙管？与哪些因素有关？

4-8 按尼古拉兹实验曲线习惯将流动分成几个区域？各区域有什么特点？如何判别？沿程阻力系数如何确定？

4-9 如何使用莫迪图求圆管内流动的沿程阻力系数？

4-10 局部损失系数和哪些因素有关？如何减少局部损失？

4-11 管径突变的管道，当其他条件相同时，如何改变流向，在截面突变处所产生的局部损失是否相等？为什么？

二、计算题

4-1 石油在冬季时的运动黏度为 $\nu_1 = 6 \times 10^{-4} \, \text{m}^2/\text{s}$；在夏季时，$\nu_2 = 4 \times 10^{-5} \, \text{m}^2/\text{s}$，试求冬、夏季石油流动的流态。

4-2 在半径为 r_0 的管道中，流体做层流流动，流速恰好等于管内平均流速的地方与管轴之间的距离 r 等于多大？

4-3 用直径为 30cm 的水平管道作水的沿程损失实验，在相距 120m 的两点用水银差压计(上面为水)测得的水银柱高度差为 33cm，已知流量为 0.23m³/s，问沿程损失系数等于多少？

4-4 喷水泉的喷嘴为一截头圆锥体，其长度 $L = 0.5\text{m}$，两端的直径 $d_1 = 40\text{mm}$，$d_2 = 20\text{mm}$，竖直装置。若将计示压强 $p_{e1} = 9.807 \times 10^4 \, \text{Pa}$ 的水引入喷嘴，而喷嘴的能量损失 $h_w = 1.6\text{m}$(水柱)。如不计空气阻力，试求喷出的流量 q_v 和射流的上升高度 H。

4-5 输油管的直径 $d = 150\text{mm}$，长 $L = 5000\text{m}$，出口端比进口端高 $h = 10\text{m}$，输送油的质量流量 $q_m = 15489\text{kg/h}$，油的密度 $\rho = 859.4\text{kg/m}^3$，进口端的油压 $p_{ei} = 49 \times 10^4 \, \text{Pa}$，沿程损失系数 $\lambda = 0.03$，求出口端的油压 p_{eo}。

4-6 水管直径 $d = 250\text{mm}$，长度 $L = 300\text{m}$，绝对粗糙度 $\varepsilon = 0.25\text{mm}$，已知流量 $q_v = 0.095\text{m}^3/\text{s}$，运动黏度 $\nu = 0.000001\text{m}^2/\text{s}$，求沿程损失为多少水柱。

4-7 发动机润滑油的流量 $q_v = 0.4\text{cm}^3/\text{s}$，油从压力油箱经一输油管供给(图 4.21)，输油管的直径 $d = 6\text{mm}$，长度 $L = 5\text{m}$。油的密度 $\rho = 820\text{kg/m}^3$，运动黏度 $\nu = 0.000015\text{m}^2/\text{s}$。设输油管终端压强等于大气压强，求压力油箱所需的位置高度 h。

4-8 15℃的空气流过直径 $d = 1.25\text{m}$、长度 $L = 200\text{m}$、绝对粗糙度 $\varepsilon = 1\text{mm}$ 的管道，已知沿程损失 $h_f = 8\text{cm}$(水柱)，试求空气的流量 q_v。

4-9 内径为 6mm 的细管，连接封闭容器 A 及开口容器 B，如图 4.22 所示，容器中有液体，其密度为 $\rho = 997\text{kg/m}^3$，动力黏度 $\mu = 0.0008\text{Pa} \cdot \text{s}$，容器 A 上部空气计示压强为 $p_A = 34.5\text{kPa}$。不计进口及弯头损失。试问液体流向及流量 q_v 为多少？

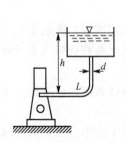

图 4.21 习题 4-7 图

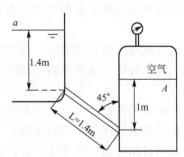

图 4.22 习题 4-9 图

4-10 一直径 $d=12mm$、长度 $L=15m$ 的低碳钢管，用来排除油箱中的油。已知油面比管道出口高出 $H=2m$，油的黏度 $\mu=0.01Pa \cdot s$，密度 $\rho=815.8kg/m^3$，求油的流量 q_v。

4-11 在管径 $d=100mm$，管长 $L=300mm$ 的圆管中流动着 $t=10℃$ 的水，其雷诺数 $Re=8 \times 10^4$。试求当管内壁为 $\varepsilon=0.15mm$ 的均匀砂粒的人工粗糙管时，其沿程能量损失为多少？

4-12 管路系统如图 4.23 所示，大水池中水由管道流出，水的 $\nu=0.0113 \times 10^{-4} m^2/s$，$\rho=999kg/m^3$，外界为大气压，问在图示的条件下，水的流量是多少？已知管径 $d=0.2m$，工业钢管的粗糙度为 $\varepsilon/d=0.00023$。

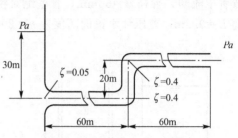

图 4.23 习题 4-12 图

4-13 输油管长度 $l=44m$，从一敞口油箱向外泄流，油箱中油面比管路出口高 $H=2m$，油的黏度 $\nu=1 \times 10^{-4} m^2/s$；

(1) 若要求流量 $q_v=1 \times 10^{-3} m^3/s$，求管路直径；

(2) 若 $H=3m$，为保持管中为层流，直径 d 最大为多少？这时的流量为多少？

4-14 一矩形风道，断面为 $1200mm \times 600mm$，通过 $45℃$ 的空气，风量为 $42000m^3/h$，风道壁面材料的当量绝对粗糙度为 $\varepsilon=0.1mm$，在 $l=12m$ 长的管段中，用倾斜 $30°$ 的装有酒精的微压计测得斜管中读数 $h=7.5mm$，酒精密度 $\rho=860kg/m^3$，求风道的沿程阻力系数 λ。并和用经验公式算得，以及用莫迪图查得的值进行比较。

4-15 大水池与容器之间有管道相连，其中有水泵一台，已知水在 $15℃$ 时的 $\nu=0.01141 \times 10^{-4} m^2/s$，$\rho=1000kg/m^3$，装置如图 4.24 所示，管壁相对粗糙度为 $\varepsilon/d=0.00023$，水泵给予水流的功率为 $20kW$。已知流量为 $0.14m^3/s$，管径为 $d=0.2m$。试问容器进口 B 处的压强为何值？

4-16 已知油的密度 $\rho=800kg/m^3$，黏度 $\mu=0.069Pa \cdot s$，在图 4.25 所示连接的两容器的光滑管中流动，已知 $H=3m$。当计及沿程和局部损失时，管内的体积流量为多少？

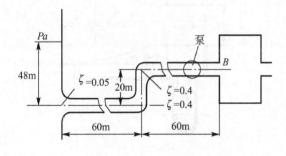

图 4.24 习题 4-15 图

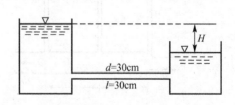

图 4.25 习题 4-16 图

4-17 用新铸铁管输送 $25℃$ 的水，流量 $q_v=0.3m^3/s$，在 $l=1000m$ 长的管道上沿程损失为 $h_f=2m$(水柱)，试求必须的管道直径。

4-18 一条输水管，长 $l=1000m$，管径 $d=0.3m$，设计流量 $q_v=0.055m^3/s$，水的运动黏度为 $\nu=10^{-6} m^2/s$，如果要求此管段的沿程水头损失为 $h_f=3m$，试问应选择相对粗

糙度 ε/d 为多少的管道?

4-19 用如图 4.26 所示装置测量油的动力黏度。已知管段长度 $l=3.6\mathrm{m}$,管径 $d=0.015\mathrm{m}$,油的密度为 $\rho=850\mathrm{kg/m^3}$,当流量保持为 $q_\mathrm{v}=3.5\times10^{-5}\mathrm{m^3/s}$ 时,测压管液面高差 $\Delta h=27\mathrm{mm}$,试求油的动力黏度 μ。

4-20 如图 4.27 所示,运动黏度 $\nu=0.00000151\mathrm{m^2/s}$、流量 $q_\mathrm{v}=15\mathrm{m^3/h}$ 的水在 90° 弯管中流动,管径 $d=50\mathrm{mm}$,管壁绝对粗糙度 $\varepsilon=0.2\mathrm{mm}$。设水银差压计连接点之间的距离 $L=0.8\mathrm{m}$,差压计水银面高度差 $h=20\mathrm{mm}$,求弯管的损失系数。

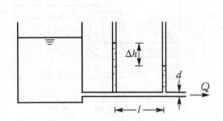

图 4.26 习题 4-19 图

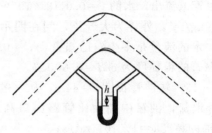

图 4.27 习题 4-20 图

4-21 不同管径的两管道的连接处出现截面突然扩大。管道 1 的管径 $d_1=0.2\mathrm{m}$,管道 2 的管径 $d_2=0.3\mathrm{m}$。为了测量管 2 的沿程损失系数 λ,以及截面突然扩大的局部损失系数 ζ,在突扩处前面装一个测压管,在其他地方再装两测压管,如图 4.28 所示。已知 $l_1=1.2\mathrm{m}$,$l_2=3\mathrm{m}$ 测压管水柱高度 $h_1=80\mathrm{mm}$,$h_2=162\mathrm{mm}$,$h_3=152\mathrm{mm}$,水流量 $q_\mathrm{v}=0.06\mathrm{m^3/s}$,试求沿程水头损失系数 λ 和局部损失系数 ζ。

4-22 图 4.29 所示为一突然扩大的管道,其管径由 $d_1=50\mathrm{mm}$ 突然扩大到 $d_2=100\mathrm{mm}$,管中通过流量 $q_\mathrm{v}=16\mathrm{m^3/h}$ 的水。在截面改变处插入一差压计,其中充以四氯化碳($\rho=1600\mathrm{kg/m^3}$),读得的液面高度差 $h=173\mathrm{mm}$。试求管径突然扩大处的损失系数,并将求得的结果与理论计算的结果相比较。

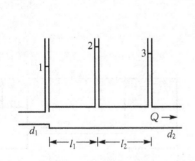

图 4.28 习题 4-21 图

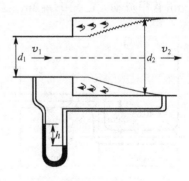

图 4.29 习题 4-22 图

4-23 用如图 4.30 所示的 U 形差压计测量弯管的局部损失系数。已知管径 $d=0.25\mathrm{m}$,水流量 $q_\mathrm{v}=0.04\mathrm{m^3/s}$,U 形管的工作液体是四氯化碳,密度为 $\rho=1600\mathrm{kg/m^3}$,U 形管左右两侧液面高度差 $\Delta h=70\mathrm{mm}$,求局部损失系数 ζ。

4-24 如图 4.31 所示,在 3 路管状空气预热器中,将质量流量 $q_\mathrm{m}=5816\mathrm{kg/n}$ 的空

气从 $t_1=20℃$ 加热到 $t_2=160℃$。预热器高 $H=4m$，预热器管系的损失系数 $\zeta=6$，管系的截面积 $A_1=0.4m^2$，连接箱的截面积 $A_2=0.8m^2$，拐弯处的曲率半径和管径的比值 $R/d=1$。若沿程损失不计，试按空气的平均温度计算流经空气预热器的总压降 Δp。

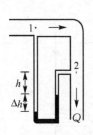
图 4.30 习题 4-23 图

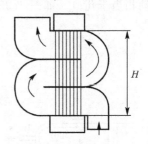
图 4.31 习题 4-24 图

4-25 用一条长 $l=12m$ 的管道将油箱内的油送至车间。油的运动黏度为 $\nu=4\times10^{-5}m^2/s$，设计流量为 $q_v=2\times10^{-5}m^3/s$，油箱的液面与管道出口的高度差为 $h=1.5m$，试求管径 d。

4-26 容器用两段新的低碳钢管连接起来（图 4.32），已知 $d_1=20cm$，$L_1=30m$，$d_2=30cm$，$L_2=60m$，管 1 为锐边入口，管 2 上的阀门的损失系数 $\zeta=3.5$。当流量 $q_v=0.2m^3/h$ 时，求必须的总水头 H。

4-27 水箱的水经两条串联而成的管路流出，水箱的水位保持恒定。两管的管径分别为 $d_1=0.15m$，$d_2=0.12m$，管长 $l_1=l_2=7m$，沿程损失系数 $\lambda_1=\lambda_2=0.03$，有两种连接法，流量分别为 q_{v1} 和 q_{v2}，不计局部损失，求比值 q_{v1}/q_{v2}。

4-28 在图 4.33 所示的分支管道系统中，已知 $L_1=1000m$，$d_1=1m$，$\varepsilon_1=0.0002m$，$z_1=5m$；$L_2=600m$，$d_2=0.5m$，$\varepsilon_2=0.0001m$，$z_2=30m$；$L_3=800m$，$d_3=0.6m$，$\varepsilon_3=0.0005m$，$z_3=25m$；$\nu=1\times10^{-6}m^2/s$。水泵的特性数据位，当流量 q_v 为 0、$1m^3/s$，$2m^3/s$、$3m^3/s$ 时，对应的压头 H_p 为 42m、40m、35m、25m，试求分支管道中的流量 q_{v1}、q_{v2}、q_{v3}。

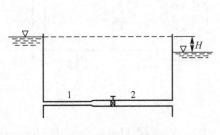
图 4.32 习题 4-26 图

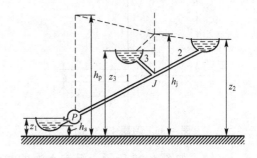
图 4.33 习题 4-28 图

4-29 图 4.34 所示为由两个环路组成的简单管网，已知 $L_1=1000m$，$d_1=0.5m$，$\varepsilon_1=0.00005m$；$L_2=1000m$，$d_2=0.4m$，$\varepsilon_2=0.00004m$；$L_3=100m$，$d_3=0.4m$，$\varepsilon_3=0.00004m$；$L_4=1000m$，$d_4=0.5m$，$\varepsilon_4=0.00005m$；$L_5=1000m$，$d_5=0.3m$，$\varepsilon_5=0.000042m$；管网进口 A 和出口 B 处水的流量为 $1m^3/s$。忽略局部损失，并假定全部流动

处于紊流粗糙管区，试求经各管道的流量。

4-30 在水箱的垂直壁上淹深 $h=1.5$m 处有一水平安放的圆柱形内伸锐缘短管，其直径 $d=40$mm，流速系数 $C_v=0.95$。

（1）如流动相当于孔口，如图 4.35 所示。试求其收缩系数和流量。

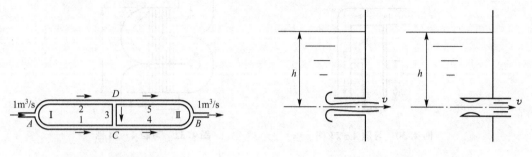

图 4.34 习题 4-29 图   图 4.35 习题 4-30 图

（2）如流动充满短管，如图所示。收缩系数同（1），只计收缩断面以后的扩大损失，试求其流量。

4-31 如图 4.36 所示，薄壁容器侧壁上有一直径 $d=20$mm 的孔口，孔口中心线以上水深 $H=5$m。试求孔口的出流流速 v_c 和流量 q_v。倘若在孔口上外接一长 $l=8d$ 的短管，取短管进口损失系数 $\zeta=0.5$，沿程损失系数 $\lambda=0.02$，试求短管的出流流速 v' 和流量 q_v'。

4-32 图 4.37 所示两水箱中间的隔板上有一直径 $d_0=80$mm 的薄壁小孔口，水箱底部装有外神管嘴，它们的内径分别为 $d_1=60$mm，$d_2=70$mm。如果将流量 $q_v=0.06$m³/s 的水连续地注入左侧水箱，试求在定常出流时两水箱的液深 H_1、H_2 和出流流量 q_{v1}、q_{v2}。

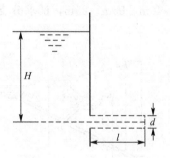
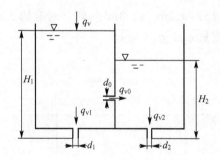

图 4.36 习题 4-31 图   图 4.37 习题 4-32 图

4-33 如图 4.38 所示，沉淀水池的截面积 $A=40$m²，水深 $H=2.8$m，底部有一个 $d=0.3$m 的圆形孔口，孔口的流量系数 $C_q=0.6$，试求水池的泄空时间。

4-34 有一封闭大水箱，经直径 $d=12.5$mm 的薄壁小孔口定常出流，已知水头 $H=1.8$m，流量 $q_v=1.5\times10^{-3}$m/s，流量系数 $C_q=0.6$。试求作用在液面上气体的计示压强。

4-35 如图 4.39 所示，密度为 900kg/m³ 的油从直径为 2cm 的孔口射出，射到口外挡板上的冲击力为 20N，已知孔口前油液的计示压强为 45000Pa，出流流量为 $2.29 \times 10^{-3} \mathrm{m^3/s}$。试求孔口出流的流速系数、流量系数和收缩系数。

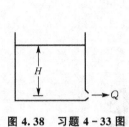

图 4.38 习题 4-33 图

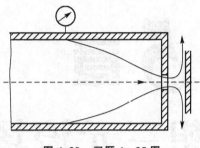

图 4.39 习题 4-35 图

第 5 章
理想三元流场理论

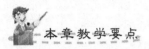本章教学要点

知识要点	掌握程度	相关知识
三元流的连续性微分方程	理解微分形式的连续性方程	散度的概念
流体微团的运动分解	掌握流体微团的平移运动、旋转运动和变形运动(包括线变形和角变形)	旋度的概念
有旋流动与无旋流动	掌握流体的有旋流动和无旋流动	判断流体有旋流动和无旋流动的条件
理想流体的运动微分方程	理解理想流体的欧拉运动微分方程及其意义	牛顿第二定律
欧拉积分方程和伯努利积分方程	了解欧拉积分式、伯努利积分式、伯努利方程	欧拉积分式及其意义;伯努利积分式及其意义;伯努利方程及其意义。
理想流体的涡旋运动	理解涡线、涡管、涡束和旋涡强度等概念;了解速度环量、斯托克斯定理;了解汤姆逊定理、亥姆霍兹三定理	有势力概念
二维涡流的速度分布和压强分布	了解二维涡流的速度分布规律及压强分布规律	伯努利方程
速度势和流函数	掌握速度势和流函数的定义及性质;掌握速度势和流函数的关系	流线方程;势函数概念
几种简单的平面势流	掌握均匀直线流;了解点源、点汇及点涡流动	极坐标,求导求积
几种简单平面势流的叠加	理解势流叠加原理;了解螺旋流、偶极流	多项式加法;求导求积;调和函数
均匀等速流绕过圆柱体的无环和有环流动	掌握流体绕过圆柱体的无环流动;理解流体绕圆柱体的有环流动	流场流谱
叶栅的库塔-儒可夫斯基公式	了解叶栅的库塔-儒可夫斯基公式	叶栅和翼型的基本参数;升力和阻力;升力系数
库塔条件	理解库塔条件	库塔条件

导入案例

　　前几章主要讨论了理想流体和黏性流体、不可压缩流体和可压缩流体的一维流动，为解决工程实际中大量存在的一维流动问题奠定了理论基础。但是，许多实际流动差不多都是空间(三维)的流动，即流场中流体的速度和压强等一切流动参数在3个坐标轴方向都发生变化。有些流动问题可以作为平面(二维)流动来处理。例如流体绕过无限长的柱形物体(其中心轴线垂直于来流方向)流动时，所有流体质点都在一些平行的平面上运动，而且所有这些平面上的流动状态都相同，因此只要研究其中一个平面上的流动就可以了。绕过柱形物体的流动只要有足够长度也可以近似当作平面流动来处理。

　　本章主要讨论没有黏性的所谓理想流体的二维和三维流动问题。这里引入对有黏性真实流体理想化的假设，可以使流动问题的分析大为简化，从而有利于研究流体流动的基本规律，为进一步研究黏性流体的实际流动问题奠定必要的基础。

5.1　三元流的连续性微分方程

　　前面已给出了连续性方程的积分形式，这一节将给出连续性方程的另外一种形式——微分形式的连续性方程。

　　设将流场内任一个边长分别为 dx、dy 和 dz 的微元平行六面体作为控制体，如图 5.1 所示。该微元六面体形心的坐标为 x、y、z，在某一瞬时经过形心的流体质点沿各坐标的速度分量分别为 v_x、v_y、v_z，密度为 ρ。现将积分形式的连续性方程(3－19)应用于该控制体。

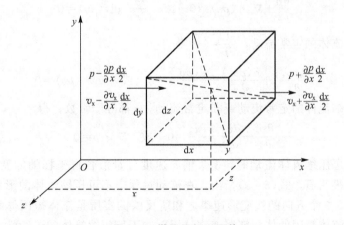

图 5.1　微元平行六面体

　　先分析 x 轴方向，由前面可知，ρ 和 v 都是坐标和时间的连续函数，即 $v = v(x, y, z, t)$，$\rho = \rho(x, y, a, t)$。根据泰勒级数展开，略去高于一阶的无穷小量，在 dt 时间内，通过左边微元面积 $dydz$ 上的流体质量为

$$\left(\rho - \frac{\partial \rho}{\partial x}\frac{dx}{2}\right)\left(v_x - \frac{\partial v_x}{\partial x}\frac{dx}{2}\right)dydzdt \tag{5－1}$$

同理可得，在 dt 时间内从右边微元面积 $dydz$ 流出的流体质量为

$$\left(\rho+\frac{\partial\rho}{\partial x}\frac{dx}{2}\right)\left(v_x+\frac{\partial v_x}{\partial x}\frac{dx}{2}\right)dydzdt \qquad (5-2)$$

上述两者之差为在 dt 时间内沿 x 轴方向通过微元体表面的净通量（流入为负，流出为正），即

$$\left(\rho\frac{\partial v_x}{\partial x}dx+v_x\frac{\partial\rho}{\partial x}dx\right)dydzdt=\frac{\partial}{\partial x}(\rho v_x)dxdydzdt \qquad (5-3)$$

同理可得，在 dt 时间内沿 y 轴和 z 轴方向通过微元体表面的净通量分别为

$$\frac{\partial}{\partial x}(\rho v_y)dxdydzdt$$

$$\frac{\partial}{\partial x}(\rho v_z)dxdydzdt$$

因此，在 dt 时间内流过微元体控制表面的总净通量（质量变化量）为

$$\left[\frac{\partial}{\partial x}(\rho v_x)+\frac{\partial}{\partial y}(\rho v_y)+\frac{\partial}{\partial z}(\rho v_z)\right]dxdydzdt \qquad (5-4)$$

流体是连续介质，质点间无空隙，根据质量守恒原理，dt 时间内控制体的总净流出通量必等于控制体内由于密度变化而引起的流体质量减少的变化量，即

$$\left[\frac{\partial}{\partial x}(\rho v_x)+\frac{\partial}{\partial y}(\rho v_y)+\frac{\partial}{\partial z}(\rho v_z)\right]dxdydzdt=-\frac{\partial\rho}{\partial t}dxdydzdt \qquad (5-5)$$

化简得

$$\frac{\partial\rho}{\partial t}+\frac{\partial(\rho v_x)}{\partial x}+\frac{\partial(\rho v_y)}{\partial y}+\frac{\partial(\rho v_z)}{\partial z}=0 \qquad (5-6)$$

式(5-6)即为可压缩流体非定常三维流动微分形式的连续性方程，也可以写成矢量形式

$$\frac{\partial\rho}{\partial t}+\nabla\cdot(\rho v)=0 \quad 或 \quad \frac{\partial\rho}{\partial t}+\text{div}(\rho v)=0 \qquad (5-7)$$

对于可压缩流体的定常流动，$\frac{\partial}{\partial t}=0$，得

$$\frac{\partial(\rho v_x)}{\partial x}+\frac{\partial(\rho v_y)}{\partial y}+\frac{\partial(\rho v_z)}{\partial z}=0 \quad 或 \quad \nabla\cdot(\rho v)=0 \qquad (5-8)$$

对于不可压缩流体的定常流动或非定常流动，ρ 都等于常数，得

$$\frac{\partial v_x}{\partial x}+\frac{\partial v_y}{\partial y}+\frac{\partial v_z}{\partial z}=0 \quad 或 \quad \nabla\cdot v=0 \qquad (5-9)$$

这表示，不可压缩流体流动时，3 个轴向速度分量沿各自坐标轴的变化量相互约束，不能随意变化。很明显，式(5-9)指出，在流动过程中不可压缩流体的形状虽有变化，但体积却保持不变。3 个方向的线变形速率之和所反映的实质是流体微团体积在单位时间的相对变化，称为流体微团的体积膨胀速率。因此，不可压缩流体的连续性方程也是流体不可压缩的条件。

对于二维定常流动，式(5-8)和式(5-9)变为

$$\frac{\partial(\rho v_x)}{\partial x}+\frac{\partial(\rho v_y)}{\partial y}=0 \qquad (5-10)$$

$$\frac{\partial v_x}{\partial x}+\frac{\partial v_y}{\partial y}=0 \qquad (5-11)$$

5.2　流体微团的运动分解

刚体的一般运动可以分解为移动和转动两部分。而流体不同于刚体，其具有流动性，极易变形。因此，任一流体微团在运动过程中不但像刚体那样可以移动和转动，而且还会发生变形运动。一般情况下，流体微团的运动可以分解为移动、转动和变形运动。

5.2.1　微团运动特征的速度表达式

在运动流体中，在时刻 t 任取一正交六面体流体微团，其边长分别为 $\mathrm{d}x$、$\mathrm{d}y$ 和 $\mathrm{d}z$。设该微团形心处沿 3 个坐标轴的速度分别为 v_x、v_y、v_z，8 个顶点的速度分量可利用泰勒级数，并略去高于一阶的无穷校量项后求得，如图 5.2 所示。图中只列出 x 轴方向的速度分量，其他两个方向类似，例如 E 点沿 3 个方向的速度分量为

$$\left.\begin{aligned}
v_{Ex} &= v_x + \frac{\partial v_x}{\partial x}\frac{\mathrm{d}x}{2} + \frac{\partial v_x}{\partial y}\frac{\mathrm{d}y}{2} + \frac{\partial v_x}{\partial z}\frac{\mathrm{d}z}{2} \\
v_{Ey} &= v_y + \frac{\partial v_y}{\partial x}\frac{\mathrm{d}x}{2} + \frac{\partial v_y}{\partial y}\frac{\mathrm{d}y}{2} + \frac{\partial v_y}{\partial z}\frac{\mathrm{d}z}{2} \\
v_{Ez} &= v_z + \frac{\partial v_z}{\partial x}\frac{\mathrm{d}x}{2} + \frac{\partial v_z}{\partial y}\frac{\mathrm{d}y}{2} + \frac{\partial v_z}{\partial z}\frac{\mathrm{d}z}{2}
\end{aligned}\right\} \tag{5-12}$$

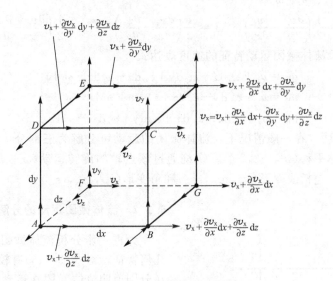

图 5.2　分析流体微团运动

为显示出移动、转动和变形运动，对上面各式进行改造，在式子右边加减相同项，做恒等变换

$$\pm \frac{1}{2}\frac{\partial v_y}{\partial x}\mathrm{d}y \qquad \pm \frac{1}{2}\frac{\partial v_z}{\partial x}\mathrm{d}z$$

$$\pm \frac{1}{2}\frac{\partial v_z}{\partial y}\mathrm{d}z \qquad \pm \frac{1}{2}\frac{\partial v_x}{\partial y}\mathrm{d}x$$

$$\pm \frac{1}{2}\frac{\partial v_x}{\partial z}\mathrm{d}x \quad \pm \frac{1}{2}\frac{\partial v_y}{\partial z}\mathrm{d}y$$

则式(5-12)恒等于

$$v_{Ex}=v_x+\frac{\partial v_x}{\partial x}\mathrm{d}x+\frac{1}{2}\left(\frac{\partial v_x}{\partial y}+\frac{\partial v_y}{\partial x}\right)\mathrm{d}y+\frac{1}{2}\left(\frac{\partial v_x}{\partial z}+\frac{\partial v_z}{\partial x}\right)\mathrm{d}z+\frac{1}{2}\left(\frac{\partial v_x}{\partial z}-\frac{\partial v_z}{\partial x}\right)\mathrm{d}z-\frac{1}{2}\left(\frac{\partial v_y}{\partial x}-\frac{\partial v_x}{\partial y}\right)\mathrm{d}y$$

$$v_{Ey}=v_y+\frac{\partial v_y}{\partial y}\mathrm{d}y+\frac{1}{2}\left(\frac{\partial v_y}{\partial x}+\frac{\partial v_x}{\partial y}\right)\mathrm{d}x+\frac{1}{2}\left(\frac{\partial v_y}{\partial z}+\frac{\partial v_z}{\partial y}\right)\mathrm{d}z+\frac{1}{2}\left(\frac{\partial v_y}{\partial x}-\frac{\partial v_x}{\partial y}\right)\mathrm{d}x-\frac{1}{2}\left(\frac{\partial v_z}{\partial y}-\frac{\partial v_y}{\partial z}\right)\mathrm{d}z$$

$$v_{Ez}=v_z+\frac{\partial v_z}{\partial z}\mathrm{d}z+\frac{1}{2}\left(\frac{\partial v_z}{\partial x}+\frac{\partial v_x}{\partial z}\right)\mathrm{d}x+\frac{1}{2}\left(\frac{\partial v_z}{\partial y}+\frac{\partial v_y}{\partial z}\right)\mathrm{d}y+\frac{1}{2}\left(\frac{\partial v_z}{\partial y}-\frac{\partial v_y}{\partial z}\right)\mathrm{d}y-\frac{1}{2}\left(\frac{\partial v_x}{\partial z}-\frac{\partial v_z}{\partial x}\right)\mathrm{d}x$$

引入记号,并赋予运动特征名称如下。

线变形速率 ε_{xx}、ε_{yy}、ε_{zz}

$$\varepsilon_{xx}=\frac{\partial v_x}{\partial x}, \quad \varepsilon_{yy}=\frac{\partial v_y}{\partial y}, \quad \varepsilon_{zz}=\frac{\partial v_z}{\partial z} \tag{5-13}$$

角变形速率 ε_{xy}、ε_{yx}、ε_{yz}、ε_{zy}、ε_{xz}、ε_{zx}

$$\left.\begin{array}{l}\varepsilon_{xy}=\varepsilon_{yx}=\dfrac{1}{2}\left(\dfrac{\partial v_y}{\partial x}+\dfrac{\partial v_x}{\partial y}\right)\\[2mm]\varepsilon_{yz}=\varepsilon_{zy}=\dfrac{1}{2}\left(\dfrac{\partial v_z}{\partial y}+\dfrac{\partial v_y}{\partial z}\right)\\[2mm]\varepsilon_{zx}=\varepsilon_{xz}=\dfrac{1}{2}\left(\dfrac{\partial v_x}{\partial z}+\dfrac{\partial v_z}{\partial x}\right)\end{array}\right\} \tag{5-14}$$

旋转角速度 ω_x、ω_y、ω_z

$$\omega_x=\frac{1}{2}\left(\frac{\partial v_z}{\partial y}-\frac{\partial v_y}{\partial z}\right), \quad \omega_y=\frac{1}{2}\left(\frac{\partial v_x}{\partial z}-\frac{\partial v_z}{\partial x}\right), \quad \omega_z=\frac{1}{2}\left(\frac{\partial v_y}{\partial x}-\frac{\partial v_x}{\partial y}\right) \tag{5-15}$$

于是可到表示流体微团运动特征的速度表达式

$$\left.\begin{array}{l}u_{Ex}=u_x+\varepsilon_{xx}\mathrm{d}x+\varepsilon_{xy}\mathrm{d}y+\varepsilon_{xz}\mathrm{d}z+\omega_y\mathrm{d}z-\omega_z\mathrm{d}y\\u_{Ey}=u_y+\varepsilon_{yy}\mathrm{d}y+\varepsilon_{yz}\mathrm{d}z+\varepsilon_{yx}\mathrm{d}x+\omega_z\mathrm{d}x-\omega_x\mathrm{d}z\\u_{Ez}=u_z+\varepsilon_{zz}\mathrm{d}z+\varepsilon_{zx}\mathrm{d}x+\varepsilon_{zy}\mathrm{d}y+\omega_x\mathrm{d}y-\omega_y\mathrm{d}x\end{array}\right\} \tag{5-16}$$

式(5-16)表明,在一般情况下,流体微团的运动可分解为三部分:①以流体微团中某点的速度作整体平移(v_x,v_y,v_z);②绕通过该点轴的旋转运动(ω_x,ω_y,ω_z);③为团本身的变形运动,包括线变形(ε_{xx},ε_{yy},ε_{zz})和角变形(ε_{xy},ε_{yz},ε_{xz})。

5.2.2 流体微团运动的分解概述

为进一步分析流体微团的分解运动及其几何特征,对式(5-16)有较深刻的理解,现在分别说明流体微团在运动过程中所呈现出的平移运动、线变形运动、角变形运动和旋转运动。

为简化分析,仅讨论在 xOy 平面上流体微团的运动。假设在时刻 t,流体微团 $ABCD$ 为矩形,其上各点的速度分量如图 5.3 所示。由于微团上各点的速度不同,经过时间 $\mathrm{d}t$ 势必发生不同的运动,微团的位量和形状都将

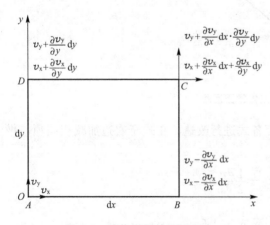

图 5.3　流体微团的平面运动

发生变化，现分析如下。

1. 平移运动

由图 5.3 可知，微团上 A、B、C、D 各点的速度分量中均有 v_x 和 v_y 两项。在经过 dt 时间后，矩形微团向右和向上分别移动 $v_x t$、$v_y t$ 距离，即平移到新位置，形状不变，如图 5.4(a) 所示。同理，对于三位流场，v_x、v_y、v_z 称为平移速度。

2. 线变形运动

在图 5.3 中，比较 B 与 A，C 与 D 点在 x 方向，及 D 与 A，C 与 B 点在 y 方向的速度差，可得

$$v_B-v_A=\frac{\partial v_x}{\partial x}dx, \quad v_C-v_D=\frac{\partial v_x}{\partial x}dx, \quad v_D-v_A=\frac{\partial v_y}{\partial y}dy, \quad v_C-v_B=\frac{\partial v_y}{\partial y}dy$$

可知，由于速度不相同，在 dt 时间内，AB 边及 BC 边分别伸长（或缩短），同样，AD 和 BC 边也将缩短（或伸长），如图 5.4(b) 所示。

定义单位时间内单位长度流体线段的伸长（或缩短）量为流体微团的线变形速率，则沿 x 轴方向的线变形速率为

$$\frac{\partial v_x}{\partial x}dxdt/(dxdt)=\frac{\partial v_x}{\partial x}=\varepsilon_{xx} \tag{5-17}$$

同理可得流体微团沿 y 轴和 z 轴的线变形速率

$$\varepsilon_{yy}=\frac{\partial v_y}{\partial y}, \quad \varepsilon_{zz}=\frac{\partial v_z}{\partial z} \tag{5-18}$$

3. 角变形运动

在图 5.3 中，比较 D 和 A，C 和 B 在 x 轴方向，及 B 和 A，C 和 D 在 y 轴方向的速度差可得

$$v_D-v_A=\frac{\partial v_x}{\partial y}dy, \quad v_C-v_B=\frac{\partial v_x}{\partial y}dy, \quad v_B-v_A=\frac{\partial v_y}{\partial x}dx, \quad v_C-v_D=\frac{\partial v_y}{\partial x}dx$$

可知，若速度增量为正值，流体微团在 dt 时间内则发生图 5.4(c) 所示的角变形运动。由图可见，由于 D 点和 A 点，C 点和 B 点在 x 轴方向的速度不同，致使 AD 边在 dt 时间内顺时针转动了 $d\beta$ 角度。同理，B 点和 A 点，C 点和 B 点在 y 轴方向速度不同，经 dt 时间 AB 边逆时针转动了 $d\alpha$ 角度。于是，两正交流体边 AB 和 AD 在 dt 时间内变化了 $(d\alpha+d\beta)$ 角度。显然，微元角度 $d\beta$ 和 $d\alpha$ 可由下式求得

$$d\alpha\approx\tan d\alpha=\frac{\partial v_y}{\partial x}dxdt/dx=\frac{\partial v_y}{\partial x}dt$$

$$d\beta\approx\tan d\beta=\frac{\partial v_x}{\partial y}dydt/dx=\frac{\partial v_x}{\partial y}dt$$

通常将两正交微元流体边的夹角在单位时间内的变化量定义为角变形速度，而将该夹角变化的平均值在单位时间内的变化量（角变形速度的平均值）定义为角变形速率，也称为剪切变形速率。则在 xOy 平面上，流体微元的剪切变形速率为

$$\frac{(d\alpha+d\beta)/2}{dt}=\frac{1}{2}\left(\frac{\partial v_y}{\partial x}+\frac{\partial v_x}{\partial y}\right)=\varepsilon_{xy}=\varepsilon_{yx} \tag{5-19}$$

同理，也可得到 yOz 平面和 zOx 平面上的剪切变形速率

$$\varepsilon_{yz} = \varepsilon_{zy} = \frac{1}{2}\left(\frac{\partial v_z}{\partial y} + \frac{\partial v_y}{\partial z}\right), \quad \varepsilon_{zx} = \varepsilon_{xz} = \frac{1}{2}\left(\frac{\partial v_x}{\partial z} + \frac{\partial v_z}{\partial x}\right) \tag{5-20}$$

4. 旋转运动

由图 5.4(c)可知，流体微团在 dt 时间内出现了角变形运动。若微元角度($d\alpha = d\beta$)，则流体微团只发生角变形；若($d\alpha = -d\beta$)，即 $\partial v_y/\partial x = -\partial v_x/\partial y$，则流体微团只发生旋转，不发生角变形，如图 5.4(d)所示。一般情况下，$|d\alpha| \neq |d\beta|$，流体微团在发生角变形的同时还要发生旋转运动。

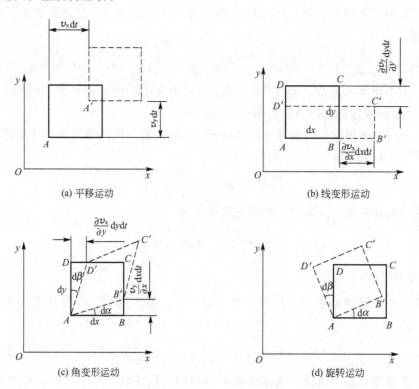

(a) 平移运动   (b) 线变形运动

(c) 角变形运动   (d) 旋转运动

图 5.4 流体微团平面运动的分析

在旋转运动中，用符号 ω 表示流体微团旋转角速度的大小，其定义为：单位时间内流体微团上 A 点的任意两条正交微元流体边在其所在平面内旋转角度的平均值，称为 A 点流体微团的旋转角速度在垂直于该平面方向的分量。如图 5.4(c)所示，在 xOy 平面上，过 A 点的两条正交边 AD 和 AB，经 dt 时间，AD 边顺时针转动了 $d\beta$ 角度，AB 边逆时针转动了 $d\alpha$ 角度。通常定义逆时针旋转为正，则两正交流体边 AB 和 AD 在 dt 时间内的旋转角度平均值为 $\frac{1}{2}(d\alpha - d\beta)$，于是流体微团沿 z 轴方向的旋转角速度分量为

$$\omega_z = \frac{1}{2}\left(\frac{d\alpha - d\beta}{dt}\right) = \frac{1}{2}\left(\frac{\partial v_y}{\partial x} - \frac{\partial v_x}{\partial y}\right) \tag{5-21}$$

同理可求得流体微团沿 x 轴方向和 y 轴方向的旋转角速度分量

$$\omega_x = \frac{1}{2}\left(\frac{\partial v_z}{\partial y} - \frac{\partial v_y}{\partial z}\right), \quad \omega_y = \frac{1}{2}\left(\frac{\partial v_x}{\partial z} - \frac{\partial v_z}{\partial x}\right) \tag{5-22}$$

则流体微团的旋转角速度为

$$\omega = \sqrt{\omega_x^2 + \omega_y^2 + \omega_z^2} \tag{5-23}$$

写成矢量形式

$$\omega = \omega_x \vec{i} + \omega_y \vec{j} + \omega_z \vec{k} = \frac{1}{2}(\nabla \times \vec{u}) \tag{5-24}$$

以上分析说明了速度分解定理式(5-16)的物理意义，表明流体微团运动包括平移运动、旋转运动和变形(线变形和角变形)三部分，比刚体运动要更复杂。该定理也称为亥姆霍兹(Helmholtz)速度分解定理，该定理简述为：在某流场 O 点邻近的任意点 A 上的速度可以分解为三部分：与 O 点相同的平移速度；绕 O 点转动在 A 点引起的速度；由于变形(包括线变形和角变形)在 A 点引起的速度。

亥姆霍兹速度分解定理对流体力学的发展有深远影响。由于将旋转运动从一般运动中分离出来才将流体分为有旋流动和无旋流动。正是由于将流体的变形运动分离出来，才建立了应力和变形速度的关系，并为最终建立黏性流体运动的基本方程奠定了基础。

5.3 有旋流动与无旋流动

在速度分解定理的基础上可将流体运动分为有旋流动和无旋流动两种。

流体的流动是有旋还是无旋是根据流体微团本身在流动中是否旋转来决定的。流体在流动中，如果流场中有若干处流体微团具有绕通过其自身轴线作旋转运动，则称为有旋流动；如果在整个流场中各处的流体微团均不绕自身轴线作旋转运动，则称为无旋流动。也就是说，流体微团的旋转角速度不等于零的流动为有旋流动；流体微团的旋转角速度等于零的流动为无旋流动。

这里需要说明的是，判断流体流动是有旋流动还是无旋流动仅仅由流体微团本身是否绕自身轴线作旋转运动来决定，而与流体微团的运动轨迹无关，在图5.5(a)中，虽然流体微团运动轨迹是圆形，但由于微团本身不旋转，故它是无旋流动；在图5.5(b)中，虽然流体微团运动轨迹是直线，但微团绕自身轴线旋转，故它是有旋流动。在日常生活中也有类似的例子，例如儿童玩的活动转椅，当转轮绕水平轴旋转时，每个儿童坐的椅子都绕水平轴作圆周运动，但是每个儿童始终是头向上，脸朝着一个方向，即儿童对地来说没有旋转。

判断流体微团无旋流动的条件是：无旋流动中的每一个流体微团都满足下列条件

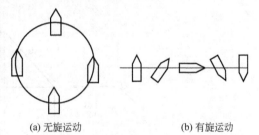

(a) 无旋运动　　　　(b) 有旋运动

图 5.5　流体微团的运动轨迹

$$\omega_x = \omega_y = \omega_z = 0 \tag{5-25}$$

即当流场速度同时满足

$$\frac{\partial v_z}{\partial y} = \frac{\partial v_y}{\partial z} \quad \frac{\partial v_x}{\partial z} = \frac{\partial v_z}{\partial x} \quad \frac{\partial v_y}{\partial x} = \frac{\partial v_x}{\partial y} \tag{5-26}$$

写成矢量形式

$$\nabla \times \vec{v} = 0 \tag{5-27}$$

时为无旋流动。

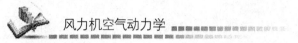

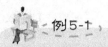

某一流动速度场为 $v_x = ay$，$v_y = v_z = 0$，其中 a 是不为零的常数，流线是平行于 x 轴的直线。试判断该流动是有旋流动还是无旋流动。

【解】 由于

$$\omega_x = \frac{1}{2}\left(\frac{\partial v_z}{\partial y} - \frac{\partial v_y}{\partial z}\right) = 0$$

$$\omega_y = \frac{1}{2}\left(\frac{\partial v_x}{\partial z} - \frac{\partial v_z}{\partial x}\right) = 0$$

$$\omega_z = \frac{1}{2}\left(\frac{\partial v_y}{\partial x} - \frac{\partial v_x}{\partial y}\right) = -\frac{1}{2}a \neq 0$$

所以该流动是有旋流动。

5.4 理想流体的运动微分方程

理想流体的运动微分方程是根据牛顿第二定律求得的。在流动的理想流体中，取出一个边长分别为 dx、dy、dz，平均密度为 ρ 的微元平行六面体作为流体微团，如图 5.6 所示。由于是理想流体，所以作用在流体微团上的外力只有质量力和垂直于表面的压强。若流体微团形心坐标为 x、y、z，其上压强为 $p(x, y, z)$，则作用在 6 个表面中心上的压强如图 5.6 所示。例如垂直于 x 轴上左右两个表面中心点的压强各等于

$$p - \frac{\partial p}{\partial x}\frac{dx}{2}, \quad p + \frac{\partial p}{\partial x}\frac{dx}{2}$$

由于是微元面积，所以这些压强可以作为各表面上的平均压强。同时，假设作用在流体微团上的单位质量力沿 3 个坐标轴的分量分别为 f_x、f_y 和 f_z。

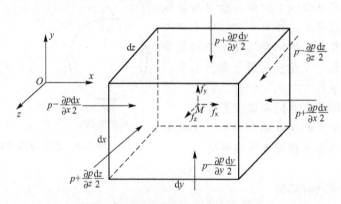

图 5.6 推导理想流体运动微分方程用图

依据牛顿第二定理，x 轴方向的运动微分方程为

$$f_x dx dy dz + \left(p - \frac{\partial p}{\partial x}\frac{dx}{2}\right)dy dz - \left(p + \frac{\partial p}{\partial x}\frac{dx}{2}\right)dy dz = \rho dx dy dz \frac{dv_x}{dt} \qquad (5-28)$$

用流体微团的质量 $\rho dxdydz$ 通除上式，并整理有

$$f_x - \frac{1}{\rho}\frac{\partial p}{\partial x} = \frac{dv_x}{dt}$$

同理

$$f_y - \frac{1}{\rho}\frac{\partial p}{\partial y} = \frac{dv_y}{dt} \qquad (5-29)$$

$$f_z - \frac{1}{\rho}\frac{\partial p}{\partial z} = \frac{dv_z}{dt}$$

它的矢量形式

$$\vec{f} - \frac{1}{\rho}\nabla p = \frac{d\vec{v}}{dt} \quad \text{或} \quad \vec{f} - \frac{1}{\rho}\mathrm{grad}p = \frac{d\vec{v}}{dt} \qquad (5-30)$$

若以当地加速度和迁移加速度表示方程组各式中的加速度，可得

$$f_x - \frac{1}{\rho}\frac{\partial p}{\partial x} = \frac{\partial v_x}{\partial t} + v_x\frac{\partial v_x}{\partial x} + v_y\frac{\partial v_x}{\partial y} + v_z\frac{\partial v_x}{\partial z}$$

$$f_y - \frac{1}{\rho}\frac{\partial p}{\partial y} = \frac{\partial v_y}{\partial t} + v_x\frac{\partial v_y}{\partial x} + v_y\frac{\partial v_y}{\partial y} + v_z\frac{\partial v_y}{\partial z} \qquad (5-31)$$

$$f_z - \frac{1}{\rho}\frac{\partial p}{\partial z} = \frac{\partial v_z}{\partial t} + v_x\frac{\partial v_z}{\partial x} + v_y\frac{\partial v_z}{\partial y} + v_z\frac{\partial v_z}{\partial z}$$

它的矢量形式是

$$\vec{f} - \frac{1}{\rho}\nabla p = \frac{\partial \vec{v}}{\partial t} + (\vec{v} \cdot \nabla)\vec{v} \qquad (5-32)$$

式(5-29)~式(5-32)就是理想流体的运动微分方程，也称为欧拉运动微分方程。很显然，流体处于平衡状态时，即 $v_x = v_y = v_z = 0$ 时，欧拉运动微方程称为欧拉平衡微分方程。

欧拉运动微分方程的物理意义为：作用在单位质量流体上的质量力、表面力和惯性力（右边为单位质量的惯性力，第一项为非定常所引起的单位质量的局部惯性力；第二项为非均匀性所引起的单位质量的位变惯性力相互平衡。）该式在推导过程中对流体的压缩性没有加以限制，所以该方程适用于理想的可压缩流体和不可缩流体，适用于有旋流动和无旋流动。

在欧拉运动微分方程中包括8个物理量：f_x、f_y、f_z、v_x、v_y、v_z、p、ρ 等。通常质量力 f_x、f_y、f_z 是已知的，而且大部分就是重力。这样剩下5个未知函数，解出这5个未知函数便是理想流体力学的基本任务。解5个未知函数需要五个方程式，除欧拉方程组的3个方程之外，连续性方程是第四个方程。

$$\frac{\partial \rho}{\partial t} + \nabla \cdot (\rho\vec{v}) = 0 \qquad (5-33)$$

状态方程是第5个方程。

(1) 不可压缩流体。

$$\rho = \text{常数} \qquad (5-34)$$

(2) 正压流体：密度仅是压强的函数称为正压流体。

$$\rho = f(p) \tag{5-35}$$

例如等温变化气体的状态方程为 $p/\rho = \mathrm{C}$(常数)；等熵绝热变化气体的状态方程为 $p/\rho^K = \mathrm{C}$(常数)，对于空气 $K = 1.408$。

（3）斜压流体：密度为温度和压强两变量的函数的流体称为斜压流体。

$$\rho = f(p, T) \tag{5-36}$$

例如气体的状态方程 $p/\rho = gRT$，其中 R 为气体常数，T 为绝对温度。在这种情况下又引入一个新的未知函数 T，所以需要加上第六个方程——能量方程。

方程组(5-31)中只有表示移动的线速度 v_x、v_y、v_z，而没有表示旋转运动的角速度 ω_x、ω_y、ω_z，因此从方程中显示不出来流动是有旋还是无旋的。为解决这一问题，将欧拉运动微分方程作恒等变换，便可以直接由运动微分方程判断流动是有旋流动还是无旋流动。在方程组(5-31)的第一式右端同时加减 $v_y \dfrac{\partial v_y}{\partial x}$、$v_z \dfrac{\partial v_z}{\partial x}$，并重新组合，再引入式(5-15)可得

$$f_x - \frac{1}{\rho}\frac{\partial p}{\partial x} = \frac{\partial v_x}{\partial t} + \left(v_x\frac{\partial v_x}{\partial x} + v_y\frac{\partial v_x}{\partial x} + v_z\frac{\partial v_x}{\partial x}\right) + v_y\left(\frac{\partial v_y}{\partial x} - \frac{\partial v_y}{\partial x}\right) + v_z\left(\frac{\partial v_x}{\partial x} - \frac{\partial v_z}{\partial x}\right)$$
$$= \frac{\partial v_x}{\partial t} + \frac{\partial}{\partial x}\left(\frac{v_x^2 + v_y^2 + v_z^2}{2}\right) + 2(v_z\omega_y - v_y\omega_z)$$

即

$$\left.\begin{array}{l} f_x - \dfrac{1}{\rho}\dfrac{\partial p}{\partial x} = \dfrac{\partial v_x}{\partial t} + \dfrac{\partial}{\partial x}\left(\dfrac{v^2}{2}\right) + 2(v_z\omega_y - v_y\omega_z) \\[3mm] f_y - \dfrac{1}{\rho}\dfrac{\partial p}{\partial y} = \dfrac{\partial v_y}{\partial t} + \dfrac{\partial}{\partial y}\left(\dfrac{v^2}{2}\right) + 2(v_x\omega_z - v_z\omega_x) \\[3mm] f_z - \dfrac{1}{\rho}\dfrac{\partial p}{\partial z} = \dfrac{\partial v_z}{\partial t} + \dfrac{\partial}{\partial z}\left(\dfrac{v^2}{2}\right) + 2(v_y\omega_x - v_x\omega_y) \end{array}\right\} \tag{5-37}$$

同理

此方程组称为兰姆(H. Lamb)运动微分方程。由于在方程中既有线速度 v_x、v_y、v_z，又有角速度 ω_x、ω_y、ω_z，所以能够从方程的形式上直接看出流体流动的特性。例如，$\omega_x = \omega_y = \omega_z = 0$，即方程组等号右边的第三项都等于零，流动便是无旋的；如果其中有一个不等于零，流动便是有旋的。

5.5　欧拉积分方程和伯努利积分方程

对理想流体运动微分方程积分可以得到运动的理想流体的压力分布规律，但目前仅能对几种特殊的流动进行积分求解。下面来介绍最常见的两种积分：定常无旋流动的欧拉积分和定常流动的伯努利积分。这两种积分的前提条件如下。

（1）流体是理想的，运动是定常的。

$$\frac{\partial}{\partial t} = 0 \tag{5-38}$$

（2）质量力有势，π 为质量力的势函数。

$$f_x = \frac{\partial \pi}{\partial x}, \quad f_y = \frac{\partial \pi}{\partial y}, \quad f_z = \frac{\partial \pi}{\partial z} \qquad (5-39)$$

(3) 正压流体(密度仅是压力的函数 $\rho = \rho(p)$)。这时存在一个压强函数 $p_F(x, y, z, t)$，定义为 $p_F = \int \frac{\mathrm{d}p}{\rho(p)}$，它对 3 个坐标的偏导数是

$$\frac{\partial P_F}{\partial x} = \frac{1}{\rho} \frac{\partial p}{\partial x}, \quad \frac{\partial P_F}{\partial y} = \frac{1}{\rho} \frac{\partial p}{\partial y}, \quad \frac{\partial P_F}{\partial z} = \frac{1}{\rho} \frac{\partial p}{\partial z}$$

(4) 沿流线积分。现在对兰姆方程进行积分，以 x 轴方向为例

$$f_x - \frac{1}{\rho} \frac{\partial p}{\partial x} = \frac{\partial v_x}{\partial t} + \frac{\partial}{\partial x}\left(\frac{v^2}{2}\right) + 2(v_z \omega_y - v_y \omega_z)$$

积分的思路是根据假设条件先使兰姆运动方程的左边各项都变为对 x 的偏微分，然后变全式为全微分。

首先将式(5-38)、式(5-39)代入上式，可得

$$\frac{\partial \pi}{\partial x} - \frac{\partial P_F}{\partial x} = \frac{\partial}{\partial x}\left(\frac{v^2}{2}\right) + 2(v_z \omega_y - v_y \omega_z)$$

即

$$\left.\begin{array}{l} \dfrac{\partial}{\partial x}\left(\dfrac{v^2}{2} - \pi + P_F\right) = 2(v_z \omega_y - v_y \omega_z) \\[2mm] \dfrac{\partial}{\partial y}\left(\dfrac{v^2}{2} - \pi + P_F\right) = 2(v_x \omega_z - v_z \omega_x) \\[2mm] \dfrac{\partial}{\partial z}\left(\dfrac{v^2}{2} - \pi + P_F\right) = 2(v_y \omega_x - v_x \omega_y) \end{array}\right\} \qquad (5-40)$$

同理

5.5.1 欧拉积分(定常无旋流动)

在无旋流动中，方程组(5-40)右端为零，然后将方程组 3 式依次分别乘以流场中任意微元线段的 3 个轴向分量 $\mathrm{d}x$、$\mathrm{d}y$、$\mathrm{d}z$，相加后得

$$\frac{\partial}{\partial x}\left(\frac{v^2}{2} - \pi + P_F\right)\mathrm{d}x + \frac{\partial}{\partial y}\left(\frac{v^2}{2} - \pi + P_F\right)\mathrm{d}y + \frac{\partial}{\partial z}\left(\frac{v^2}{2} - \pi + P_F\right)\mathrm{d}z = 0$$

$$d\left(\frac{v^2}{2} - \pi + P_F\right) = 0 \qquad (5-41)$$

积分后得

$$\frac{v^2}{2} - \pi + P_F = 常数 \qquad (5-42)$$

这就是欧拉积分式。此式说明，对于非黏性的不可压缩流体或可压缩的正压流体，在有势质量力作用下作定常无旋流动时，流场中任一点的单位质量流体质量力的位势能、压强势能和动能的总和保持不变(单位质量流体的总机械能载流场中保持不变)，但这三者机械能可相互转换。

归纳起来，欧拉积分方程的适用条件有：理想流体、定常无旋流动、正压流场、质量力有势。需要注意的是，该积分式适用于整个流场，要与下面得出的伯努利积分相区别。

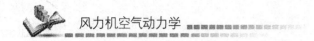

5.5.2 伯努利积分(定常运动沿流线的积分)

为求得定常有旋流动的积分,还必须将沿流线积分这一限定条件加上。现将方程组(5-40)的3式左右两边依次乘以流线上任一微元线段 dS 在3个轴向的分量 dx、dy、dz,得

$$
同理 \quad \left.\begin{array}{l} \dfrac{\partial}{\partial x}\left(\dfrac{v^2}{2}-\pi+P_F\right)dx=2(v_z\omega_y-v_y\omega_z)dx \\[3mm] \dfrac{\partial}{\partial y}\left(\dfrac{v^2}{2}-\pi+P_F\right)dy=2(v_x\omega_z-v_z\omega_x)dy \\[3mm] \dfrac{\partial}{\partial z}\left(\dfrac{v^2}{2}-\pi+P_F\right)dz=2(v_y\omega_x-v_x\omega_y)dz \end{array}\right\} \tag{5-43}
$$

由于是定常流动,流场中的流线和极限迹线重合,因此 dx、dy、dz 就是在 dt 时间内流体微团的位移 $dS=vdt$ 在3个坐标轴上的分量,则 $dx=v_xdt$,$dy=v_ydt$,$dz=v_zdt$(迹线方程)。将这些关系式依次分别代替上式中的 dx、dy、dz,然后将3式相加,右边恰好等于零,左边3式相加后再积分,得

$$
\frac{v^2}{2}-\pi+P_F=常数 \tag{5-44}
$$

这就是伯努利积分式。此式说明,对于非黏性的不可压缩流体或可压缩的正压流体,在有势质量力作用下作定常有旋流动时,沿同一流线上各点单位质量流体质量力的位势能、压强势能和动能的总和保持常数值(单位质量流体的总机械能沿流线保持不变),但这三者机械能可相互转换。一般来说,在不同的流线上,该常数值是不相同的。

5.5.3 伯努利方程

如果质量力仅仅是重力,重力的方向垂直向下,而取 z 轴垂直向上,则 $\pi=-gz$。对于不可压缩流体,$\rho=$常数,则 $P_F=p/\rho$。将 π 和 P_F 代入式(5-42)或(5-44)便得到伯努利方程

$$
gz+\frac{p}{\rho}+\frac{v^2}{2}=常数 \tag{5-45}
$$

该方程表示,在重力作用下不可压缩理想流体作定常流动时,对于无旋流动,沿同一条流线单位质量流体的位势能、压强势能和动能的总和保持不变;对于无旋流动,在整个流场中总机械能保持不变。

5.6 理想流体的涡旋运动

从前面的学习中已经知道,流体微团的运动可以分解为平移运动、旋转运动和变形运动三部分。自然界中流体的流动大多数都是有旋的,也就是说存在旋转角速度。在日常生活中经常可以看到明显的旋涡运动,例如在桥墩和划水的桨后面;台风、龙卷风和街头的

小旋风等也都是旋涡运动。更多的是肉眼看不见的，如自然界中充满微小旋涡的紊流流动、叶轮机械内流体的涡旋运动等。

本节主要讲述理想流体有旋运动的理论基础。首先引入涡线、涡管和旋涡强度等概念；然后引出速度环量及表征环量和旋涡强度间关系的斯托克斯定理；最后叙述旋涡的速度环流在时间上的变化(汤姆逊定理)和在空间上的变化(亥姆霍兹定理)。

5.6.1 涡线、涡管、涡束和旋涡强度

在有旋流动流场的全部或局部区域中连续地充满着绕自身轴线旋转的流体微团，于是形成了一个用角速度 $\vec{\omega}=(x, y, z, t)$ 表示的涡流场(或称为角速度场)。在速度场中引进流线、流管、流束和流量等基本概念。速度场和涡流场都是体现流动特征的矢量场，因此，在涡流场中引进涡线、涡管、涡束和旋涡强度等基本概念。

(1) 涡线：在某一瞬时，涡流场中所作的一条空间曲线，在该瞬时，此曲线上任一点处的切线与位于该点的流体微团的角速度 $\vec{\omega}$ 的方向重合，如图 5.7 所示。所以涡线也就是沿曲线各流体微团的瞬时转动轴线。如果不考虑变形运动，在涡线上的流体微团像被一条涡线所穿起来的一串小珠，正在围绕这条涡线转动。

涡线的微分方程类似于流线微分方程，可表示为

$$\frac{\mathrm{d}x}{\Omega_x(x, y, z, t)}=\frac{\mathrm{d}y}{\Omega_y(x, y, z, t)}=\frac{\mathrm{d}z}{\Omega_z(x, y, z, t)} \tag{5-46}$$

式中，t 为给定的时间参数；Ω_x、Ω_y、Ω_z 分别为涡量 Ω 在 3 个坐标轴上的分量。涡量 $\vec{\Omega}=2\vec{\omega}$。

不同瞬时它有不同形状，在定常流动时，涡线形状不随时间变化。

(2) 涡管和涡束：在给定瞬时，在涡流场中任取一不是涡线的封闭曲线，通过封闭曲线上每一点作涡线，这些涡线形成一个管状表面，称涡管，如图 5.8 所示。涡管中充满着作旋转运动的流体，称为涡束。

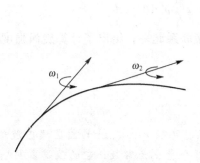

图 5.7 涡流场中的涡线

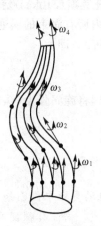

图 5.8 涡管

(3) 旋涡强度：在涡流场中取一微元涡管，其截面积为 $\mathrm{d}A$，$\mathrm{d}A$ 面上流体的平均角速度矢量 $\vec{\omega}$ 在 $\mathrm{d}A$ 的法线方向上的分量为 ω_n，ω_n 与 $\mathrm{d}A$ 的乘积的二倍称为微元涡管的旋涡强度(简称涡强)$\mathrm{d}I$，即

$$\mathrm{d}I=2\omega_n\mathrm{d}A \tag{5-47}$$

有限大小涡管的旋涡强度可表示为沿涡管横截面的如下积分

$$I = 2\oiint\limits_{A} \omega_n \mathrm{d}A \tag{5-48}$$

旋涡强度也称为涡通量。

5.6.2 速度环量和斯托克斯定理

流体的流量和质点速度可利用伯努利方程通过测量压强差计算，但旋涡强度和流体微团的角速度却不能直接测得。旋涡强度与它周围的速度密切相关，在有旋流动中流体环绕某一核心旋转，旋涡强度越大，旋转角速度越大，旋转范围越大。为了计算旋涡强度而引入速度环量，也是度量旋涡强度的一个量。

（1）速度环量：速度在某一封闭周线切线上的分量沿该封闭周线的线积分，即

$$\Gamma = \oint \vec{v} \cdot \mathrm{d}\vec{s} \tag{5-49}$$

设

$$\vec{v} = v_x \vec{i} + v_y \vec{j} + v_z \vec{k}, \ \mathrm{d}s = \mathrm{d}x \vec{i} + \mathrm{d}y \vec{j} + \mathrm{d}z \vec{k}$$

则

$$\Gamma = \oint \vec{v} \cdot \mathrm{d}\vec{s} = \oint (v_x \mathrm{d}x + v_y \mathrm{d}y + v_z \mathrm{d}z) \tag{5-50}$$

速度环量是速度矢量沿封闭周线切线的积分，是一个代数量，它的正负号不仅与速度的方向有关，且与线积分的绕行方向有关。一般规定：沿封闭周线绕行的正方向为逆时针方向，即封闭周线所包围的面积总在前进方向的左侧；被包围面积的法线的正方向应与绕行的正方向形成右手螺旋系统。

对于非定常流动，速度环量是一个瞬间概念，应根据同一瞬时曲线上各点的速度计算，积分时 t 为参变量。

（2）斯托克斯(Stokes)定理：当封闭周线内有涡束时，则沿封闭周线的速度环量等于该封闭周线内所有涡束的涡通量之和(沿任意封闭周线的速度环量等于该周线所围曲面面积的旋涡强度)，即

$$\Gamma = \oint_s \vec{v} \cdot \mathrm{d}\vec{s} = 2\oiint\limits_{A} \omega_n \mathrm{d}A = I \tag{5-51}$$

这一定理将旋涡强度(涡通量)与速度环量联系起来，给出了计算旋涡强度的方法。定理证明从略。

例 5-2

在二维涡量场中，已知圆心在坐标原点、半径 $r = 0.2\mathrm{m}$ 的圆区域内流体的涡通量 $I = 0.8\pi\mathrm{m}^2/\mathrm{s}$。若流体微团在半径 r 处的速度分量 v_θ 为常数，它的值是多少？

【解】 由斯托克斯定理得

$$2\pi \int_0 v_\theta r \mathrm{d}\theta = 2\pi r v_\theta = I$$

$$v_\theta = \frac{I}{2\pi r} = \frac{0.8\pi}{2\pi \times 0.2} = 2(\mathrm{m/s})$$

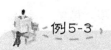 例 5-3

已知理想流体的速度分布为 $v_x = a\sqrt{y^2+z^2}$，$v_y = v_z = 0$，试求涡线方程及沿封闭周线 $x^2+y^2 = b^2(z=0)$ 的速度环量，其中 a、b 为常数。

【解】 由已知条件可求得涡量的 3 个投影为

$$\Omega_x = \frac{\partial v_z}{\partial y} - \frac{\partial v_y}{\partial z} = 0$$

$$\Omega_y = \frac{\partial v_x}{\partial z} - \frac{\partial v_z}{\partial x} = \frac{az}{(y^2+x^2)^{1/2}}, \quad \Omega_z = \frac{\partial v_y}{\partial x} - \frac{\partial v_x}{\partial y} = \frac{-ay}{(y^2+x^2)^{1/2}}$$

代入涡线微分方程整理得

$$\frac{\mathrm{d}x}{0} = \frac{\mathrm{d}y}{z} = \frac{\mathrm{d}z}{y}$$

积分后得涡线方程为

$$y^2 + x^2 = C_1$$
$$x = C_2$$

由于封闭周线所在平面流体微团的涡量为 $\Omega_x = \Omega_y = 0$，$\Omega_z = -a$，故由斯托克斯定理得速度环量

$$\Gamma = \iint_A \vec{\Omega} \cdot \mathrm{d}\vec{A} = \iint_A \Omega_z \mathrm{d}A = \Omega_z A = -\pi ab^2$$

5.6.3 汤姆逊定理和亥姆霍兹旋涡定理

汤姆逊定理（W. Thomson）：正压性的理想流体在有势的质量力作用下沿任何由流体质点所组成的封闭周线的速度环量不随时间而变化，即速度环量对时间的全微分为零

$$\frac{\mathrm{d}\Gamma}{\mathrm{d}t} = 0 \qquad (5-52)$$

现证明如下

$$\Gamma = \oint \vec{v} \cdot \mathrm{d}\vec{s} = \oint (v_x\mathrm{d}x + v_y\mathrm{d}y + v_z\mathrm{d}z)$$

$$\frac{\mathrm{d}\Gamma}{\mathrm{d}t} = \frac{\mathrm{d}}{\mathrm{d}t}\oint(v_x\mathrm{d}x + v_y\mathrm{d}y + v_z\mathrm{d}z)$$

$$= \oint\left[v_x\frac{\mathrm{d}}{\mathrm{d}t}(\mathrm{d}x) + v_y\frac{\mathrm{d}}{\mathrm{d}t}(\mathrm{d}y) + v_z\frac{\mathrm{d}}{\mathrm{d}t}(\mathrm{d}z)\right] + \oint\left(\frac{\mathrm{d}v_x}{\mathrm{d}t}\mathrm{d}x + \frac{\mathrm{d}v_y}{\mathrm{d}t}\mathrm{d}y + \frac{\mathrm{d}v_z}{\mathrm{d}t}\mathrm{d}z\right) \quad (5-53)$$

由于积分所沿的封闭周线在流动中始终是由同样的流体质点组成的，经过 $\mathrm{d}t$ 时间后，这条周线运动到了新位置，所以

$$\frac{\mathrm{d}}{\mathrm{d}t}(\mathrm{d}x) = \mathrm{d}v_x, \quad \frac{\mathrm{d}}{\mathrm{d}t}(\mathrm{d}y) = \mathrm{d}v_y, \quad \frac{\mathrm{d}}{\mathrm{d}t}(\mathrm{d}z) = \mathrm{d}v_z \qquad (5-54)$$

将其代入式(5-53)，等号右边第一项积分式为

$$\oint\left[v_x\frac{\mathrm{d}}{\mathrm{d}t}(\mathrm{d}x) + v_y\frac{\mathrm{d}}{\mathrm{d}t}(\mathrm{d}y) + v_z\frac{\mathrm{d}}{\mathrm{d}t}(\mathrm{d}z)\right]$$

$$= \oint[v_x\mathrm{d}v_x + v_y\mathrm{d}v_y + v_z\mathrm{d}v_z] = \oint\mathrm{d}\left(\frac{v^2}{2}\right) \qquad (5-55)$$

将理想流体欧拉运动微分方程(5-29)代入式(5-53)等号右边第二项,得

$$\oint\left(\frac{dv_x}{dt}dx + \frac{dv_y}{dt}dy + \frac{dv_z}{dt}dz\right)$$

$$= \oint\left[\left(f_x - \frac{1}{\rho}\frac{\partial p}{\partial x}\right)dx + \left(f_y - \frac{1}{\rho}\frac{\partial p}{\partial y}\right)dy + \left(f_z - \frac{1}{\rho}\frac{\partial p}{\partial z}\right)dz\right]$$

$$= \oint\left[(f_x dx + f_y dy + f_z dz) - \frac{1}{\rho}\left(\frac{\partial p}{\partial x}dx + \frac{\partial p}{\partial y}dy + \frac{\partial p}{\partial z}dz\right)\right] = \oint(d\pi - dP_F) \quad (5-56)$$

于是,由式(5-53),并考虑到 v、π、P_F 都是单值连续函数,得

$$\frac{d\Gamma}{dt} = \oint\left[d\left(\frac{v^2}{2}\right)d\pi - dp_F\right] = \oint d\left[\left(\frac{v^2}{2}\right) - \pi - p_F\right] = 0 \quad (5-57)$$

或

$$\Gamma = 常数 \quad (5-58)$$

汤姆逊定理和斯托克斯定理说明:对于非黏性的不可压缩流体或可压缩正压流体,在有势质量力作用下速度环量和旋涡强度都保持为常数,与时间无关。也就是说速度环量和旋涡都是不能自行产生,也不能自行消灭的。其原因在于理想流体没有黏性,无切应力,不能传递旋转运动,既不能使不旋转的流体微团产生旋转,也不能使已旋转的流体微团停止旋转。这样,流场中原来有旋涡和速度环量的永远有旋涡和保持原有环量;原来没有旋涡和速度环量的就永远没有旋涡和环量。例如从静止开始运动的理想流体永远没有旋涡,环量为零。如从静止开始流动后,由于某种原因在某瞬间产生了旋涡,根据汤姆逊定理,在同一瞬时必会产生一个其环量大小相等而方向相反的旋涡来抵消它,以保持流场的总环量为零,如飞机起动涡及附着环量。

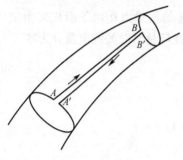

图 5.9   证明亥姆霍兹第一定理

亥姆霍兹(H. L. F. Von. Helmholtz)旋涡定理是研究理想流体有旋运动的 3 个基本定理,说明了旋涡的基本性质。

亥姆霍兹第一定理:在理想正压性流体质量力有势的有旋流动流场中,同一瞬间涡管各截面上的旋涡强度相同。

图 5.9 所示为一涡管,在涡管上截取两个截面 A 和 B,在表面上取两条无限邻近的线 AB 和 $A'B'$。由于在封闭周线 $ABB'A'A$ 所包围的涡管表面没有涡量通过,根据斯托克斯定理,沿着条周线的速度环量等于零。

$$\Gamma_{ABB'A'A} = \Gamma_{AB} + \Gamma_{BB'} + \Gamma_{B'A'} + \Gamma_{A'A}$$
$$= \Gamma_{BB'} + \Gamma_{A'A} = 0,$$
$$\Gamma_{BB'} = -\Gamma_{A'A} \quad 或 \quad \Gamma_{BB'} = \Gamma_{AA'} \quad (5-59)$$

即沿包围涡管的任意截面封闭周线的速度环量都相等,也就是说在同一瞬间涡管各截面上的旋涡强度都相同。

该定理说明,在理想正压性流体且质量力有势的流场内,涡管既不能开始,也不能终止,只能自成封闭的管圈,或在边界上(壁面或自由面)上开始、终止。

亥姆霍兹第二定理:涡管永远保持为由相同流体质点组成的涡管。

如图 5.10 所示,K 为涡管表面任意取的一封闭曲线,由于开始时没有涡线穿过 K 所包围的面积,由斯托克斯定理可知,沿封闭曲线 K 的速度环量等于零。又由汤姆逊定理

可知，K 上的速度环量将永等于零。也就是说，在某一时间构成涡管的流体质点永远在涡管上，即涡管永远为涡管，但其形状可能随时间变化。

亥姆霍兹第三定理：理想正压性流体在有势的质量力作用下，流场中任一涡管强度不随时间变化，永远保持定值。

根据斯托克斯定理，沿围绕涡管的封闭周线的速度环量等于涡管的强度；根据汤姆逊定理，该速度环量不随时间变化，所以涡管的强度也不随时间变化。

第一定理是说明同一瞬时沿涡管长度旋涡强度不变。而第三定理则说明涡管的旋涡强度不随时间而变。前者说明同一瞬时在空间上的变化情况，后者则说明在时间上的变化情况。

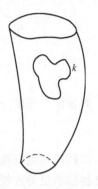

图 5.10　证明亥姆霍兹第二定理

5.7　二维涡流的速度分布和压强分布

设在重力作用下的不可压缩理想流体中有一涡旋强度为 I 的无限长直线涡束，该涡束像刚体一样以等角速度绕自身轴旋转，并带动涡束周围的流体绕其环流。由于直线涡束为无限长，所以可以认为与涡束垂直的所有平面上的流动情况都一样。也就是说，这种绕无限长直线涡束的流动可以作为平面流动来处理。这种以涡束所诱导出的平面流动称为涡流。由涡束所诱导出的环流的流线是许多同心圆，如图 5.11 所示。根据斯托克斯定理可知，沿任一同心圆周流线的速度环都等于涡束的旋涡强度，即

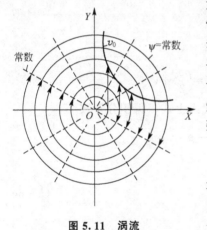

图 5.11　涡流

$$\Gamma = 2\pi r v_\theta = I = 常数 \tag{5-60}$$

该流动可分为：涡束内的流动区域称为涡核区，为有旋流动，其半径为 r_b；涡束外的流动区域称为环流区，由于沿区内任意封闭周线的速度环量都为零，故为无旋流动。

环流区的速度分布为

$$v_r = 0, \quad v_\theta = v = \frac{\Gamma}{2\pi r} \quad (r \geqslant r_b) \tag{5-61}$$

环流区的压强分布可由伯努利方程式(5-45)导出。由于重力铅垂向下，故在水平平面内对环流区中半径 r 处和无穷远处可列出

$$p + \frac{\rho v^2}{2} = p_\infty$$

故

$$p = p_\infty - \frac{\rho v^2}{2} = p_\infty - \frac{\rho \Gamma^2}{8\pi^2 r^2} \tag{5-62}$$

可见，在环流区内随着半径的减小，流速升高而压强降低；在与涡核交界处，流速达到该区的最高值，而压强则是该区的最低值，即

$$v_b = \frac{\Gamma}{2\pi r_b}$$

$$p_b = p_\infty - \frac{\rho v_b^2}{2} = p_\infty - \frac{\rho \Gamma^2}{8\pi^2 r_b^2}$$

涡核区的速度分布为

$$v_r = 0, \quad v_\theta = v = r\omega \quad (r \leqslant r_b) \tag{5-63}$$

涡核区为有旋流动，伯努利方程的积分常数随流线而变，故其压强分布由欧拉运动微分方程推求更为方便。平面定常流动的欧拉运动微分方程为

$$-\frac{1}{\rho}\frac{\partial p}{\partial x} = v_x\frac{\partial v_x}{\partial x} + v_y\frac{\partial v_x}{\partial y}, \quad -\frac{1}{\rho}\frac{\partial p}{\partial y} = v_x\frac{\partial v_y}{\partial x} + v_y\frac{\partial v_y}{\partial y}$$

将涡核区内任一点的速度 $v_x = -\omega y$ 和 $v_y = \omega x$ 代入上式，得

$$\omega^2 x = \frac{1}{\rho}\frac{\partial p}{\partial x}, \quad \omega^2 y = \frac{1}{\rho}\frac{\partial p}{\partial y}$$

以 dx 和 dy 分别乘以以上两式，然后相加，得

$$\omega^2(x dx + y dy) = \frac{1}{\rho}\left(\frac{\partial p}{\partial x}dx + \frac{\partial p}{\partial y}dy\right)$$

或

$$\frac{\omega^2}{2}d(x^2 + y^2) = \frac{1}{\rho}dp$$

积分得

$$p = \frac{\rho\omega^2}{2}(x^2 + y^2) + C = \frac{\rho\omega^2 r^2}{2} + C = \frac{\rho v_\theta^2}{2} + C$$

在与环流区交界处，$r = r_b$，$p = p_b$，$v = v_b = r_b\omega$，代入上式，得积分常数

$$C = p_b - \frac{1}{2}\rho v_b^2 = p_b + \frac{1}{2}\rho v_b^2 - \rho v_b^2 = p_\infty - \rho v_b^2$$

最后得涡核区内的压强分布为

$$p = p_\infty + \frac{1}{2}\rho v_\theta^2 - \rho v_b^2 \tag{5-64}$$

亦即

$$p = p_\infty - \rho\omega^2 r_b^2 + \frac{\rho\omega^2}{2}r^2 \tag{5-65}$$

涡核中心的压强

$$p_c = p_\infty - \rho v_b^2$$

而涡核边缘的压强

$$p_b = p_\infty - \frac{1}{2}\rho v_b^2$$

故 $p_\infty - p_b = p_b - p_c = \frac{1}{2}(p_\infty - p_c) = \frac{1}{2}\rho v_b^2$。

可见，涡核区和环流区的压强降相等，都等于它们交界处的速度的动压头。涡核内、外的速度分布和压强分布如图 5.12 所示。由于涡核区的压强比环流区的低，而涡核区又很小，径向压强梯度很大，固有向涡核中心的抽吸作用，涡旋越强，这种作用越大，如龙

卷风，其具有极强的涡旋，所以有很大的破坏力。在工程实际中也有许多与涡流有关的装置，如锅炉中的旋风燃烧室、离心式除尘器、离心式喷油嘴、离心式超声波发生器、离心式泵和风机等。

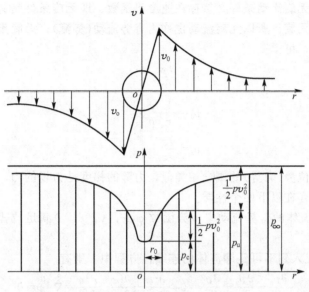

图 5.12 涡流中涡核内、外的速度和压强分布

5.8 速度势函数和流函数

如前所述，在流场中流体微团的旋转角速度 $\vec{\omega}$ 在任意时刻处处为零，即满足 $\nabla \times \vec{v} = 0$ 的流动为无旋流动。自然界中无旋流动现象很少见，但某些区域的某些流动在很多情况下十分接近无旋流动，可以近似视为无旋流动，这样就可以使问题大为简化，有利于解决一些工程实际问题。

无旋流场存在着一系列重要性质。下面着重讨论速度势函数和流函数。

5.8.1 速度势函数

由数学分析可知，$\nabla \times \vec{v} = 0$ 是 $v_x \mathrm{d}x + v_y \mathrm{d}y + v_z \mathrm{d}z$ 成为某一标量函数 $\varphi(x, y, z, t)$ 全微分的充分必要条件。则函数 $\varphi(x, y, z, t)$ 称为速度势函数，简称速度势。当 t 为参变量时，函数 $\varphi(x, y, z, t)$ 的全微分可以写成

$$\mathrm{d}\varphi = \frac{\partial \varphi}{\partial x}\mathrm{d}x + \frac{\partial \varphi}{\partial y}\mathrm{d}y + \frac{\partial \varphi}{\partial z}\mathrm{d}z = v_x \mathrm{d}x + v_y \mathrm{d}y + v_z \mathrm{d}z$$

于是

$$v_x = \frac{\partial \varphi}{\partial x}, \quad v_y = \frac{\partial \varphi}{\partial y}, \quad v_z = \frac{\partial \varphi}{\partial z} \tag{5-66}$$

显然，只要将式(5-66)中的 v_x、v_y、v_z 代入式(5-26)就可得到证明。

按矢量形式分析

129

$$\vec{v} = v_x \vec{i} + v_y \vec{j} + v_z \vec{k} = \frac{\partial \varphi}{\partial x} \vec{i} + \frac{\partial \varphi}{\partial y} \vec{j} + \frac{\partial \varphi}{\partial z} \vec{k} = \text{grad} \varphi = \nabla \varphi \qquad (5-67)$$

从以上分析可知，无论是可压缩流体还是不可压缩流体，也无论是定常流动还是非定常流动，只要满足无旋流动条件必然存在速度势函数。即无旋条件是有势的充要条件，无旋必有势，有势必无旋。所以无旋流动也称为有势流动（势流）；无旋流场称为有势流场

对于柱面坐标，可得

径向速度 $\qquad\qquad\qquad v_r = \dfrac{\partial \varphi}{\partial r}$

切向速度 $\qquad\qquad\qquad v_\theta = \dfrac{1}{r} \dfrac{\partial \varphi}{\partial \theta}$ $\qquad\qquad (5-68)$

轴向速度 $\qquad\qquad\qquad v_z = \dfrac{\partial \varphi}{\partial z}$

速度势与力的位势（力势）的概念相类似，力势的梯度是力场的力，而速度势的梯度则是流场的速度。它存在以下两个性质。

（1）不可压缩流体的有势流动中，势函数 $\varphi(x, y, z, t)$ 满足拉普拉斯方程，势函数 φ 是调和函数。

将式（5-60）代入到不可压缩流体的连续性方程中，则有

$$\frac{\partial v_x}{\partial x} + \frac{\partial v_y}{\partial y} + \frac{\partial v_z}{\partial z} = 0 \Rightarrow \frac{\partial^2 \varphi}{\partial x^2} + \frac{\partial^2 \varphi}{\partial y^2} + \frac{\partial^2 \varphi}{\partial z^2} = \nabla^2 \varphi = 0 \qquad (5-69)$$

$\nabla^2 = \dfrac{\partial^2}{\partial x^2} + \dfrac{\partial^2}{\partial y^2} + \dfrac{\partial^2}{\partial z^2}$ 为拉普拉斯（P. S. Laplace）算子，式（5-69）称为拉普拉斯方程。所以在不可压缩流体的有势流动中，速度势必定满足拉普拉斯方程，而凡是满足拉普拉斯方程的函数在数学分析中就称为调和函数，所以速度势函数是一个调和函数。

从上可见，在不可压流体的有势流动中，拉普拉斯方程实质是连续方程的一种特殊形式，这样求解无旋流动的问题就变为求解满足一定边界条件下的拉普拉斯方程的问题，使求解速度的 3 个投影速度未知量转化为求解一个未知函数 φ，使求解过程大为简化。

（2）在定常流动中，任意曲线上的速度环量等于曲线两端点上速度势函数值 φ 之差，而与曲线的形状无关。

根据速度环量的定义，沿任意曲线 AB 的线积分

$$\Gamma_{AB} = \int_A^B v_x \mathrm{d}x + v_y \mathrm{d}y + v_z \mathrm{d}z = \int_A^B \frac{\partial \varphi}{\partial x} \mathrm{d}x + \frac{\partial \varphi}{\partial y} \mathrm{d}y + \frac{\partial \varphi}{\partial z} \mathrm{d}z$$

$$= \int_A^B \mathrm{d}\varphi = \varphi_B - \varphi_A \qquad (5-70)$$

这样，将求环量问题变为求速度势函数值之差的问题。对于任意封闭曲线，若 A 点和 B 点重合，速度势函数是单值且连续的，则流场中沿任一条封闭曲线的速度环量等于零，即 $\Gamma_{AB} = 0$。

5.8.2 流函数

对于不可压缩流体的平面流动还可以引出另一个描绘流场的函数——流函数，推导如下。

对于流体的平面流动，其流线方程为 $\dfrac{v_x}{\mathrm{d}x} = \dfrac{v_y}{\mathrm{d}y}$，将其改写为下列形式

$$-v_y \mathrm{d}x + v_x \mathrm{d}y = 0 \qquad (5-71)$$

对于不可压缩平面流动，其连续方程为

$$\frac{\partial v_x}{\partial x} = -\frac{\partial v_y}{\partial y} \qquad (5-72)$$

由数学分析可知，式(5-72)是$(-v_y dx + v_x dy)$成为某函数全微分的充分必要条件，以$\psi(x,y)$表示该函数，则有

$$d\psi = (-v_y dx + v_x dy) = \frac{\partial \psi}{\partial x}dx + \frac{\partial \psi}{\partial y}dy \qquad (5-73)$$

于是

$$\frac{\partial \psi}{\partial y} = v_x, \quad \frac{\partial \psi}{\partial x} = -v_y \qquad (5-74)$$

将式(5-74)代入式(5-72)，可得

$$\frac{\partial^2 \psi}{\partial y \partial x} = \frac{\partial^2 \psi}{\partial x \partial y} \qquad (5-75)$$

即函数$\psi(x,y)$永远满足连续性方程。很显然，在流线上$d\psi=0$或$\psi=$常数的曲线即为流线。或者说，只要给定流场中某一固定点的坐标(x_0,y_0)，代入函数ψ便可以得到一条过该点的确定流线。在每一条流线上函数ψ都有它自己的常数值，所以称函数ψ为流场的流函数。借助流函数可以形象地描述不可压缩平面流场。

从上面还可以看到，只要流动满足不可压缩流体的连续性方程，无论流场是否有旋，流动是否定常，流体是理想流体还是黏性流体，必然存在流函数。

对于不可压缩流体的平面流动，用极坐标表示的连续方程、流函数的微分和速度分量分别为

$$\frac{\partial(rv_r)}{\partial r} + \frac{\partial v_\theta}{\partial \theta} = 0 \qquad (5-76)$$

$$d\psi = \frac{\partial \psi}{\partial r}dr + \frac{\partial \psi}{\partial \theta}d\theta = -v_\theta dr + v_r r d\theta \qquad (5-77)$$

$$v_r = \frac{1}{r}\frac{\partial \psi}{\partial \theta}, \quad v_\theta = -\frac{\partial \psi}{\partial r} \qquad (5-78)$$

引入流函数的目的在于，可以用一个标量函数$\psi(x,y)$来代替两个标量函数v_x、v_y，使问题的求解得以简化。等流函数线是与流线等同的，仅在平面流动成立，对于三维流动，不存在流函数，也就不存在等流函数线，但流线还是存在的。

平面不可压缩流体的流函数具有以下性质。

(1)对于不可压缩流体的平面流动，流函数ψ永远满足连续性方程

$$\frac{\partial^2 \psi}{\partial y \partial x} = \frac{\partial^2 \psi}{\partial x \partial y} \qquad (5-79)$$

(2)对于不可压缩流体的平面无旋流动，流函数ψ满足拉普拉斯方程，流函数也是调和函数。

对于平面无旋流动，$\omega_z=0$，则

$$\frac{\partial v_x}{\partial y} - \frac{\partial v_y}{\partial x} = 0 \qquad (5-80)$$

将式(5-53)代入上式，则

$$\frac{\partial^2 \psi}{\partial x^2} + \frac{\partial^2 \psi}{\partial y^2} = \nabla^2 \psi = 0 \qquad (5-81)$$

对于极坐标

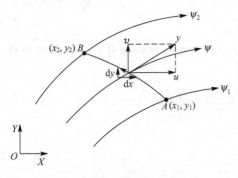

图 5.13　说明流函数物理意义

$$\nabla^2\psi=\frac{\partial^2\psi}{\partial r^2}+\frac{1}{r}\frac{\partial\psi}{\partial r}+\frac{1}{r^2}\frac{\partial^2\psi}{\partial\theta^2} \tag{5-82}$$

因此，在平面不可压缩流体的有势流场中的求解问题可以转化为求解一个满足边界条件的拉普拉斯方程。

（3）平面流动中，通过两条流线间任一曲线单位厚度的体积流量等于两条流线的流函数之差。这就是流函数的物理意义。

如图 5.13 所示，在垂直于各流线的 AB 曲线上取

$$q=\int_A^B v\,\mathrm{d}\vec{l}\times 1=\int_A^B[v_x\cdot\cos(\hat{v,x})+v_y\cdot\cos(\hat{v,y})]\mathrm{d}l$$

$$=\int_A^B\left[v_x\frac{\mathrm{d}y}{\mathrm{d}l}+v_y\left(-\frac{\mathrm{d}x}{\mathrm{d}l}\right)\right]\mathrm{d}l=\int_A^B v_x\mathrm{d}y-v_y\mathrm{d}x=\psi_B-\psi_A \tag{5-83}$$

由上式可知，平面流动中两条流线间通过的流量等于这两条流线上的流函数之差。

5.8.3　势函数和流函数的关系

对于不可压缩流体的平面无旋流动，必然同时存在着速度势和流函数，两者存在如下关系。

$$\frac{\partial\varphi}{\partial x}=\frac{\partial\psi}{\partial y} \tag{5-84}$$

$$-\frac{\partial\varphi}{\partial y}=\frac{\partial\psi}{\partial x} \tag{5-85}$$

$$\frac{\partial\varphi}{\partial x}\frac{\partial\psi}{\partial x}+\frac{\partial\varphi}{\partial y}\frac{\partial\psi}{\partial y}=0 \tag{5-86}$$

这是一对非常重要的关系式，在高等数学中称作柯西-黎曼条件。因此，φ 和 ψ 互为共轭调和函数，在平面上构成处处正交的网格，称为流网。

5.9　几种简单的平面势流

流体的平面有势流动是相当复杂的，很多复杂的平面有势流动可以由一些简单的有势流动叠加而成。所以，首先介绍几种基本的平面有势流动，它包括均匀直线流动（平行流）、点源和点汇、点涡等。

5.9.1　均匀直线流动

流体作均匀直线时，流场中各点速度的大小相等、方向相同，即 $v_x=v_{x0}$，$v_y=v_{y0}$，v_{x0}，v_{y0}，都是常数。

流线方程可由 $\mathrm{d}y/\mathrm{d}x=v_{y0}/v_{x0}$ 积分求得

$$v_{y0}x-v_{x0}y=C \tag{5-87}$$

可见，流线是许多平行的直线（图 5.14 中用实线表示），与 x 轴的夹角等于 $\tan^{-1}(v_{y0}/v_{x0})$。由式（5-84）和式（5-85），得

$$\frac{\partial\varphi}{\partial x}=\frac{\partial\psi}{\partial y}=v_x=v_{x0}, \quad \frac{\partial\varphi}{\partial y}=-\frac{\partial\psi}{\partial x}=v_y=v_{y0} \tag{5-88}$$

于是速度势和流函数各为

$$\varphi=\int\left(\frac{\partial\varphi}{\partial x}\mathrm{d}x+\frac{\partial\varphi}{\partial y}\mathrm{d}y\right)=\int v_{x0}\mathrm{d}x+\int v_{y0}\mathrm{d}y=v_{x0}x+v_{y0}y+C_1 \tag{5-89}$$

$$\psi=\int\left(\frac{\partial\psi}{\partial x}\mathrm{d}x+\frac{\partial\psi}{\partial y}\mathrm{d}y\right)=\int-v_{y0}\mathrm{d}x+\int v_{x0}\mathrm{d}y=-v_{y0}x+v_{x0}y+C_2 \tag{5-90}$$

以上两式中的积分常数可以任意选取，而不影响流体的流动图形。若令 $C_1=C_2=0$，则均匀直线流动的速度势和流函数分别为

$$\varphi=v_{x0}x+v_{y0}y \tag{5-91}$$
$$\psi=-v_{y0}x+v_{x0}y \tag{5-92}$$

显然，等势线 $v_{x0}x+v_{y0}y=C$ 与流线 $-v_{y0}x+v_{x0}y=C$ 是互相垂直的两簇直线，如图 5.14 所示。由于流场中各点的速度都相同，故根据伯努利方程得

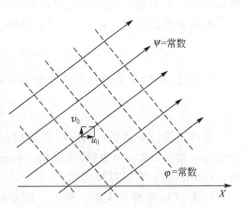

图 5.14 平行流

$$gz+\frac{p}{\rho}=常数$$

如果均匀直线流动在水平面上，或流体为气体，一般可以忽略重力的影响，于是

$$p=常数$$

即流场中压强处处相等。

5.9.2 点源和点汇

如果在无限平面上流体不断从一点沿径向直线均匀地向各方流出，则这种流动称为点源，这个点称为源点，如图 5.15（a）所示；若流体不断沿径向直线均匀地从各方流入一点，则这种流动称为点汇，这个点称为汇点，如图 5.15（b）所示。显然，这两种流动的流线都是从原点 O 发出的放射线，流场中只有径向速度，即

$$v_\theta=\frac{1}{r}\frac{\partial\varphi}{\partial\theta}=0, \quad v_r=v=\frac{\partial\varphi}{\partial r} \tag{5-93}$$

$$\mathrm{d}\varphi=v_r\mathrm{d}r \tag{5-94}$$

根据流动的连续性条件，流体每秒通过任一半径为 r 的单位长度圆柱面上的流量 q_v 都应该相等，即

$$2\pi r v_r\times1=q_v=常数$$

由此可得

$$v_r=\pm\frac{q_v}{2\pi r} \tag{5-95}$$

式中，q_v 是点源或点汇在每秒内流出或流入的流量，称为点源强度或点汇强度。对于点源，v_r 与 r 同向，q_v 取正号；对于点汇，v_r 与 r 异向，q_v 取负号，于是

$$\mathrm{d}\varphi = \pm \frac{q_v}{2\pi} \frac{\mathrm{d}r}{r} \qquad (5-96)$$

积分得

$$\varphi = \pm \frac{q_v}{2\pi} \ln r + C \qquad (5-97)$$

式中积分常数 C 可任意选定，现令 C＝0，又由于 $r = \sqrt{x^2+y^2}$，可得速度势

$$\varphi = \pm \frac{q_v}{2\pi} \ln r = \pm \frac{q_v}{2\pi} \ln \sqrt{x^2+y^2} \qquad (5-98)$$

当 $r=0$ 时，速度势 φ 和速度 v_r 都变成无穷大，源点和汇点都是奇点。所以速度势 φ 和 v_r 的表达式只有在源点和汇点以外才能应用。

现在来求流函数，由式(5-73)可得

$$\mathrm{d}\psi = -v_0\mathrm{d}r + v_r r\mathrm{d}\theta = v_r r\mathrm{d}\theta = \pm \frac{q_v}{2\pi}\mathrm{d}\theta \qquad (5-99)$$

积分得(令积分式中的积分常数为零)

$$\psi = \pm \frac{q_v}{2\pi}\theta \qquad (5-100)$$

等势线簇($\varphi=$常数，即 $r=$常数)是半径不同的同心圆，(在图 5.15 中用虚线表示)；流线($\varphi=$常数，即 $\theta=$常数)是极角不同的径线，等势线与流线成正交。而且除源点或汇点外，整个平面上都是有势流动。

如果 xOy 平面是无限水平面，则根据伯努利方程

$$\frac{p}{\rho g} + \frac{v_r^2}{2g} = \frac{p_\infty}{\rho g}$$

式中，p_∞ 为在 $r \to \infty$ 处的流体压强，该处的速度为 $v_r = \pm \frac{q_v}{2\pi r} = 0$。将式(5-89)代入上式，得

$$p = p_\infty - \frac{q_v^2 \rho}{8\pi^2} \frac{1}{r^2}$$

由上式可知，压强 p 随着半径 r 的减小而降低；当 $r=r_0=[q_v^2\rho/(8\pi^2 p_\infty)]^{1/2}$ 时，$p=0$。图 5.15 表示当 $r_0 < r < \infty$ 时点汇沿半径 r 的压强分布，如图 5.16 所示。

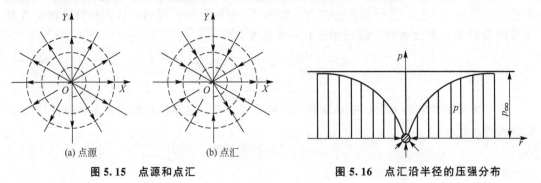

(a) 点源	(b) 点汇	
图 5.15　点源和点汇		图 5.16　点汇沿半径的压强分布

5.9.3　点涡

若二维涡流的涡束半径 $r_b \to 0$，则涡束变为一条涡线，平面上的涡核区缩为一点，称

为涡点，这样的流动称为点涡或自由涡流。当 $r_b \to 0$ 时，由式（5-63）得 $v_\theta \to \infty$，所以涡点是一个奇点。现在求点涡的速度势和流函数。由于

$$v_r = \frac{\partial \varphi}{\partial r} = 0, \quad v_\theta = \frac{1}{r}\frac{\partial \varphi}{\partial \theta} = \frac{\Gamma}{2\pi r} \qquad (5-101)$$

$$\mathrm{d}\varphi = \frac{\partial \varphi}{\partial r}\mathrm{d}r + \frac{\partial \varphi}{\partial \theta}\mathrm{d}\theta = \frac{\Gamma}{2\pi}\mathrm{d}\theta \qquad (5-102)$$

故积分得

$$\varphi = \frac{\Gamma}{2\pi}\theta \qquad (5-103)$$

又

$$\mathrm{d}\psi = -v_\theta \mathrm{d}r + v_r r\mathrm{d}\theta = -\frac{\Gamma}{2\pi r}\mathrm{d}r \qquad (5-104)$$

积分得

$$\psi = -\frac{\Gamma}{2\pi}\ln r \qquad (5-105)$$

当 $\Gamma > 0$ 时，环流的方向是逆时针的，当 $\Gamma < 0$ 时，环流的方向为顺时针的。等势线（$\theta =$ 常数）为不同极角的径线，流线（$r =$ 常数）为不同半径的同心圆。

5.10　几种简单平面势流的叠加

上一节曾讨论过几种简单的平面势流，但实际上常会遇到很复杂的无旋流动。对于这些复杂的无旋流动往往可以将它看成由几种简单的无旋流动叠加而成，这是由于无旋流动有一个重要特性：几个无旋流动叠加后仍然是无旋流动，现证明如下。

设将几个简单无旋流动的速度势 φ_1，φ_2，φ_3，…叠加，得

$$\varphi = \varphi_1 + \varphi_2 + \varphi_3 + \cdots \qquad (5-106)$$

由于速度势 φ_1，φ_2，φ_3，…都满足拉普拉斯方程，而拉普拉斯方程又是线性的，所以叠加后的适度势 φ 仍满足拉普拉斯方程，即

$$\nabla^2 \varphi = \nabla^2 \varphi_1 + \nabla^2 \varphi_2 + \nabla^2 \varphi_3 + \cdots = 0$$

同样，叠加后的流函数 ψ 也满足拉普拉斯方程，即

$$\nabla^2 \psi = \nabla^2 \psi_1 + \nabla^2 \psi_2 + \nabla^2 \psi_3 + \cdots = 0$$

将函数 φ 对 x 取偏导数，得

$$\frac{\partial \varphi}{\partial x} = \frac{\partial \varphi_1}{\partial x} + \frac{\partial \varphi_2}{\partial x} + \frac{\partial \varphi_3}{\partial x} + \cdots$$

速度势 φ 对 x 的偏导数等于速度在 x 轴方向上的分量，即

$$v_x = v_{x1} + v_{x2} + v_{x3} + \cdots$$

同样，由函数 ψ 对 y 的偏导数可得

$$v_y = v_{y1} + v_{y2} + v_{y3} + \cdots$$

于是

$$\vec{v} = \vec{v}_1 + \vec{v}_2 + \vec{v}_3 + \cdots \qquad (5-107)$$

由此可知，几个无旋流动的速度势及流函数的代数和等于新的无旋流动的速度势和流

函数，新无旋流动的速度等于这些无旋流动速度的矢量和。

下面举几个简单而重要的平面无旋流动叠加的例子。

5.10.1 点汇和点涡——螺旋流

在旋风燃烧室、离心式喷油嘴和离心式除尘器等设备中，流体自外沿圆周切向进入，又从中央不断流出。这样的流动可以近似地看成是点汇和点涡的叠加。设环流方向为逆时针方向，则由式（5-98）、式（5-100）、式（5-103）和式（5-105）叠加而成的新的组合流动的速度势和流函数各为

$$\varphi = -\frac{1}{2\pi}(q_v \ln r - \Gamma\theta) \tag{5-108}$$

$$\psi = -\frac{1}{2\pi}(q_v \theta - \Gamma \ln r) \tag{5-109}$$

令以上两式等于常数便可以得到等势线和流线分别为

$$r = C_1 e^{\frac{\Gamma}{q_v}\theta} \tag{5-110}$$

$$r = C_2 e^{-\frac{q_v}{\Gamma}\theta} \tag{5-111}$$

式中，C_1、C_2 是两个常数。这是两组相互正交的对数螺旋线簇，如图 5.17 所示，称为螺旋流。

切向速度
$$v_\theta = \frac{1}{r}\frac{\partial\varphi}{\partial\theta} = \frac{\Gamma}{2\pi r} \tag{5-112}$$

径向速度
$$v_r = \frac{\partial\varphi}{\partial r} = -\frac{q_v}{2\pi r} \tag{5-113}$$

$$v^2 = v_\theta^2 + v_r^2 = \frac{\Gamma^2 + q_v^2}{4\pi^2 r^2} \tag{5-114}$$

代入伯努利方程可得流场中的压强分布

$$p_1 = p_2 - \frac{\rho}{8\pi^2}(r^2 + q_v^2)\left(\frac{1}{r_1^2} - \frac{1}{r_2^2}\right)$$

5.10.2 点源和点汇——偶极流

图 5.18 所示为一位于 A 点（$-a$，0）的点源和一位于 B 点（a，0）的点汇叠加后的流动图形。叠加后流动的速度势为

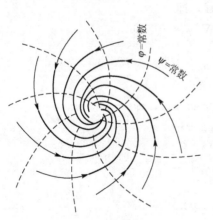

图 5.17 螺旋流

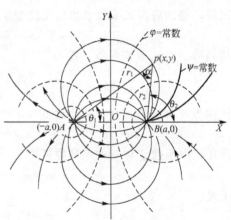

图 5.18 点源和点汇的叠加

$$\varphi = \frac{q_{vA}}{2\pi}\ln r_A - \frac{q_{vB}}{2\pi}\ln r_B \qquad (5-115)$$

式中，q_{vA} 和 q_{vB} 各为点源和点汇的强度，而

$$r_A = \overline{PA} = [y^2 + (x^2+a)^2]^{\frac{1}{2}}$$

$$r_B = \overline{PB} = [y^2 + (x^2-a)^2]^{\frac{1}{2}}$$

如果点源和点汇的强度相等，即 $q_{vA} = q_{vB} = q_v$，则

$$\varphi = \frac{q_v}{2\pi}(\ln r_A - \ln r_B) = \frac{q_v}{2\pi}\ln\frac{r_A}{r_B} = \frac{q_v}{2\pi}\ln\frac{y^2+(x+a)^2}{y^2+(x-a)^2} \qquad (5-116)$$

流函数为

$$\psi = \frac{q_v}{2\pi}(\theta_A + \theta_B) = -\frac{q_v}{2\pi}\theta_p \qquad (5-117)$$

式中，θ_p 为动点 P 与点源 A、点汇 B 的连接线之间的夹角。由流线方程 $\psi = $ 常数得 $\theta_p = $ 常数。这就是说，流线是经过源点 A 和汇点 B 的圆线簇。

如果点源和点汇无限接近，即 $a \to 0$，便得到一个所谓偶极流的无旋流动。在 a 逐渐缩小时，强度 q_v 逐渐增大，当 $2a$ 减小到零时，q_v 应增加到无穷大，以使 $2aq_v \to M$ 保持一个有限常数值，M 称为偶极矩。偶极流的速度势可由式(5-117)根据上述条件推导出来，即

$$\varphi = \frac{q_v}{2\pi}\ln\frac{r_A}{r_B} = \frac{q_v}{2\pi}\ln\left(1 + \frac{r_A - r_B}{r_B}\right) \qquad (5-118)$$

如图 5.19 所示，$r_A - r_B \approx 2a\cos\theta_A$，且当 $2a \to 0$ 和 $q_v \to \infty$ 时，$2aq_v \to M$，$r_A \to r_B \to r$，$\theta_A \to \theta_B \to \theta$。又根据泰勒级数 $\ln(1+\varepsilon) = \varepsilon - \frac{\varepsilon^2}{2} + \frac{\varepsilon^3}{3} - \cdots$，当 ε 为无穷小时，可以略去高阶项，即 $\ln(1+\varepsilon) \approx \varepsilon$。因此偶极流的速度势为

$$\varphi = \lim_{\substack{2a \to 0 \\ q_v \to \infty}}\left[\frac{q_v}{2\pi}\ln\left(1 + \frac{2a\cos\theta_A}{r_B}\right)\right] = \lim_{\substack{2a \to 0 \\ q_v \to \infty}}\left(\frac{q_v}{2\pi}\frac{2a\cos\theta_A}{r_B}\right) = \frac{M}{2\pi}\frac{\cos\theta}{r} = \frac{M}{2\pi}\frac{r\cos\theta}{r^2}$$

即

$$\varphi = \frac{M}{2\pi}\frac{x}{r^2} = \frac{M}{2\pi}\frac{x}{x^2+y^2} \qquad (5-119)$$

由式(5-117)可得

$$\psi = \frac{q_v}{2\pi}(\theta_A - \theta_B) = \frac{q_v}{2\pi}\left(\tan^{-1}\frac{y}{x+a} - \tan^{-1}\frac{y}{x-a}\right)$$

$$= \frac{q_v}{2\pi}\tan^{-1}\frac{\dfrac{y}{x+a} - \dfrac{y}{x-a}}{1 + \left(\dfrac{y}{x+a}\right)\left(\dfrac{y}{x-a}\right)} = \frac{q_v}{2\pi}\tan^{-1}\frac{-2ay}{x^2+y^2-a^2}$$

因此，偶极流的流函数

$$\psi = \lim_{\substack{2a \to 0 \\ q_v \to \infty}}\left(\frac{q_v}{2\pi}\tan^{-1}\frac{-2ay}{x^2+y^2-a^2}\right) = \lim_{\substack{2a \to 0 \\ q_v \to \infty}}\left(-\frac{q_v}{2\pi}\frac{2ay}{x^2+y^2-a^2}\right)$$

即

$$\psi = -\frac{M}{2\pi}\left(\frac{y}{x^2+y^2}\right) = -\frac{M}{2\pi}\frac{y}{r^2} \qquad (5-120)$$

令式(5-120)等于常数 C_1，得流线方程

$$x^2 + \left(y + \frac{M}{4\pi C_1}\right)^2 = \left(\frac{M}{4\pi C_1}\right)^2$$

即流线是半径为 $\left|\dfrac{M}{4\pi C_1}\right|$，圆心为 $\left(0, -\dfrac{M}{4\pi C_1}\right)$ 且与 x 轴在原点相切的圆周簇，如图 5.20 中实线所示。同样令式（5-120）等于常数 C_2，得等势线方程

$$\left(x - \frac{M}{4\pi C_2}\right)^2 = \left(\frac{M}{4\pi C_2}\right)^2$$

即等势线是半径为 $\left|\dfrac{M}{4\pi C_2}\right|$，圆心为 $\left(\dfrac{M}{4\pi C_2}, 0\right)$ 且与 y 轴在源点相切的圆周簇，如图 5.20 中虚线所示。

偶极流的速度分布为

$$v_r = \frac{\partial \varphi}{\partial r} = -\frac{M}{2\pi}\frac{\cos\theta}{r^2} \tag{5-121}$$

$$v_\theta = \frac{1}{r}\frac{\partial \varphi}{\partial \theta} = -\frac{M}{2\pi}\frac{\sin\theta}{r^2} \tag{5-122}$$

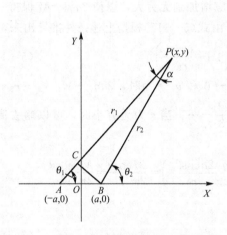

图 5.19　推导偶极流的速度势和流函数用图

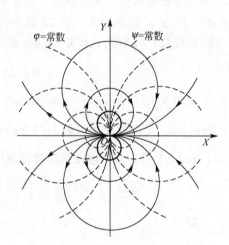

图 5.20　偶极流的流谱

5.11　均匀等速流绕过圆柱体的无环和有环流动

5.11.1　流体绕过圆柱体的无环流动

当圆柱体在流体中转动时会引起周围流体产生一种如同旋涡所诱导出来的、围绕圆柱体的流动。这时沿包围圆柱体的封闭曲线的速度环流不为零。当圆柱体在流体中不转动时，流体没有这种诱导的流动，速度环流便为零。所以流体绕圆柱体无环流流动就是绕不转动的圆柱体的流动。

有一半径为 r_0 的无限长的圆柱体沿垂直于轴线的方向在静止流体中以匀速 v_0 平移，求流体对圆柱体的作用力。可以假设圆柱体静止不动，流体从无限远处以 v_0 匀速流向圆柱体。这就是流体绕圆柱体的无环流流动，可以看成是速度为 v_0 沿 x 轴正向的均匀等速流与强度为

M 沿 x 轴正向的偶极流的叠加。根据势流的叠加原理可得次组合流动的速度势和流函数为

$$\varphi = v_0 x + \frac{M}{2\pi}\left(\frac{x}{x^2+y^2}\right) = v_0 r\cos\theta + \frac{M}{2\pi}\frac{\cos\theta}{r}$$

$$\psi = v_0 y - \frac{M}{2\pi}\left(\frac{y}{x^2+y^2}\right) = v_0 r\sin\theta + \frac{M}{2\pi}\frac{\sin\theta}{r}$$

流线方程为 $\psi=$ 常数，可得如图 5.20 所示的流谱。特别讨论 $\psi=0$ 这条流线——零流线，其流线方程为

$$\sin\theta\left(v_0 r - \frac{M}{2\pi r}\right) = 0$$

上式的解为

$$\sin\theta = 0 \quad \text{或} \quad v_0 - \frac{M}{2\pi r^2} = 0$$

即

$$\theta = 0 \ \text{或} \ \pi, \quad r^2 = \frac{M}{2\pi v_0}$$

可见，零流线是以坐标原点为圆心，以 $r_0 = [M/(2\pi v_0)]^{1/2}$ 为半径的圆和 x 轴所构成的图形。这流线到 A 处分成两股，沿上、下两个半圆周流到 B 点又重新汇合，如图 5.21 所示。由于流体不能穿过流线，零流线的圆可以代之以圆柱面。以 $2\pi v_0 r_0^2$ 代替上面式子中的 M，可将该平面流动的速度势和流函数表示为

$$\varphi = v_0\left(1 + \frac{r_0^2}{r^2}\right)r\cos\theta \tag{5-123}$$

$$\psi = v_0\left(1 - \frac{r_0^2}{r^2}\right)r\sin\theta \tag{5-124}$$

以上两式中的 $r \geqslant r_0$，因为 $r < r_0$ 在圆柱体内没有实际意义。

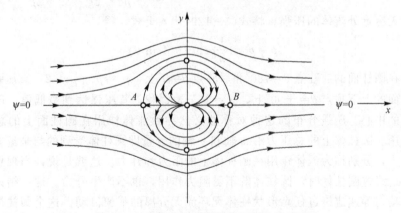

图 5.21　平行流绕过圆柱体无环流的流动

流场中任一点的速度分布为

$$v_x = \frac{\partial\varphi}{\partial x} = v_0\left[1 - \frac{r_0^2(x^2-y^2)}{(x^2+y^2)^2}\right] \tag{5-125}$$

$$v_y = \frac{\partial\varphi}{\partial y} = 2v_0 r_0^2\frac{xy}{(x^2+y^2)^2} \tag{5-126}$$

在 $x=\infty$，$y=\infty$ 处，$v_x=v_0$，$v_y=0$。这表示在离开圆柱体无穷远处是速度为 v_0 的平行

流。在图中的 A 点 $(-r_0, 0)$ 和 B 点 $(r_0, 0)$ 处，$v_x = v_y = 0$，A 点为前驻点，B 点为后驻点。

对于极坐标，速度分量为

$$v_r = \frac{\partial \varphi}{\partial r} = v_0 \left(1 - \frac{r_0^2}{r^2}\right) \cos\theta \qquad (5-127)$$

$$v_\theta = \frac{\partial \varphi}{r \partial \theta} = -v_0 \left(1 + \frac{r_0^2}{r^2}\right) \sin\theta \qquad (5-128)$$

沿包围圆柱体的圆形周线的速度环量为

$$\Gamma = \oint v_\theta \mathrm{d}S = -v_0 r \left(1 + \frac{r_0^2}{r^2}\right) \oint \sin\theta \mathrm{d}\theta = 0$$

所以，平行流绕过圆柱体的平面流动是没有速度环量的。

当 $r = r_0$ 时，即在圆柱面上

$$v_r = 0, \quad v_\theta = -2v_0 \sin\theta \qquad (5-129)$$

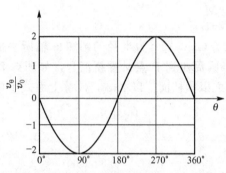

这说明，流体沿圆柱面只有切向速度，没有径向速度。这也证实，该组合流动符合流体不穿入又不脱离圆柱面的边界条件。圆柱面上速度是按照正弦曲线规律分布的，如图 5.22 所示。在 $\theta = 0°$（B 点）和 $\theta = 180°$（A 点）处，$v_\theta = 0$，称它们为前驻点和后驻点；在 $\theta = \pm 90°$，圆柱面上下顶点处，$|v_\theta| = 2v_0$，达到圆柱面速度最大值。

图 5.22　平行流绕过圆柱体无环流的
流动中圆柱面上的速度分布

关于圆柱面上任一点的压强，由伯努利方程可得

$$\frac{p}{\rho g} + \frac{v_\theta^2}{2g} = \frac{p_0}{\rho g} + \frac{v_0^2}{2g}$$

式中，p_0 为无穷远处流体的压强。将式（5-129）代入上式，得

$$p = p_0 + \frac{1}{2}\rho v_0^2 (1 - 4\sin^2\theta) \qquad (5-130)$$

可见，在圆柱面的前驻点 $\theta = 180°$ 和后驻点 $\theta = 0°$ 上，$p_a = p_0 + \rho v_0^2/2$，其压强达到最高值；在圆柱面的上下顶点 $\theta = \pm 90°$ 上，$p_a = p_0 - 3\rho v_0^2/2$，其压强达到最低值；压强分布对称于圆柱面的中心。压强分布的这种对称性必然导致流体作用在圆柱面上的总压力等于零。流体作用在圆柱体上的总压力沿 x 轴和 y 轴的分量即圆柱体受到的与来流方向平行和垂直的作用力，分别称为流体作用在圆柱体上的阻力和升力。这就是说，当理想流体的平行流无环流地绕过圆柱体时，圆柱体既不受阻力作用，也不产生升力。这一结论可以推广到理想流体均匀等速流绕过任意形状柱体无环流无分离的平面流动。这个圆柱体不受阻力作用的理论结果与实际观察有很大的矛盾，这就是著名的达朗伯疑题。实验说明，即使是黏性很小的流体（如空气）绕过圆柱体和其他物体时也将产生阻力，实验测量出的与理论计算出的压强曲线有很大的区别。

工程上常用无量纲压强系数来表示流体作用在物体任一点的压强，它的定义为

$$C_p = \frac{p - p_0}{\frac{1}{2}\rho v_0^2} = 1 - \left(\frac{v}{v_0}\right)^2 = 1 - 4\sin^2\theta \qquad (5-131)$$

由此可见，沿圆柱面无量纲压强系数既与圆柱体的半径无关，也与无穷远处的速度和压强无关，其仅是坐标 θ 的函数，这对有关问题的研究带来了很大的方便。无量纲压强系数的这个特性也可推广到其他形状的物体，如机翼和叶片的叶型等。

5.11.2 流体绕过圆柱体的有环流动

平行流绕过圆柱体有环流的平面运动实际上是由平行流绕过圆柱体无环流的平面运动和纯环流叠加而成的(图 5.23)。与上一节的分析过程一样，首先给出该组合流动的流函数、速度势和速度函数。

$$\varphi = v_0\left(1+\frac{r_0^2}{r^2}\right)r\cos\theta + \frac{\Gamma}{2\pi}\theta$$

$$\psi = v_0\left(1-\frac{r_0^2}{r^2}\right)r\sin\theta - \frac{\Gamma}{2\pi}\ln r$$

$$\Rightarrow \left.\begin{array}{l} v_r = \dfrac{\partial\varphi}{\partial r} = v_0\left(1-\dfrac{r_0^2}{r^2}\right)\cos\theta \\[3mm] v_\theta = \dfrac{1}{r}\dfrac{\partial\varphi}{\partial\theta} = -v_0\left(1+\dfrac{r_0^2}{r^2}\right)\sin\theta + \dfrac{\Gamma}{2\pi r} \end{array}\right\} \tag{5-132}$$

可以根据流动的边界条件来验证以上式就是平行流绕过圆柱体有环流平面流的解。

当 $r=r_0$ 时，$\psi = -\dfrac{\Gamma}{2\pi}\ln r_0 = $ 常数，即 $r=r_0$ 的圆周是一流线；而在 $r=r_0$ 的圆柱面上的速度分布为

$$\left.\begin{array}{l} v_r = 0 \\[2mm] v_\theta = -2v_0\sin\theta + \dfrac{\Gamma}{2\pi r_0} \end{array}\right\} \tag{5-133}$$

这说明，流体与圆柱体没有分离，只有沿着圆周切线方向的速度，所以用满足 $r=r_0$ 的圆柱体的周线来代替这条流线的边界条件。当 $r\to\infty$ 时　$v_r=v_0\cos\theta$，$v_\theta=-v_0\sin\theta$，这说明在远离圆柱体处保持原来的平行流，所以也满足无穷远处的边界条件。

当叠加的环量 $\Gamma<0$ 时，由图 5.23 可以看出，在圆柱体的上部，环流的速度与平行流绕圆柱体的速度方向相同，而在下部的环流速度与平行流绕圆柱体的速度方向相反。叠加的结果在上部形成速度增高的区域，下部形成速度降低的区域。这样就破坏了流体对 x 轴的对称性，使驻点 A 和 B 离开了 x 轴，向下移动。为了确定驻点的位置，令 $v_\theta=0$，得驻点的位置角为

$$\sin\theta = \frac{\Gamma}{4\pi r_0 v_0} \tag{5-134}$$

若 $|\Gamma|<4\pi r_0 v_0$，则 $|\sin\theta|<1$，又 $\sin(\ \theta)=\sin[-(\pi-\theta)]$，则圆柱体上的两个驻点左右对称，并位于第三和第四象限内，如图 5.24(a)所示。在 v_0 保持常数值的情况下，A、B 两驻点随着 $|\Gamma|$ 值的增加而向下移动，并相互靠拢。

若 $|\Gamma|=4\pi r_0 v_0$，则 $|\sin\theta|=1$，这就是说，两个驻点重合成一点，并位于圆柱面的最下端，如图 5.24(b)所示。

若 $|\Gamma|>4\pi r_0 v_0$，则 $|\sin\theta|>1$，这时候在圆柱面上已经不存在驻点，驻点脱离圆柱表面沿 y 轴向下移动到相应位置。它的位置可以这样确定：令式(5-130)中的 $v_r=0$ 和 $v_\theta=0$ 便可得到两个位于 y 轴的驻点，一个在圆柱体内，一个在圆柱体外。但在这种流动中只

有圆柱体外的自由驻点 A，如图 5.24(c)所示。这样，全流场便由经过驻点 A 的闭合流线划分为内、外两个区域。外区域是平行流绕过圆柱体有环流的流动，而在闭合流线和圆柱面之间的内部区域自成闭合环流，但流线不是圆形的。

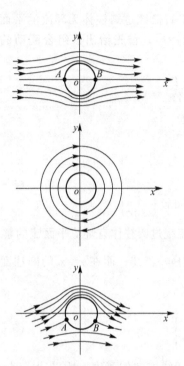

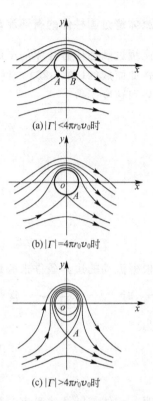

(a) $|\Gamma| < 4\pi r_0 v_0$ 时

(b) $|\Gamma| = 4\pi r_0 v_0$ 时

(c) $|\Gamma| > 4\pi r_0 v_0$ 时

图 5.23　平行无环流和纯环流的叠加　　　　图 5.24　平行流绕过圆柱体有环流的流动

倘若叠加环流 $\Gamma > 0$，由式(5 - 134)显然可见，驻点的位置与上面讨论的正好相差 $180°$，A 点和 B 点位置上移。

由此可知，驻点的位置不仅仅取决于 Γ，而是决定与 $\Gamma/4\pi r_0 v_0$。也就是说，在给定圆柱体半径 r_0 和平行流的来流速度 v_0 的情况下，驻点的位置才只取决于速度环量。

圆柱面上的压强分布可推求如下，将式(5 - 133)代入伯努利方程

$$p = p_0 + \frac{1}{2}\rho v_0^2 - \frac{1}{2}\rho v^2$$

$$= p_\infty + \frac{1}{2}\rho v_0^2 - \frac{1}{2}\rho(v_r^2 + v_\theta^2)$$

$$= p_\infty + \frac{1}{2}\rho\left[v_0^2 - \left(-2v_0\sin\theta + \frac{\Gamma}{2\pi r_0}\right)^2\right] \tag{5-135}$$

作用在单位长度圆柱体微元面积 $\mathrm{d}A$ 上的总压力在 x 轴和 y 轴方向的投影分别为 $pr_0\cos\theta\mathrm{d}\theta$ 和 $pr_0\sin\theta\mathrm{d}\theta$，则流体作用在单位长度圆柱体上的阻力和升力为

$$F_\mathrm{D} = F_\mathrm{x} = -\int_0^{2\pi} pr_0\cos\theta\mathrm{d}\theta = \int_0^{2\pi}\left\{p_\infty + \frac{1}{2}\rho\left[v_0^2 - \left(-2v_0\sin\theta + \frac{\Gamma}{2\pi r_0}\right)^2\right]\right\}r_0\cos\theta\mathrm{d}\theta$$

$$= -r_0\left(p_0 + \frac{1}{2}\rho v_0^2 - \frac{\rho\Gamma^2}{8\pi^2 r_0^2}\right)\int_0^{2\pi}\cos\theta\mathrm{d}\theta - \frac{\rho v_0\Gamma}{\pi}\int_0^{2\pi}\sin\theta\cos\theta\mathrm{d}\theta$$

$$+ 2r_0\rho v_0^2 \int_0^{2\pi} \sin^2\theta\cos\theta\mathrm{d}\theta = 0$$

$$F_L = F_y = -\int_0^{2\pi} pr\sin\theta\mathrm{d}\theta = \int_0^{2\pi}\left\{ p_\infty + \frac{1}{2}\rho\left[v_0^2 - \left(-2v_0\sin\theta + \frac{\Gamma}{2\pi r_0} \right)^2 \right] \right\} r_0 \sin\theta\mathrm{d}\theta$$

$$= -r_0\left(p_0 + \frac{1}{2}\rho v_0^2 - \frac{\rho\Gamma^2}{8\pi^2 r_0^2} \right)\int_0^{2\pi}\sin\theta\mathrm{d}\theta - \frac{\rho v_0\Gamma}{\pi}\int_0^{2\pi}\sin^2\theta\mathrm{d}\theta + 2r_0\rho v_0^2\int_0^{2\pi}\sin^3\theta\mathrm{d}\theta$$

$$= -\rho v_0\Gamma \tag{5-136}$$

这就是库塔-儒可夫斯基升力公式。在理想流体平行流绕过圆柱体有环流的流动中，在垂直于来流方向上，流体作用在单位长度圆柱体上的升力的大小等于流体密度、来流速度和速度环量三者的乘积。升力的方向由来流速度矢量 $\vec{v}_0$ 沿反速度环流的方向旋转 $90°$ 来确定，如图 5.25 所示。库塔-儒可夫斯基升力公式可以推广应用于理想流体平行流绕过任意形状柱体有环无分离的平面流动，例如具有流线型外表面的机翼绕流等。

在自然界和日常生活中会遇到很多有关升力的问题，例如鸟在天空中飞翔、球类运动中的旋转球，飞机的起飞和飞行，汽轮机、燃气轮机、泵、风机、压气机、水轮机等流体机械的工作原理。

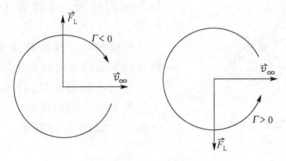

图 5.25　升力的方向

5.12　叶栅的库塔-儒可夫斯基公式

现在应用动量方程去推导叶栅的库塔-儒可夫斯基公式，以确定理想不可压缩流体绕过叶栅作定常无旋平面流动时给叶栅任一叶型的作用力。

叶栅是由叶型相同的叶片在某一旋转面上以相等的间距排列而成的，汽轮机和水轮机中的叶片就排列成叶栅，如图 5.26(a) 所示。叶片的截面形状称为叶型，叶型的周线称为型线。叶型的形状一般都是具有圆头尖尾的流线型，如图 5.26(b) 所示。与叶型和叶栅绕流有关的主要几何参数和定义如下。

中线：叶型内切圆心的连线称为叶型的中线。

叶弦：叶型中线与型线的两个交点分别称为前缘点和后缘点，这两点的连线称为叶弦，叶弦的长度称为弦长(b)。

弯度：中线与叶弦之间的距离称为弯度。

冲角：无穷远来流速度的方向与叶弦之间的夹角称为冲角，冲角在叶弦以下的为正 i，在叶弦以上的为负，如图 5.27 所示。

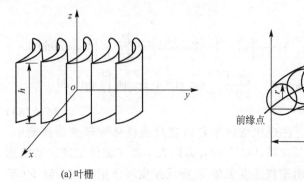

(a) 叶栅

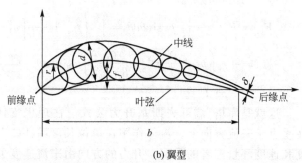

(b) 翼型

图 5.26　叶栅和翼型示意图

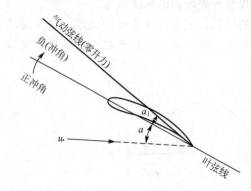

图 5.27　叶型上的冲角

当叶栅的平均直径 d（叶片半高出的直径）与叶片高度 h 之比充分大（$d/h > 10 \sim 15$）时，可以近似地将叶片看成是排列在一个平面上，称为平面叶栅；不符合上述条件的称为环列叶栅。

叶栅的叶片间距称为栅距，连接各叶型前缘点的和后缘点的线称为额线。

气流在叶栅进口的速度 v_1 与额线的夹角称为进气角 β_1，出口速度 v_2 与额线的夹角称为出气角 β_2，如图 5.28 所示。

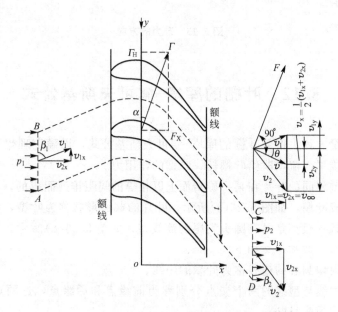

图 5.28　推导叶栅的库塔-儒可夫斯基公式用图

在一平面叶栅中选择一个控制面 $ABCDA$，如图 5.27 中虚线所示。这个控制面是由两条平行于叶栅额线、长度等于栅距 t 的线段和两条相同的流线所组成的。两条线段 AB

和 CD 都远离叶栅，可以认为每条线段上的速度和压强都各自保持均匀一致的常数。设在 AB 线上各点的速度为 v_1，与额线成 β_1 角，在 CD 线上各点的速度为 v_2，与额线成 β_2 角。在叶栅通道中两条相同的流线 AD 和 BC 也相距一个栅距 t。可以认为，叶栅中围绕每一各叶型的流动都是相同的，两条流线在通道中的位置也完全相同，很显然，这两条流线上的压强分布应完全相同，所以作用在 AD 和 BC 上的压强合力恰好大小相等、指向相反、互相平衡。设这个控制面内流体作用于叶型（单位高度的叶片）上的合力为 F，其分量为轴向作用力 F_x 和周向作用力 F_y，则作用在控制面以内流体上的力 R 由两部分组成：叶型对流体的反作用力 $-F_x$ 和 $-F_y$，控制面以外的流体对控制面以内流体的作用力 $(P_1 - P_2)t \times 1$。于是，R 的分量为

$$R_x = -F_x + (p_1 - p_2)t$$
$$R_y = -F_y$$

每秒流进（或流出）控制面的流体质量为

$$q_m = \rho v_{1x} t \times 1 = \rho v_{2x} t \times 1$$

故 $v_{1x} = v_{2x} = v_x$。

根据动量方程 $(2-50)$ 有

$$R_x = -F_x + (p_1 - p_2)t = \rho v_x t (v_{2x} - v_{1x}) = 0$$
$$R_y = -F_y = \rho v_x t (v_{2y} - v_{1y})$$
$$\left. \begin{aligned} F_x &= (p_1 - p_2)t \\ F_y &= \rho v_x t (v_{1y} - v_{2y}) \end{aligned} \right\} \tag{5-137}$$

由于沿流线 DA 和 CB 的速度线积分大小相等、方向相反、相互抵消，所以绕封闭周线 $ABCDA$ 的速度环量的大小等于

$$\Gamma = \Gamma_{ABCDA} = \Gamma_{AD} + \Gamma_{DC} + \Gamma_{CB} + \Gamma_{BA} = \Gamma_{DC} + \Gamma_{BA} = t(v_{2y} - v_{1y}) \tag{5-138}$$

为了便于分析问题，引入几何平均速度 $\vec{v} = 1/2(\vec{v_1} + \vec{v_2})$，其分量为

$$\left. \begin{aligned} v_x &= \frac{1}{2}(v_{1x} + v_{2x}) = v_{1x} = v_{2x} \\ v_y &= \frac{1}{2}(v_{1y} + v_{2y}) \end{aligned} \right\} \tag{5-139}$$

根据理想不可压缩流体的伯努利方程，略去质量力，得

$$(p_1 - p_2) = \frac{1}{2}\rho(v_2^2 - v_1^2) = \frac{1}{2}\rho(v_{2y}^2 - v_{1y}^2) = \rho(v_{2y} - v_{1y})v_y$$

将式 $(5-138)$ 代入上式，得

$$(p_1 - p_2) = \rho \Gamma v_y / t \tag{5-140}$$

将式 $(5-138)$ 和式 $(5-140)$ 代入式 $(5-137)$，又由于 $v = \sqrt{v_x^2 + v_y^2}$，得

$$F_x = \rho v_y \Gamma$$
$$F_y = -\rho v_x \Gamma \tag{5-141}$$
$$F = \sqrt{F_x^2 + F_y^2} = \rho v \Gamma \tag{5-142}$$

$$\left|\frac{F_x}{F_y}\right| = \left|\frac{v_y}{v_x}\right| = \tan\theta \tag{5-143}$$

式(5-141)和式(5-142)是叶栅的库塔-儒可夫斯基公式。它表示理想不可压缩流体绕流过叶栅作定常无旋流动时，流体作用在叶栅每个叶型上合力的大小等于流体密度、几何平均速度和绕叶型的速度环量三者的乘积，合力的方向为几何平均速度矢量 $\bar{v}$ 沿反速度环流的方向旋转 $90°$。

对于孤立叶型绕流，可以认为两个相邻叶型的距离（即栅距 t）趋于无穷大。在这种情况下，速度环量 $\Gamma = t(v_{2y} - v_{1y})$ 仍保持有限值，则 $(v_{2y} - v_{1y})$ 必定趋近于零，而按无穷远处的边界条件应为 $v_{2y} = v_{1y} = 0$，$v_{1x} = v_{2x} = v_x$，也就是说，孤立叶型前后足够远处的速度完全相同，即 $v_{1x} = v_{2x} = v_\infty$，于是式(5-141)可得

$$F_D = F_x = 0$$
$$F_L = F_y = -\rho v_\infty \Gamma \tag{5-144}$$

其结果与均匀等速流绕过圆柱体有环流的平面流动完全相同。为了比较各种叶型性能的需要，引入无量纲升力系数

$$C_L = \frac{F_L}{A\rho v_\infty^2 / 2} \tag{5-145}$$

式中，A 为特征面积，对于叶型 $A = b \times 1$。

对于儒可夫斯基翼型（一种理论翼型），根据理论计算，其绕流的速度环量为

$$\Gamma = -\pi v_\infty b \sin(a - a_0) \tag{5-146}$$

式中，b 为翼型弦长，a_0 为零冲角，代入式(5-144)，得流体作用在儒可夫斯基翼型上的升力为

$$F_L = \pi \rho v_\infty b \sin(a - a_0) \tag{5-147}$$

代入式(5-145)可得

$$C_L = 2\pi \sin(a - a_0) \tag{5-148}$$

对于小冲角来说，可以取 $\sin(a - a_0) \approx a - a_0$，即得

$$C_L = 2\pi(a - a_0) \tag{5-149}$$

所以在小冲角情况下，该升力系数 C_L 与 $a - a_0$ 的关系曲线在理论上是一条斜率为 2π 的直线。

库塔-儒可夫斯基公式可以解释飞机产生升力的原因，也可解释涡轮机、泵、风机和压气机等叶栅中受到流体作用力的工作原理。但该公式只说明了作用力与速度环量之间的关系，至于速度环量是怎么产生的，以及怎样确定速度环量的大小将在下一节中予以讨论。

5.13 库塔条件

当无穷远处流速为 v_∞ 的均匀等速流以一定的冲角流向叶型时，在叶型的前驻点流体分为两股，沿叶型的上、下表面流动。倘若流体与叶型不发生分离，下表面的流体绕过后缘点后在上表面的后驻点处与沿上表面流动的流体重新汇合，并流向下流，如图 5.29(a)所示，这时与平行流无环流绕圆柱体一样，流体对叶型既没有升力也没有阻力。但是，当

沿叶型下表面流动的流体绕流后缘点时，由于该点的曲率半径接近于零，理论上后缘点的流体速度将趋于无穷大，压强将趋于无穷小。当下表面的流体绕过后缘点流向上表面的后驻点时，由于流体由低压区向高压区流动，未到达后驻点时流体就会与叶型发生分离。要想使流体无分离地、平滑地流过叶型，唯一的条件是使后驻点和后缘点重合，后缘点流体的速度为有限值。这就是库塔平滑流动条件，简称库塔条件。为了使流体在后缘点不发生分离，可减小冲角，使后驻点与后缘点相重合，如图 5.30 所示。符合这一条件的冲角只有一个，这个冲角就是零升角 α_0。另外，也可以将平行流绕过叶型无环流的无旋流动（图 5.29(a)）和一个纯环流（图 5.29(b)）叠加。纯环流的环量为负（$\Gamma<0$），叠加后，后驻点项后缘点移动。一定有一个速度环量，其大小正好使后驻点移到后缘点上，如图 5.29(c) 所示。

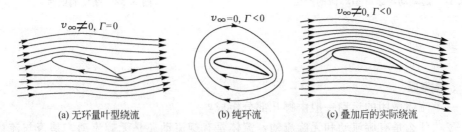

（a）无环量叶型绕流　　（b）纯环流　　（c）叠加后的实际绕流

图 5.29　无环流流动和纯环流的叠加

现在研究绕叶型是否有环流存在，它是怎么产生的。在流动开始时，由于叶型表面的边界层未及生成，绕叶型的速度环量为零，此时后驻点不在后缘点，而在上表面上，流动仍为无旋。若在流场中取一包围叶型的延伸致足够远的封闭周线，则沿该周线的速度环量等于零。根据汤姆逊定理，在流动过程中沿该周线的速度环量始终等于零。当流动开始不久，由于沿下表面流动的流体绕流后缘点 A 时流速很高、压强很低，故在向压强高的后驻点 B 流动时流体与上表面分离，形成如图 5.31(a) 所示的逆时针方向的旋涡。根据汤姆逊定理，沿封闭周线的总环量应为零，所以，在叶型上也必然同时形成一个强度相等而转向相反的旋涡，

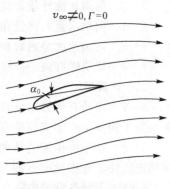

图 5.30　零升角时的流动

使绕叶型的流动为有环的无旋流动，而后驻点 B 也向后缘点 A 作相应的移动。这一个过程继续进行，直到 B 点移到后缘点 A 为止，如图 5.31(b) 所示。这样形成的脱离叶型被流体带向下游的旋涡称为起动涡（Γ'），如图 5.32 所示，而附着在叶型上的旋涡称为附着涡（$\Gamma=-\Gamma'$），它代表的正是绕流叶型的速度坏量。这个速度环量使叶型上部区域的速度增加，压强减小，而使下部区域的速度减小，压强增大，结果上下的压强差对叶型产生升力。若在起动涡形成后立即停滞流动，叶型上的速度环量便会迅速脱落，形成停止涡，和起动涡大小相等、方向相反。

因此，在平行流绕过叶型有环的流动中，可以利用库塔平滑流动条件来确定库塔-儒可夫斯基升力公式中的速度环量的值，从而解决了求升力的问题。满足库塔条件的速度环量值与叶型的几何特性、来流速度和冲角有关，这种关系除少数理论叶型（如儒可夫斯基叶型）可以从理论上给出外，对于大多数的实际叶型只能根据实验得到。

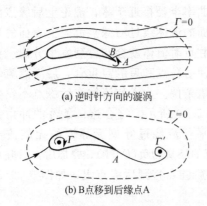

(a) 逆时针方向的漩涡

(b) B点移到后缘点A

图 5.31 起动涡与绕叶型环流的产生

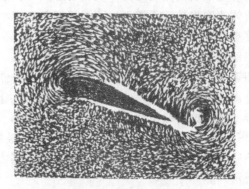

图 5.32 起动涡照片

一、思考题

5-1 流体微团的运动一般由哪几部分组成？

5-2 什么是有旋流动和无旋流动？流体是有旋流动还是无旋流动？是否与流体微团的运动轨迹有关？

5-3 何谓速度环量和旋涡强度？两者之间有什么关系？

5-4 何谓涡量？涡量和流体运动速度有何关系？

5-5 何谓速度势函数和流函数？它们具有什么性质？

5-6 说明螺旋流、偶极流和绕圆柱体无环量流动由哪些基本势流叠加而成。

二、计算题

5-1 流动有势的充分必要条件是：①流动是无旋的；②必须是平面流动；③必须是无旋的平面流动；④流线是直线的流动。

5-2 在不可压缩流体的三维流动中，已知 $v_x = x^2 + y^2 + x + y + 2$ 和 $v_y = y^2 + 2yz$，试用连续性方程推导出 v_z 的表达式。

5-3 下列各流场中哪几个满足连续性条件？它们是有旋流动还是无旋流动？

(1) $v_x = k$，$v_y = 0$

(2) $v_x = kx/(x^2 + y^2)$，$v_y = ky/(x^2 + y^2)$

(3) $v_x = x^2 + 2xy$，$v_y = y^2 + 2xy$

(4) $v_x = k\ln(xy)$，$v_y = z + x$，$v_z = y + x$

5-4 试证明极坐标表示的不可压缩流体平面流动的连续性方程和旋转角速度各为：

$$\frac{\partial v_r}{\partial r} + \frac{v_r}{r} + \frac{1}{r}\frac{\partial v_\theta}{\partial \theta} = 0, \quad \omega_z = \frac{1}{2}\left(\frac{\partial v_\theta}{\partial r} + \frac{v_\theta}{r} - \frac{1}{r}\frac{\partial v_r}{\partial \theta}\right)$$

5-5 确定下列各流场是否连续？是否有旋？

(1) $v_r = 0$，$v_\theta = kr$　(2) $v_r = -k/r$，$v_\theta = 0$　(3) $v_r = 2r\sin\theta\cos\theta$，$v_\theta = -2r\sin^2\theta$

5-6 已知有旋流动的速度场为 $v_x = 2y + 3z$，$v_y = 2z + 3x$，$v_z = 2x + 3y$，试求旋转角速度、角变形速度和涡线方程。

5-7 试证明不可压缩流体平面流动：$v_x = 2xy + x$，$v_y = x^2 - y^2 - y$ 能满足连续性方

程，是一个有势流动，并求出速度势。

5-8　不可压缩流体平面流动的速度势 $\varphi=x^2-y^2+x$，试求其流函数。

5-9　有一不可压缩流体平面流动的速度为 $v_x=4x$，$v_y=-4y$，判断流动是否存在流函数和速度势函数，若存在，求出其表达式。

5-10　位于$(1，0)$和$(-1，0)$两点，具有相同强度 4π 的点源，试求在$(0，0)$，$(0，1)$，$(0，-1)$和$(1，1)$处的速度。

5-11　在 x 轴的$(a，0)$和$(-a，0)$两点上分别放入一个强度为$-m$的点汇和一个强度为$+m$的点源，试证明叠加后组合流动的流函数为

$$\psi=\frac{m}{2\pi}\tan^{-1}\frac{2ay}{x^2+y^2-a^2}$$

5-12　一辆汽车以 120km/h 的速度行驶在高速公路上，求克服空气阻力所需的功率。汽车垂直于运动方向的投影面积为 $2m^2$，阻力系数为 0.3，静止空气温度为 20℃。

第6章

黏性空气的三元流动

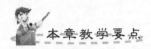
本章教学要点

知识要点	掌握程度	相关知识
纳维-斯托克斯方程	理解不可压缩黏性流体的运动微分方程；了解流体的本构方程	牛顿第二定律；变形速率
边界层的概念和特征	掌握边界层的基本概念；掌握边界层的基本特征	相对运动；牛顿内摩擦律
边界层的微分及积分方程	理解层流边界层微分方程；掌握边界层动量积分关系式	相似准则；量纲分析；动量方程
边界层的位移厚度和动量损失厚度	了解边界层的位移厚度和动量损失厚度的概念及计算公式	动量方程；有限积分
平板边界层流动的近似计算	了解平面层流边界层的近似计算；了解平板紊流边界层的近似计算；了解平板混合边界层的近似计算	层流、紊流速度分布
曲面边界层的分离现象和卡门涡街	掌握曲面边界层的特点及其分离现象；了解卡门涡街的形成原理及特点	伯努利方程
黏性流体的绕流运动	理解物体绕流的阻力和升力概念；掌握物体的阻力、阻力系数的计算	物体绕流的阻力和升力；阻力系数

实际流体都是有黏性的,当流体的层与层之间发生相对运动时会产生切向应力。前面已经阐述了工程实际常见黏性流体的一维流动,本章将阐述它的多维流动,因为工程实际中的流动绝大多数都是黏性流体的多维流动。

在本章内将用微分体积法来导出黏性流体的普遍方程。应注意黏性流体表面应力的符号及其性质。广义的牛顿内摩擦定理将黏性流体的应力与变形速度联系起来,增加了一组补充方程,从而得到用黏性流体的纳维-斯托克方程,简称 N-S 方程;然后将给出边界层的概念及其控制方程;最后针对流体的外流问题——绕流流动现象的一些基本问题进行讨论。

6.1 纳维-斯托克斯方程

6.1.1 黏性流体的运动微分方程

黏性流体与理想流体的不同在于作用在流体质点上的表面力,理想流体只有一个与作用面方位无关的压应力,而黏性流体则有与作用面方位有关的法向应力和切应力。这样就使得黏性流体的的运动方程比理想流体的运动方程复杂得多。用黏性流体质点上的表面力合力代替理想流体运动微分方程中的表面力的合力便可以得到黏性流体的运动微分方程,也可以应用质心运动定理或动量方程去推导,其结果都一样。

1. 黏性流体的表面应力

因为黏性流体的表面应力比较复杂,所以规定一些特殊的符号,这些符号能同时表示应力所作用表面的方位和应力分量的方向。

在流体中取一表面 s,它的法线方向为 $\vec{n}$,表面上作用的应力为 p_n,如图 6.1 所示。符号 p 表示单位面积上的表面力,即表面应力,注脚 n 表示作用面上的法线方向。因为流体是枯性的,所以 p 不是沿 n 方向的,它包括沿 n 方向的法向应力和与之垂直的切向应力(摩擦剪成力)。图 6.1 中其他应力的符号分别表示如下。

p_{nx}——p_n 在 x 轴上的投影。第一个注脚 n 表示作用面的法线方向,第二个注脚 x 表示在 x 轴上的投影。

p_{ny}——法线方向为 n 的表面上的应力在 y 轴上的投影。

p_{nz}——法线方向为 n 的表面上的应力在 z 轴上的投影。

p_{nn}——p_n 在法线方向 n 上的投影,即法向应力。

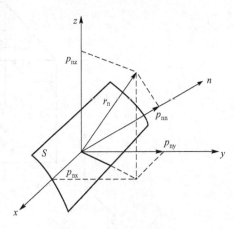

图 6.1 表面应力符号

假设所取的表面 s_x 与 x 轴垂直，即表面的法线方向为 x 轴的方向，则表面应力的符号如下(图 6.2)。

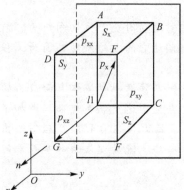

图 6.2   垂直于坐标轴的表面上的应力

p_x——法线方向 n 沿 x 轴的表面上的应力，即作用在与 x 轴相垂直的表面上的应力。

p_{xx}——p_x 在 x 轴上的投影，为 s_x 的法向应力。

p_{xy}——p_x 在 y 轴上的投影，为 s_x 的一个切向应力，记作 τ_{xy}。

p_{xz}——p_x 在 z 轴上的投影，为 s_x 的另一个切向应力，记作 τ_{xz}。

过某一点 M 作出 3 个互相垂直的平面 s_x、s_y、s_z，它们的法线方向分别为 x、y、z 坐标轴的方向，则分别作用在这 3 个平面上的 3 个表面应力共有 9 个分量，可合写成应力张量，即

$$\begin{vmatrix} -p_{xx} & \tau_{xy} & \tau_{xz} \\ \tau_{yx} & -p_{yy} & \tau_{yz} \\ \tau_{zx} & \tau_{zy} & -p_{zz} \end{vmatrix}$$

2. 以应力表示的运动微分方程

如图 6.3 所示，在黏性流体中取任一微元六面体，其边长分别为 dx、dy、dz，每个表面上的表面应力如图 6.3 所示。假设作用在流体微团上的单位质量力沿 3 个坐标轴的分量分别为 f_x、f_y 和 f_z。根据质心运动定理(牛顿第二定律)，沿 x 轴方向的运动方程为

$$\rho f_x dx dy dz + p_{xx} dy dz - \left(p_{xx} + \frac{\partial p_{xx}}{\partial x} dx \right) dy dz - \tau_{yx} dx dz + \left(\tau_{yx} + \frac{\partial \tau_{yx}}{\partial y} dy \right) dx dz$$

$$- \tau_{zx} dy dx + \left(\tau_{zx} + \frac{\partial \tau_{zx}}{\partial z} dz \right) dy dx = \frac{dv_x}{dt} \rho dx dy dz$$

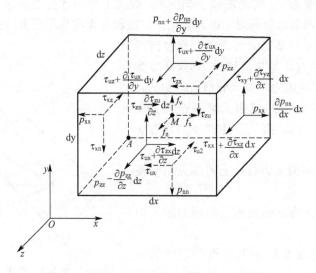

图 6.3   推导不可压缩黏性流体运动微分方程

以微团的质量 $\rho dx dy dz$ 通除上式，整理得

$$\frac{\mathrm{d}v_x}{\mathrm{d}t} = f_x - \frac{1}{\rho}\frac{\partial p_{xx}}{\partial x} + \frac{1}{\rho}\left(\frac{\partial \tau_{yx}}{\partial y} + \frac{\partial \tau_{zx}}{\partial z}\right)$$

同理
$$\frac{\mathrm{d}v_y}{\mathrm{d}t} = f_y - \frac{1}{\rho}\frac{\partial p_{yy}}{\partial y} + \frac{1}{\rho}\left(\frac{\partial \tau_{xy}}{\partial x} + \frac{\partial \tau_{zy}}{\partial z}\right) \tag{6-1}$$

$$\frac{\mathrm{d}v_z}{\mathrm{d}t} = f_z - \frac{1}{\rho}\frac{\partial p_{zz}}{\partial z} + \frac{1}{\rho}\left(\frac{\partial \tau_{xz}}{\partial x} + \frac{\partial \tau_{yz}}{\partial y}\right)$$

这是以应力表示的黏性流体运动微分方程。式中除了单位质量力的 3 个分量 f_x、f_y、f_z 及密度 ρ 在一般不可压缩黏性流体运动中为已知数外，其余 9 个应力和 3 个速度分量都为未知数，而方程除了这 3 个外，再加上连续性方程，只有 4 个，远不足以解出这 12 个未知数。现在的问题是，要寻求黏性流体中关于 p 与 τ 的计算式。可以从流体微团在运动中的变形来获得这些应力与变形速率之间的关系式。

6.1.2 本构方程

本构方程是指建立一般情况下应力张量与变形速率之间关系的方程式。斯托克斯根据牛顿内摩擦公式提出了建立流体本构方程的 3 条假设。

(1) 流体是连续的，它的应力张量与变形率张量呈线性关系，与流体的平移及旋转运动无关。

(2) 流体是各向同性的，应力与变形速率的关系与坐标系位置的选取无关。

(3) 当流体静止时，变形速率为零，流体中的应力就是流体静压力。

根据这 3 条假设便可以导出适用于黏性流体的任意流动中的本构方程。因为推导方法烦琐，而且使用到的数学知识(例如张量)已经超出了本教材的范围，所以这里直接给出牛顿流体的本构方程

$$\tau_{xy} = \tau_{yx} = \mu\left(\frac{\partial u_y}{\partial x} + \frac{\partial u_x}{\partial y}\right)$$

$$\tau_{xz} = \tau_{zx} = \mu\left(\frac{\partial u_x}{\partial z} + \frac{\partial u_z}{\partial x}\right) \tag{6-2}$$

$$\tau_{zy} = \tau_{yz} = \mu\left(\frac{\partial u_z}{\partial y} + \frac{\partial u_y}{\partial z}\right)$$

$$p_{xx} = p_t - 2\mu\frac{\partial u_x}{\partial x}$$

$$p_{yy} = p_t - 2\mu\frac{\partial u_y}{\partial y} \tag{6-3}$$

$$p_{zz} = p_t - 2\mu\frac{\partial u_z}{\partial z}$$

式中，p 定义为法向应力平均值。

$$p_t = \frac{1}{3}(p_{xx} + p_{yy} + p_{zz}) + \frac{2}{3}\mu\left(\frac{\partial u_x}{\partial x} + \frac{\partial u_y}{\partial y} + \frac{\partial u_z}{\partial z}\right) = p + \frac{2}{3}\mu\left(\frac{\partial u_x}{\partial x} + \frac{\partial u_y}{\partial y} + \frac{\partial u_z}{\partial z}\right)$$

式(6-2)和式(6-3)也称为广义牛顿内摩擦定律。它们将黏性流体的表面应力与变形速率联系起来。并指出在黏性流体中不仅产生了剪应力，而且还产生了附加法向应力 $2\mu\frac{\partial u_x}{\partial x}$、$2\mu\frac{\partial u_y}{\partial y}$、$2\mu\frac{\partial u_z}{\partial z}$。因此运动的黏性流体和静止的状态不同，法向应力在不同方向

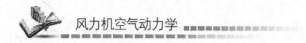

上大小可能不相等。

6.1.3 纳维-斯托克斯方程概述

将式(6-2)和式(6-3)代入式(6-1)，代入的简化较复杂，所以这里不再写，最后得

$$
\begin{aligned}
\frac{\mathrm{d}v_x}{\mathrm{d}t} &= f_x - \frac{1}{\rho}\frac{\partial p}{\partial x} + \frac{\mu}{\rho}\left(\frac{\partial^2 v_x}{\partial x^2}+\frac{\partial^2 v_x}{\partial y^2}+\frac{\partial^2 v_x}{\partial z^2}\right) + \frac{1}{3}\frac{\mu}{\rho}\frac{\partial}{\partial y}\left(\frac{\partial v_x}{\partial x}+\frac{\partial v_y}{\partial y}+\frac{\partial v_z}{\partial z}\right)\\
\frac{\mathrm{d}v_y}{\mathrm{d}t} &= f_y - \frac{1}{\rho}\frac{\partial p}{\partial y} + \frac{\mu}{\rho}\left(\frac{\partial^2 v_y}{\partial x^2}+\frac{\partial^2 v_y}{\partial y^2}+\frac{\partial^2 v_y}{\partial z^2}\right) + \frac{1}{3}\frac{\mu}{\rho}\frac{\partial}{\partial y}\left(\frac{\partial v_x}{\partial x}+\frac{\partial v_y}{\partial y}+\frac{\partial v_z}{\partial z}\right)\\
\frac{\mathrm{d}v_z}{\mathrm{d}t} &= f_z - \frac{1}{\rho}\frac{\partial p}{\partial z} + \frac{\mu}{\rho}\left(\frac{\partial^2 v_z}{\partial x^2}+\frac{\partial^2 v_z}{\partial y^2}+\frac{\partial^2 v_z}{\partial z^2}\right) + \frac{1}{3}\frac{\mu}{\rho}\frac{\partial}{\partial y}\left(\frac{\partial v_x}{\partial x}+\frac{\partial v_y}{\partial y}+\frac{\partial v_z}{\partial z}\right)
\end{aligned}
$$

对于不可压缩流体，其连续性方程为

$$
\frac{\partial v_x}{\partial x}+\frac{\partial v_y}{\partial y}+\frac{\partial v_z}{\partial z}=0
$$

所以有

$$
\begin{aligned}
\frac{\mathrm{d}v_x}{\mathrm{d}t} &= f_x - \frac{1}{\rho}\frac{\partial p}{\partial x} + \nu\left(\frac{\partial^2 v_x}{\partial x^2}+\frac{\partial^2 v_x}{\partial y^2}+\frac{\partial^2 v_x}{\partial z^2}\right)\\
\frac{\mathrm{d}v_y}{\mathrm{d}t} &= f_y - \frac{1}{\rho}\frac{\partial p}{\partial y} + \nu\left(\frac{\partial^2 v_y}{\partial x^2}+\frac{\partial^2 v_y}{\partial y^2}+\frac{\partial^2 v_y}{\partial z^2}\right)\\
\frac{\mathrm{d}v_z}{\mathrm{d}t} &= f_z - \frac{1}{\rho}\frac{\partial p}{\partial z} + \nu\left(\frac{\partial^2 v_z}{\partial x^2}+\frac{\partial^2 v_z}{\partial y^2}+\frac{\partial^2 v_z}{\partial z^2}\right)
\end{aligned}
\tag{6-4}
$$

式中，ν 为流体的运动黏度，考虑到拉普拉斯算子

$$
\nabla^2 = \frac{\partial^2}{\partial x^2}+\frac{\partial^2}{\partial y^2}+\frac{\partial^2}{\partial z^2}
$$

则

$$
\begin{aligned}
\frac{\mathrm{d}v_x}{\mathrm{d}t} &= f_x - \frac{1}{\rho}\frac{\partial p}{\partial x} + \nu\nabla^2 v_x\\
\frac{\mathrm{d}v_y}{\mathrm{d}t} &= f_y - \frac{1}{\rho}\frac{\partial p}{\partial y} + \nu\nabla^2 v_y\\
\frac{\mathrm{d}v_z}{\mathrm{d}t} &= f_z - \frac{1}{\rho}\frac{\partial p}{\partial z} + \nu\nabla^2 v_z
\end{aligned}
\tag{6-5}
$$

写成矢量形式

$$
\frac{\mathrm{d}\vec{v}}{\mathrm{d}t} = \vec{f} - \frac{1}{\rho}\nabla p + \nu\nabla^2\vec{v}
\tag{6-6}
$$

这就是不可压缩黏性流体的运动微分方程，又称为纳维-斯托克斯方程(N-S方程)。它是最普遍的流体运动微分方程，假设流体为没有黏性的理想流体，纳维-斯托克斯方程简化为理想流体的欧拉运动微分方程；如果流体静止，即 $\dfrac{\mathrm{d}\vec{v}}{\mathrm{d}t}$ 为零，N-S方程简化为欧拉平衡微分方程。

N-S方程的每一项均表示单位质量的作用力，左边惯性力。右边第一项为质量力，第二项为黏性流体压力的合力，右边其余各项为黏性变形应力，包括黏性切向力和黏性附加法向力等项。

N-S方程组的3个方程加上不可压缩流体的连续性方程，共4个方程，原则上可以求解不可压缩黏性流体运动问题中的 4 个未知数 v_x、v_y、v_z 和 p。但是实际上由于流体流动现象很复杂，要利用这 4 个方程去求解一般不可压缩流体运动问题在数学上还很困难。所以，求解纳维-斯托克斯方程仍然是流体力学的一项重要任务，许多层流问题，如圆管中的层流、平行平面间的层流及同心圆环间的层流等都可以应用纳维-斯托克斯方程求出精确解。此外，对于润滑问题、边界层问题等也可以应用该方程求出一些近似解。但实际上由于 N-S 方程是非线性二阶偏微分方程组，对大多数流动问题目前还无法通过求解上述方程组获得精确解。

6.2　边界层的概念和特征

1904 年，在德国举行的第三届国际数学家学会上，德国著名的力学家普朗特第一次提出了边界层的概念。他认为，对于水和空气等黏度很小的流体，在大雷诺数下绕物体流动时（如当舰船、飞机等大尺度物体以较高速度在黏性小的空气、水等流体中运动时），黏性对流动的影响仅限于紧贴物体壁面的薄层中，而在这一薄层外黏性影响很小，完全可以忽略不计，这一薄层称为边界层。如空气在大雷诺数下平滑地绕流机翼的翼型，如图 6.4 所示，在紧靠物体表面的薄层内，流速将由物体表面上的零值迅速地增加到与来流速度 v_∞ 同数量级的大小，这种在大雷诺数下紧靠物体表面流速从零急剧增加到与来流速度相同数量级的薄层称为边界层。在边界层内，流体在物体表面法线方向速度梯度很大，即使黏性很小的物体，表现出的黏滞力也较大，决不能忽略，所以边界层内的流体有相当大的涡通量。当边界层内的有旋流离开物体而流入下游时，在物体后形成尾涡区域。在边界层外，速度梯度很小，即使黏度很大的流体，黏滞力也很小，可以忽略不计。所以可以认为，在边界层外的流动为理想流体的无旋势流。

由此可见，当黏性流体绕过物体流动时，可以将物体外的流场划分为两个区域：在边界层和尾涡区域内，必须考虑流体的黏滞力，它应当被看作是黏性流体的有旋流动；在边界层和尾涡区域以外的区域内，黏滞力很小，可以看作是理想流体的无旋流动。实际上，边界层内、外区域并没有一个明显的分界面，一般在实际应用中规定从固体壁面沿外法线方向速度达到势流速度的 99% 处的距离为边界层的厚度，以 δ 表示（也称为名义厚度），如图 6.4 所示。边界层的厚度取决于惯性和黏性作用之间的关系，即取决于雷诺数的大小。雷诺数越大，边界层就越薄；反之，随着黏性作用的增长，边界层变厚。

用微型测速管直接测量紧靠机翼表面附近的流速得知，实际上边界层很薄，通常边界层的厚度仅为弦长的几百分之一，例如在汽轮机叶片出汽边上，最大边界层厚度一般为零点几毫米。从图 6.4 中可以看到，流体在前驻点 o 处速度为零，所以边界层的厚度在前驻点处等于零，然后沿着流动方向逐渐增加。为了清晰起见，在图 6.4 上将边界层的尺寸放大了。另外，边界层的外边界和流线并不重合，流线伸入边界层内，这是由于边界层外的流体质点不断地穿入到边界层里去的缘故。

总结上面所述，边界层的基本特征如下。

(1) 与物体的长度相比，边界层的厚度很小。

(2) 边界层内沿边界层厚度方向速度变化非常急剧，即速度梯度很大。

(3) 边界层沿着流动方向逐渐增厚。

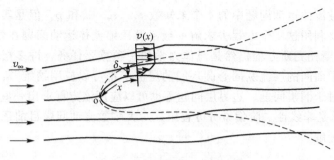

图 6.4 机翼翼型上的边界层

（4）由于边界层很薄，因而可以近似认为边界层中各截面上的压强等于同一截面上边界层外边界上的压强。

（5）在边界层内，黏滞力和惯性力是同一数量级的，即边界层内流体的黏性不能忽略。

（6）边界层内流体的流动与管内流动一样，也可以有层流和紊流两种流动状态。全部边界层内都是层流的，称为层流边界层。仅在边界层的起始部分是层流，而在其他部分是紊流的，称为混合边界层。图 6.5 所示为平板的混合边界层。层流和紊流之间有一个过渡区域。在紊流边界层内，紧靠平板处总存在这一层极薄的黏性底层。

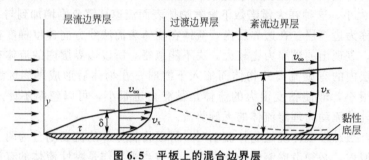

图 6.5 平板上的混合边界层

判别层流和紊流的准则数仍为雷诺数，雷诺数中表征几何特征长度的是离物体前缘点的距离 x，特征速度可以取作边界层外边界上的速度 $v(x)$，即

$$\mathrm{Re}_x = \frac{v_x}{\gamma} \tag{6-7}$$

对于平板而言，层流转变为紊流的临界雷诺数为 $\mathrm{Re}_x = 5 \times 10^5 \sim 3 \times 10^6$。边界层从层流转变为紊流的临界雷诺数的大小决定于许多因素，如前方来流的紊流度、物体壁面的粗糙度等。实验证明，增加紊流度或增大粗糙度都会使临界雷诺数值降低，即提早使层流转化为紊流。如机翼前端的边界层很薄，不大的粗糙凸出就会透过边界层，导致层流变为紊流。

6.3　边界层的微分及积分方程

6.3.1　层流边界层的微分方程

现在根据边界层的特征，利用不可压缩黏性流体的运动微分方程来研究边界层内流体的运动规律。薄边界层微分方程由普朗特所提出，用比较量阶法将 N-S 方程的某些项略去，便导出最后的形式。为了简单起见，只讨论流体沿平板作定常流动的平面流动，x 轴与壁面相重合，如图 6.6 所示。假定边界层内的流动全是层流，忽略质量力，则不可压缩黏性流体平面定常流动的微分方程和连续性方程为

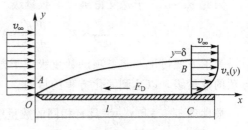

图 6.6　推导边界层的微分方程

$$\left.\begin{array}{l} v_x\dfrac{\partial v_x}{\partial x}+v_y\dfrac{\partial v_x}{\partial y}=-\dfrac{1}{\rho}\dfrac{\partial p}{\partial x}+\nu\left(\dfrac{\partial^2 v_x}{\partial x^2}+\dfrac{\partial^2 v_x}{\partial y^2}\right)\\[3mm] v_x\dfrac{\partial v_y}{\partial x}+v_y\dfrac{\partial v_y}{\partial y}=-\dfrac{1}{\rho}\dfrac{\partial p}{\partial y}+\nu\left(\dfrac{\partial^2 v_y}{\partial x^2}+\dfrac{\partial^2 v_y}{\partial y^2}\right)\\[3mm] \dfrac{\partial v_x}{\partial x}+\dfrac{\partial v_y}{\partial y}=0 \end{array}\right\} \tag{6-8}$$

普朗特认为边界层的厚度与物体的特征长度相比均为小量，采用量级比较法来比较上述方程组中各项的数量级，权衡主次，忽略次要项，这样便可大大简化该方程组。

边界层的厚度 δ 与平板的长度相比较是很小的，即 $\delta\ll l$ 或 $\delta/l\ll 1$，而 y 的数值限制在边界层内，并满足不等式

$$0\leqslant y\leqslant\delta$$

为了将方程组中的变量变化为无量纲量，定义如下无量纲物理量

$$x'=\frac{x}{l},\quad y'=\frac{y}{l},\quad v_x'=\frac{v_x'}{v_\infty},\quad v_y'=\frac{v_y'}{v_\infty},\quad p'=\frac{p}{\rho v_\infty^2}$$

将它们代入方程组(6-8)，整理后得

$$\left.\begin{array}{l} v_x'\dfrac{\partial v_x'}{\partial x'}+v_y'\dfrac{\partial v_x'}{\partial y'}=-\dfrac{\partial p'}{\partial x'}+\dfrac{1}{Re_l}\left(\dfrac{\partial^2 v_x'}{\partial x'^2}+\dfrac{\partial^2 v_x'}{\partial y'^2}\right)\\[1mm] \quad 1\cdot 1\qquad\ \delta'\cdot\dfrac{1}{\delta'}\qquad\qquad\quad (\delta')^2\ 1\qquad\ \dfrac{1}{\delta'^2}\\[4mm] v_x'\dfrac{\partial v_y'}{\partial x'}+v_y'\dfrac{\partial v_y'}{\partial y'}=-\dfrac{\partial p'}{\partial y'}+\dfrac{1}{Re_l}\left(\dfrac{\partial^2 v_y'}{\partial x'^2}+\dfrac{\partial^2 v_y'}{\partial y'^2}\right)\\[1mm] \quad 1\cdot\delta'\qquad\ \delta'\cdot 1\qquad\qquad\quad (\delta')^2\ \delta'\qquad\ \dfrac{1}{\delta'}\\[4mm] \dfrac{\partial v_x'}{\partial x'}+\dfrac{\partial v_y'}{\partial y'}=0\\[1mm] \quad 1\qquad\ 1 \end{array}\right\} \tag{6-9}$$

式中，雷诺数 $Re_l=\dfrac{v_\infty l}{\nu}$。很显然，边界层内，$v_x$ 与 v_∞、x 与 l、y 与 δ 是同一数量级，于是可取 $v_x'\sim 1$，$x'\sim 1$ 和 $y'\sim\delta'$（符号～表示数量级相同），所以得到如下一些数量级

$$\frac{\partial v_x'}{\partial x'}\sim 1\quad \frac{\partial^2 v_x'}{\partial x'^2}\sim 1\quad \frac{\partial v_x'}{\partial y'}\sim\frac{1}{\delta'}\quad \frac{\partial^2 v_x'}{\partial y'^2}\sim\frac{1}{\delta'}$$

由连续性方程

$$\frac{\partial v_y'}{\partial y'}=-\frac{\partial v_x'}{\partial x'}\sim 1$$

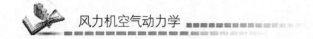

因此 $v'_y \sim \delta'$，于是又得到以下数量级

$$\frac{\partial v'_y}{\partial x'} \sim \delta', \quad \frac{\partial^2 v'_y}{\partial x'^2} \sim \delta', \quad \frac{\partial v'_y}{\partial y'} \sim 1, \quad \frac{\partial^2 v'_y}{\partial y'^2} \sim \frac{1}{\delta'}$$

为了方便讨论，将各项的数量级记于方程组（6-9）相应项的下面。现在来分析方程组各项的数量级，以达到简化方程的目的。

惯性项 $v'_x \dfrac{\partial v'_x}{\partial x'}$ 和 $v'_y \dfrac{\partial v'_x}{\partial y'}$ 具有相同的数量级 1，而惯性项 $v'_x \dfrac{\partial v'_y}{\partial x'}$ 和 $v'_y \dfrac{\partial v'_y}{\partial y}$ 也具有一个相同的数量级 δ'，比较这两个惯性项的数量级，方程组（6-9）中第二项中各惯性项可以忽略掉。另外，比较各黏性项的数量级，可知 $\dfrac{\partial^2 v'_x}{\partial x'^2}$ 和 $\dfrac{\partial^2 v'_x}{\partial y'^2}$ 比较，可以略掉 $\dfrac{\partial^2 v'_x}{\partial x'^2}$；又 $\dfrac{\partial^2 v'_y}{\partial x'^2}$ 和 $\dfrac{\partial^2 v'_y}{\partial y'^2}$ 比较，$\dfrac{\partial^2 v'_y}{\partial x'^2}$ 可以略去；最后，比较 $\dfrac{\partial^2 v'_x}{\partial y'^2}$ 和 $\dfrac{\partial^2 v'_y}{\partial y'^2}$ 的数量级，可以忽略掉 $\dfrac{\partial^2 v'_y}{\partial y'^2}$。于是在方程组（6-9）中的黏性项只剩下第一式中的一项 $\dfrac{\partial^2 v'_x}{\partial y'^2}$。

这样，将式（6-9）中某些项略去，再变化成有量纲量，便得到了层流边界层的微分方程（也称为普朗特边界层方程）

$$\left. \begin{array}{l} v_x \dfrac{\partial v_x}{\partial x} + v_y \dfrac{\partial v_x}{\partial y} = -\dfrac{1}{\rho}\dfrac{\partial p}{\partial x} + \nu \dfrac{\partial^2 v_x}{\partial y^2} \\[3mm] \dfrac{\partial p}{\partial y} = 0 \\[3mm] \dfrac{\partial v_x}{\partial x} + \dfrac{\partial v_y}{\partial y} = 0 \end{array} \right\} \tag{6-10}$$

其边界条件为

$$\left. \begin{array}{l} \text{在 } y = 0 \text{ 处，} v_x = v_y = 0 \\ \text{在 } y = \delta \text{ 处，} v_x = v(x) \end{array} \right\} \tag{6-11}$$

式中，$v(x)$ 是边界层外边界上势流的速度分布，可由势流理论来决定。对于沿平板流动，$v(x) = v_\infty$。

根据边界层的特征，在边界层内惯性项和黏性项具有相同的数量级，由方程组（6-9）可知，必须使 $1/Re_l$ 和 $(\delta')^2$ 同数量级，所以 $\delta/l \sim 1/\sqrt{Re_l}$，即 δ 反比于 $\sqrt{Re_l}$。这表明，雷诺数越大，边界层相对厚度越小。

从方程组（6-10）第二式得到一个很重要的结论：在边界层内，压强 p 与 y 无关，即边界层横截面上各点的压强相等，$p = p(x)$。而在边界层外边界上，边界层内的流动与外部有势流动组合。所以压强分布 $p(x)$ 可以根据势流的速度 $v(x)$ 由伯努利方程决定，即

$$p + \frac{1}{2}\rho v^2 = \text{常数}$$

$$\frac{\mathrm{d}p}{\mathrm{d}x} = -\rho v \frac{\mathrm{d}v}{\mathrm{d}x}$$

因为 $v'_x \sim 1$，即 $v_x \sim v_\infty$（或 v），这就是说，压强项 $-\dfrac{1}{\rho}\dfrac{\partial p}{\partial x} = v\dfrac{\mathrm{d}v}{\mathrm{d}x}$ 和惯性项 $v_x\dfrac{\partial v_x}{\partial x}$ 具有相同数量级。

对于壁面上的各点：$y = 0$，$v_x = v_y = 0$，由式（6-10）的第一式可得

$$\left(\frac{\partial^2 v_x}{\partial y}\right)_{y=0} = \frac{1}{\mu}\frac{\mathrm{d}p}{\mathrm{d}x} = \frac{1}{\nu}v\frac{\mathrm{d}v}{\mathrm{d}x} \tag{6-12}$$

式(6-10)是在物体壁面为平面的假设下得到的，但是，对于曲面物体，只要壁面上任意点的曲率半径与该处边界层厚度相比很大（机翼翼型和叶片叶型即如此），该方程组就适用，并却具有足够的精度。这时，应用曲线坐标，x 轴沿物体的曲面，y 轴垂直于曲面。

虽然层流边界层的微分方程比一般的黏性流体运动微分方程要简单些，但是，即使对最简单的物体外形，这方程的求解都很复杂。

应该指出的是，如果简单地认为流体的黏度很小而将上式中动量方程右边的黏性项完全忽略掉，则 N-S 方程将变为欧拉方程，这意味着认为流体是理想流体，使得固体壁面处的无滑移条件无法满足。同时，如果认为速度梯度很大，而对它们本身，以及它们的偏微商的相对大小缺乏了解，也很难对以上方程进行合理的简化。普朗特认为，边界层的厚度与物体的特征长度相比均为小量，可采用量级比较法来比较上述方程组中各项的数量级，并将其中的高阶小量略去。

6.3.2 边界层的动量积分关系式

层流边界层微分方程虽然比一般的黏性流体运动微分方程简单得多，但求解仍然比较烦琐。冯·卡门在1912年提出了边界层动量积分关系式，正像积分形式的动量方程那样，不必考虑控制体内每个流体质点，只需控制它们的总体符合流动规律。该关系式是比较简单的近似计算方法，得到了广泛的应用。

在定常流动的流体中，沿边界层划出一个单位宽度的微小控制体，它的投影面 $ABCD$ 由作为 x 轴的物体壁面上的一微元距离 BD、边界层的外边界 AC 和彼此相距 $\mathrm{d}x$ 的两条之间 AB 和 CD 所围成，如图 6.7 所示。现应用动量方程来研究该控制体内的流体在单位时间内沿 x 方向的动量变化和外力之间的关系。

单位时间内经过 AB 面流入的质量和代入的动量分别为

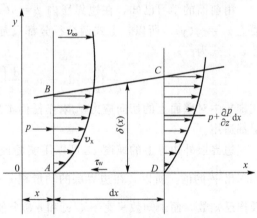

图 6.7 推导边界层动量积分关系式

$$m_{AB} = \int_0^\delta \rho v_x \mathrm{d}y, \quad k_{AB} = \int_0^\delta \rho v_x^2 \mathrm{d}y$$

单位时间内经过 CD 面流出的质量和带出的动量分别为

$$m_{CD} = \int_0^\delta \left[\rho v_x + \frac{\partial(\rho v_x)}{\partial x}\mathrm{d}x\right]\mathrm{d}y = \int_0^\delta \rho v_x \mathrm{d}y + \mathrm{d}x\frac{\partial}{\partial x}\int_0^\delta \rho v_x \mathrm{d}y$$

$$k_{CD} = \int_0^\delta \rho v_x^2 \mathrm{d}y + \mathrm{d}x\frac{\partial}{\partial x}\int_0^\delta \rho v_x^2 \mathrm{d}y$$

对于不可压缩流体，根据连续方程从边界层外边界 BC 流入的质量和带入的动量分别为

$$m_{BC} = m_{CD} - m_{AB} = \mathrm{d}x\frac{\partial}{\partial x}\int_0^\delta \rho v_x \mathrm{d}y$$

$$k_{BC} = v_\infty \mathrm{d}x\frac{\partial}{\partial x}\int_0^\delta \rho v_x \mathrm{d}y$$

式中，v_∞ 为边界层外边界上的速度。这样，可得到单位时间内沿 x 方向经控制面的动量通量为

$$k_{\mathrm{CD}} - k_{\mathrm{AB}} - k_{\mathrm{AC}} = \mathrm{d}x \left[\frac{\partial}{\partial x} \int_0^\delta \rho v_{\mathrm{x}}^2 \mathrm{d}y - v_\infty \frac{\partial}{\partial x} \int_0^\delta \rho v_{\mathrm{x}} \mathrm{d}y \right]$$

现在求作用在该控制体上沿 x 轴方向的一切外力。作用在 AB、CD 和 BC 诸面上的总压力沿 x 轴的分量分别为

$$P_{\mathrm{AB}} = p\delta, \quad P_{\mathrm{CD}} = \left(p + \frac{\partial p}{\partial x} \mathrm{d}x \right)(\delta + \mathrm{d}\delta), \quad P_{\mathrm{BC}} = \left(p + \frac{1}{2} \frac{\partial p}{\partial x} \mathrm{d}x \right) \mathrm{d}\delta$$

式中，$p + \frac{1}{2} \frac{\partial p}{\partial x} \mathrm{d}x$ 是 B 与 C 之间的平均压强。壁面 AD 作用在流体上的切向应力的合力为

$$F_{\mathrm{AD}} = \tau_{\mathrm{w}} \mathrm{d}x$$

于是，作用在该控制体上沿 x 方向诸外力之和为

$$P_{\mathrm{AB}} + P_{\mathrm{BC}} - P_{\mathrm{CD}} - F_{\mathrm{AD}} \approx -\delta \frac{\partial p}{\partial x} \mathrm{d}x - \tau_{\mathrm{w}} \mathrm{d}x \tag{6-13}$$

其中略去了二阶微量。根据动量方程，即单位时间经控制面流体动量的通量等于外力之和，就可得到定常流动条件下卡门的边界层动量积分关系式

$$\frac{\partial}{\partial x} \int_0^\delta \rho v_{\mathrm{x}}^2 \mathrm{d}y - v_\infty \frac{\partial}{\partial x} \int_0^\delta \rho v_{\mathrm{x}} \mathrm{d}y = -\delta \frac{\partial p}{\partial x} - \tau_{\mathrm{w}} \tag{6-14}$$

由前面的学习已知，在边界层内 $p = p(x)$；从以后的计算可知，$\delta = \delta(x)$，在给定截面上 $v_{\mathrm{x}} = v_{\mathrm{x}}(y)$。所以，上式两个积分都只是 x 的函数，因此式中的偏导数可改写为全导数，上式为

$$\frac{\mathrm{d}}{\mathrm{d}x} \int_0^\delta \rho v_{\mathrm{x}}^2 \mathrm{d}y - v_\infty \frac{\mathrm{d}}{\mathrm{d}x} \int_0^\delta \rho v_{\mathrm{x}} \mathrm{d}y = -\delta \frac{\mathrm{d}p}{\mathrm{d}x} - \tau_{\mathrm{w}} \tag{6-15}$$

在推导中对壁面上的切向应力 τ_{w} 未作任何本质的假设，所以式（6-15）对层流和紊流边界层都适用。

边界层外边界上的速度 v_∞ 可以用实验或解势流问题的办法求得，并可根据伯努利方程求出 $\frac{\mathrm{d}p}{\mathrm{d}x}$ 的值。所以，在边界层的动量积分关系式（6-15）中，实际上可以将 v_∞、$\frac{\mathrm{d}p}{\mathrm{d}x}$ 和 ρ 看作已知数，而未知数只有 v_{x}、τ_{w} 和 δ 3 个值。因此，要解这个关系式还需要两个补充方程。通常将沿边界层厚度的速度分布 $v_{\mathrm{x}}/v_\infty = f(y/\delta)$，以及切向应力与边界层厚度的关系式 $\tau = \tau(\delta)$ 作为两个补充关系式。一般在应用边界层的动量积分关系式来求解边界层问题时，边界层内的速度分布是按已有的经验来假定的。假定的 $v_{\mathrm{x}} = v_{\mathrm{x}}(y/\delta)$ 越接近实际，则所得的结果越正确。所以，选择边界层内的速度分布函数 $v_{\mathrm{x}} = v_{\mathrm{x}}(y/\delta)$ 是求解边界层问题的关键。

6.4 边界层的位移厚度和动量损失厚度

上一节中定义的边界层的厚度 δ 表示了黏性影响的范围。在实际计算中，例如在计算曲面边界层时，常用到位移厚度 δ_1 和动力损失厚度 δ_2，并将这个假定厚度作为边界层的特征。

按照伯努利方程已知

$$\frac{\mathrm{d}p}{\mathrm{d}x} = -\rho v \frac{\mathrm{d}v_\infty}{\mathrm{d}x}$$

又由于

$$\delta \frac{\mathrm{d}p}{\mathrm{d}x} = -\rho v_\infty \frac{\mathrm{d}v_\infty}{\mathrm{d}x} \int_0^\delta \mathrm{d}y = -\rho \frac{\mathrm{d}v_\infty}{\mathrm{d}x} \int_0^\delta v_\infty \mathrm{d}y$$

$$v_\infty \frac{\mathrm{d}}{\mathrm{d}x} \int_0^\delta \rho v_x \mathrm{d}y = \frac{\mathrm{d}}{\mathrm{d}x} \int_0^\delta \rho v_\infty v_x \mathrm{d}y - \frac{\mathrm{d}v_\infty}{\mathrm{d}x} \int_0^\delta \rho v_x \mathrm{d}y$$

代入式(6-15)，得

$$\frac{\mathrm{d}}{\mathrm{d}x} \int_0^\delta \rho v_x^2 \mathrm{d}y - \frac{\mathrm{d}}{\mathrm{d}x} \int_0^\delta \rho v_\infty v_x \mathrm{d}y + \frac{\mathrm{d}v_\infty}{\mathrm{d}x} \int_0^\delta \rho v_x \mathrm{d}y = \rho \frac{\mathrm{d}v_\infty}{\mathrm{d}x} \int_0^\delta v_\infty \mathrm{d}y - \tau_\mathrm{w}$$

或

$$\rho \frac{\mathrm{d}v_\infty}{\mathrm{d}x} \int_0^\delta (v_\infty - v_x) \mathrm{d}y + \rho \frac{\mathrm{d}}{\mathrm{d}x} \int_0^\delta v_x (v_\infty - v_x) \mathrm{d}y = \tau_\mathrm{w} \qquad (6-16)$$

为了讨论该式中积分项的物理意义，下面分析式(6-16)中两项积分的物理意义。第一项积分表示以等速为 v_∞ 的流动(即理想流体的运动)与实际流速为 v_x 的流动(即边界层内黏性流体的流动)经过同一厚度为 δ 的截面的流量之差，其差值等于图 6.8 中的阴影面积。当以 δ 为上限的积分值与以 ∞ 为上限的积分值相差很小时，上式的积分限可取 0 到 ∞，所以用等值矩形面积 $\delta_1 v_\infty$ 代替图中的阴影面积，得

$$\delta_1 = \frac{1}{v_\infty} \int_0^\infty (v_\infty - v_x) \mathrm{d}y = \int_0^\infty \left(1 - \frac{v_x}{v_\infty}\right) \mathrm{d}y \qquad (6-17)$$

δ_1 称为位移厚度或排挤厚度，可解释如下：当理想流体流过壁面时，它的流线应与壁面平行；但当实际流体流过壁面时，黏性作用使边界层内的速度降低，要达到边界层外边界上势流的来流速度必然要使势流的流线向外移动 δ_1 距离，所以 δ_1 称为位移厚度，如图 6.9 所示。

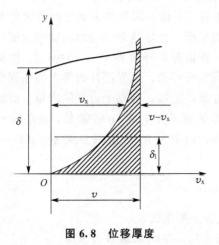

图 6.8 位移厚度

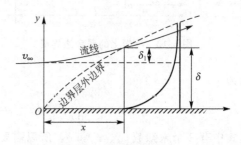

图 6.9 位移厚度定义

第二项积分表示在边界层内因黏性的影响而减少的流体动量。这部分减少的动量可用以理想流体的流速 v_∞ 流过某层厚度为 δ_2 的截面的流体动量来代替，即

$$\rho \delta_2 v_\infty^2 = \int_0^\infty \rho v_x (v_\infty - v_x) \mathrm{d}y$$

或

$$\delta_2 = \frac{1}{\rho v_\infty^2} \int_0^\infty \rho v_x (v_\infty - v_x) \mathrm{d}y = \int_0^\infty \frac{v_x}{v_\infty}\left(1 - \frac{v_x}{v_\infty}\right)\mathrm{d}y \qquad (6-18)$$

δ_2 称为动量损失厚度。

将 δ_1 和 δ_2 代入式（6-16），得

$$\rho \frac{\mathrm{d}}{\mathrm{d}x}(v_\infty^2 \delta_2) + \rho \delta_1 v_\infty \frac{\mathrm{d}v_\infty}{\mathrm{d}x} = \tau_w \qquad (6-19)$$

这是另外一种形式的平面不可压缩黏性流体边界层动量积分关系式。式中势流速度 v 为已知数，δ_1、δ_2 及 τ_w 都是未知数，它们决定于边界层内速度的分布规律。由于没有对 τ_w 作任何假设，所以该式对层流和紊流边界层都适用。

将上式作无量纲化处理，通除以 ρv_∞^2，得

$$\frac{\mathrm{d}\delta_2}{\mathrm{d}x} + (2\delta_2 + \delta_1)\frac{1}{v_\infty}\frac{\mathrm{d}v_\infty}{\mathrm{d}x} = \frac{\tau_w}{\rho v_\infty^2}.$$

或

$$\frac{\mathrm{d}\delta_2}{\mathrm{d}x} + (2 + H_{12})\frac{\delta_2}{v_\infty}\frac{\mathrm{d}v_\infty}{\mathrm{d}x} = \frac{\tau_w}{\rho v_\infty^2} \qquad (6-20)$$

式中，$H_{12} = \delta_1/\delta_2$。计算曲面边界层时，用上式较方便。

6.5 平板边界层流动的近似计算概述

6.5.1 平板层流边界层的近似计算

如图 6.10 所示，均匀来流速度为 v_∞ 的不可压缩黏性流体纵向流过一块极薄的平板，在平板上下表面形成边界层。取平板的前缘点 O 为坐标原点，x 轴沿着平板（即平行于 v_∞），y 轴垂直于平板。因为顺来流方向放置的是极薄的平板，可以认为不引起流动的改变。所以，在边界层外边界上 $v(x) \approx v_\infty$。根据伯努利方程可知，边界层外边界上的压强也保持常数，所以，在整个边界层内每一点的压强都是相等的，即 $p =$ 常数，$\mathrm{d}p/\mathrm{d}x = 0$。这样，边界层的动量积分关系式（6-15）

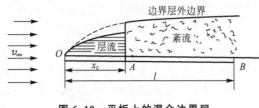

图 6.10 平板上的混合边界层

变为

$$\frac{\mathrm{d}}{\mathrm{d}x}\int_0^\delta v_x^2 \mathrm{d}y - v_\infty \frac{\mathrm{d}}{\mathrm{d}x}\int_0^\delta v_x \mathrm{d}y = -\frac{\tau_w}{\rho} \qquad (6-21)$$

上式中有 3 个未知数 v_x、τ_w 和 δ，所以需要再补充两个关系式。

第一补充关系式：假定层流边界层内的速度分布以 y/δ 的幂级数表示为

$$v(y)/v_\infty = a_0 + a_1\frac{y}{\delta} + a_2\left(\frac{y}{\delta}\right)^2 + a_3\left(\frac{y}{\delta}\right)^3 + a_4\left(\frac{y}{\delta}\right)^4 \qquad (6-22)$$

根据下列边界条件来确定待定系数 a_0、a_1、a_2、a_3、a_4。

（1）在平板壁面上的速度为零，即 $y = 0$ 时，$v_x = 0$。

(2) 在边界层外边界上的速度等于来流速度 v_∞，即 $y=\delta$ 时，$v_x = v_\infty$。

(3) 在边界层外边界上的切向应力 $\tau = \mu \dfrac{dv_x}{dy}$ 变为零，即 $y=\delta$ 时，$\left(\dfrac{\partial v_x}{\partial y}\right)_{y=\delta} = 0$。

(4) 由于边界层外边界上 $v_x = v_\infty$，由层流边界层的微分方程组的第一式可得 $\left(\dfrac{\partial^2 v_x}{\partial y^2}\right)_{y=\delta} = \dfrac{1}{\mu}\dfrac{dp}{dx} = 0$。

(5) 由于在平板壁面上的速度为零，即 $v_x = v_y = 0$，由层流边界层的微分方程组的第一式可得 $\left(\dfrac{\partial^2 v_x}{\partial y^2}\right)_{y=0} = \dfrac{1}{\mu}\dfrac{dp}{dx} = 0$。

上面 5 个条件求得的 5 个系数为

$$a_0 = 0, \quad a_1 = 2, \quad a_2 = 0, \quad a_3 = -2, \quad a_4 = 1$$

于是，层流边界层中速度的分布规律为

$$v_x = v_\infty \left[2\,\frac{y}{\delta} - 2\left(\frac{y}{\delta}\right)^3 + \left(\frac{y}{\delta}\right)^4 \right] \tag{6-23}$$

第二补充关系式：利用牛顿内摩擦定律和式(6-23)，得出

$$\tau_w = \mu\left(\frac{dv_x}{dy}\right)_{y=0} = \mu\frac{v_\infty}{\delta}\left[2 - 6\left(\frac{y}{\delta}\right)^2 + 4\left(\frac{y}{\delta}\right)^3 \right]_{y=0} = 2\mu\frac{v_\infty}{\delta} \tag{6-24}$$

为了便于计算边界层厚度，先求下列两个积分式

$$\int_0^\delta v_x dy = \int_0^\delta v_\infty \left[2\left(\frac{y}{\delta}\right) - 2\left(\frac{y}{\delta}\right)^3 + \left(\frac{y}{\delta}\right)^4 \right] dy = \frac{7}{10} v_\infty \delta \tag{6-25}$$

$$\int_0^\delta v_x^2 dy = \int_0^\delta v_\infty^2 \left[2\left(\frac{y}{\delta}\right) - 2\left(\frac{y}{\delta}\right)^3 + \left(\frac{y}{\delta}\right)^4 \right]^2 dy = \frac{367}{630} v_\infty^2 \delta \tag{6-26}$$

将式(6-24)、式(6-25)和式(6-26)代入式(6-21)，得

$$\frac{367}{630} v_\infty^2 \frac{d\delta}{dx} - \frac{7}{10} v_\infty^2 \frac{d\delta}{dx} = -2\,\frac{\mu}{\rho}\frac{v_\infty}{\delta}$$

或

$$\frac{37}{630} v_\infty \delta d\delta = \frac{\mu}{\rho} dx$$

积分后得

$$\frac{37}{1260} v_\infty \delta^2 = \frac{\mu}{\rho} x + c$$

因为在平板壁面前缘点处边界层厚度为零，即 $x=0$，$\delta=0$，积分常数 $c=0$。于是得边界层厚度为

$$\delta = 5.84 \sqrt{\frac{\nu x}{v_\infty}} = 5.84 x\,\mathrm{Re}_x^{1/2} \tag{6-27}$$

将式(6-27)代入式(6-24)，得切向应力为

$$\tau_w = 0.343 \sqrt{\frac{\mu\rho v_\infty^3}{x}} = 0.343\rho v_\infty^2 \sqrt{\frac{\nu}{v_\infty x}} = 0.343\rho v_\infty^2\,\mathrm{Re}_x^{-\frac{1}{2}} \tag{6-28}$$

在平板一个壁面上由黏滞力引起的总摩擦阻力

$$F_{Dx} = b\int_0^l \tau_w dx = 0.686b\sqrt{\mu\rho l v_\infty^2} = 0.686 bl\rho v_\infty^2\,\mathrm{Re}_l^{-1/2} \tag{6-29}$$

摩擦阻力系数为

$$C_f = \frac{F_{Dx}}{\frac{1}{2}\rho v_\infty^2 bl} = 1.372 Re_l^{-1/2} \qquad (6-30)$$

将式(6-25)和式(6-26)代入式(6-17)和式(6-18)，得位移厚度 δ_1 和动量损失厚度 δ_2

$$\delta_1 = \int_0^\delta \left(1 - \frac{v_x}{v_\infty}\right)\mathrm{d}y = 0.3\delta = 1.752\sqrt{\frac{\nu x}{v_\infty}} = 1.752 x Re_x^{-\frac{1}{2}} \qquad (6-31)$$

$$\delta_2 = \int_0^\infty \frac{v_x}{v_\infty}\left(1 - \frac{v_x}{v_\infty}\right)\mathrm{d}y = 0.1175\delta = 0.686\sqrt{\frac{\nu x}{v_\infty}} = 0.686 x Re_x^{-\frac{1}{2}} \qquad (6-32)$$

应该指出，上述计算结果是依赖于所假设的速度分布规律的，不同阶次的速度分布可以得出不同的结果。其他阶次的速度分布所计算出的结果这里不再罗列，有兴趣的读者可以依据上面过程自行推导。

6.5.2 平板紊流边界层的近似计算

现在研究不可压缩黏性流体纵向流过平板的紊流边界层的近似计算。就流动现象而言，由于紊流流动的掺混现象，使其与层流边界层相比，紊流边界层的厚度更大，沿流线的增长更快，靠近壁面处的速度分布更陡。上一节中所取的两个补充关系式是建立在层流的牛顿内摩擦定律和层流边界层的微分方程的基础上的，显然在紊流边界层内这两个关系式不成立。对于紊流必须用另外的方法去找两个补充关系式。这个问题目前还不能从理论上解决，但是人们对流体在圆管中作紊流流动的规律已经完整地研究过，普朗特曾作过这样的假设：沿平板边界层内的紊流流动和管内紊流流动相同。于是，就借用管内流动的理论结果去找积分关系式的两个补充关系式。这时，圆管中心线上的最大速度 $v_{x\max}$ 相当于平板的来流速度 v_∞，圆管的半径 r 相当于边界层的厚度 δ，并假定平板边界层从前缘开始就是紊流。紊流边界层内速度分布的规律假定是 1/7 指数规律，这与实验测得的结果相符合，于是有

$$v_x = v_\infty \left(\frac{y}{\delta}\right)^{\frac{1}{7}} \qquad (6-33)$$

与式(6-33)相应的切向应力公式为

$$\tau_w = \frac{\lambda}{8}\rho v^2 \qquad (6-34)$$

其中沿程损失系数 λ 在 $4000 \leqslant Re \leqslant 10^5$ 的范围内用勃拉休斯公式计算

$$\lambda = \frac{0.3164}{Re^{0.25}} = \frac{0.3164}{\left(\frac{vd}{\nu}\right)^{0.25}} = \frac{0.2660}{\left(\frac{vr}{\nu}\right)^{\frac{1}{4}}}$$

将此式代入(6-34)，得

$$\tau_w = 0.03325\rho v^{\frac{7}{4}}\left(\frac{\nu}{r}\right)^{\frac{1}{4}}$$

在以上雷诺数范围内，平均流速 v 近似等于 $0.8 v_{x\max}$，代入上式得

$$\tau_w = 0.0225\rho v_{x\max}^{\frac{7}{4}}\left(\frac{\nu}{r}\right)^{\frac{1}{4}}$$

再将圆管中心线上的 $v_{x\max}$ 和 r 用边界层上的 v_∞ 和 δ 代替，得

$$\tau_w = 0.0225\rho v_\infty^2 \left(\frac{\nu}{v_\infty \delta}\right)^{\frac{1}{4}} \qquad (6-35)$$

从上一节知道，在边界层内沿平板壁面的压强保持不变，即 $\mathrm{d}p/\mathrm{d}x=0$。据此，将式(6-33)和式(6-35)代入边界层的动量积分关系式(6-15)，得

$$\frac{\mathrm{d}}{\mathrm{d}x}\int_0^\delta \left[v_\infty \left(\frac{y}{\delta}\right)^{\frac{1}{7}}\right]^2 \mathrm{d}y - v_\infty \frac{\mathrm{d}}{\mathrm{d}x}\int_0^\delta v_\infty \left(\frac{y}{\delta}\right)^{\frac{1}{7}} \mathrm{d}y = -\frac{1}{\rho}\times 0.0225\rho v_\infty^2 \left(\frac{v}{v_\infty \delta}\right)^{\frac{1}{4}}$$

由于

$$\int_0^\delta \left(\frac{y}{\delta}\right)^{\frac{2}{7}} \mathrm{d}y = \frac{7}{9}\delta, \quad \int_0^\delta \left(\frac{y}{\delta}\right)^{\frac{1}{7}} \mathrm{d}y = \frac{7}{8}\delta$$

于是得

$$\frac{7}{72}\frac{\mathrm{d}\delta}{\mathrm{d}x} = 0.0225 \left(\frac{\nu}{v_\infty \delta}\right)^{\frac{1}{4}}$$

或

$$\delta^{\frac{1}{4}}\mathrm{d}\delta = 0.0225 \times \frac{72}{7}\left(\frac{\nu}{v_\infty}\right)^{\frac{1}{4}}\mathrm{d}x$$

积分后得

$$\delta = 0.37\left(\frac{\nu}{v_\infty x}\right)^{\frac{1}{5}}x + \mathrm{c} = 0.37x R_{ex}^{-\frac{1}{5}} + \mathrm{c}$$

在平板前缘处边界层的厚度等于零，即 $x=0$，$\delta=0$，所以积分常数 $\mathrm{c}=0$，最后得

$$\delta = 0.37\left(\frac{\nu}{v_\infty x}\right)^{\frac{1}{5}}x = 0.37x R_{ex}^{-\frac{1}{5}} \tag{6-36}$$

又有

$$\delta_1 = \int_0^\delta \left(1-\frac{v_x}{v_\infty}\right)\mathrm{d}y = \int_0^\delta \left[1-\left(\frac{y}{\delta}\right)^{\frac{1}{7}}\right]\mathrm{d}y = 0.125\delta = 0.0462x \mathrm{Re}_x^{-\frac{1}{5}} \tag{6-37}$$

$$\delta_2 = \int_0^\infty \frac{v_x}{v_\infty}\left(1-\frac{v_x}{v_\infty}\right)\mathrm{d}y = \int_0^\delta \left(\frac{y}{\delta}\right)^{\frac{1}{7}}\left[1-\left(\frac{y}{\delta}\right)^{\frac{1}{7}}\right]\mathrm{d}y = \frac{7}{72}\delta = 0.036x \mathrm{Re}_x^{-\frac{1}{5}}$$

$$\tag{6-38}$$

切向应力为

$$\tau_w = 0.0289\rho v_\infty^2 \mathrm{Re}_x^{-\frac{1}{5}} \tag{6-39}$$

在平板一个壁面上由黏滞力引起的总摩擦阻力

$$F_{Dx} = b\int_0^l \tau_w \mathrm{d}x = 0.036bl\rho v_\infty^2 \mathrm{Re}_l^{-1/5} \tag{6-40}$$

摩擦阻力系数

$$C_f = 0.072\mathrm{Re}_l^{-1/5} \tag{6-41}$$

根据实验测得 C_f 的系数比较精确的数值是 0.074，所以

$$C_f = 0.074\mathrm{Re}_l^{-1/5} \tag{6-42}$$

式中，v_∞ 为均匀来流速度，m/s；b 为平板的宽度，m；l 为平板的长度，m；ρ 为来流密度，kg/m³。

在推导平板紊流边界层的公式时借用了圆管中紊流速度分布的 1/7 指数规律和切向应力，所以以上所得结果只适用于一定的范围。实验证明，式(6-42)适用于 $5\times10^5 \leqslant \mathrm{Re}_l \leqslant 10^7$ 的情况；当 $\mathrm{Re}_l > 10^7$ 时，这公式就不准确了，此时紊流边界层内的速度分布相当于对数，

普朗特和施利希廷通过研究得出以下半经验公式

$$C_f = \frac{0.455}{(\lg Re_l)^{2.58}}$$ (6-43)

这一公式的适用范围可以达到 $Re_l = 10^9$。后来，舒尔兹-格鲁诺根据大量实验测量结果提出，平板紊流边界层的摩擦阻力系数的内插公式为

$$C_f = \frac{0.427}{(\lg Re_l - 0.407)^{2.64}}$$ (6-44)

从上面两节的分析可知，平板的层流边界层和紊流边界层的重大区别如下。

(1) 紊流附面层内沿平板法向截面上的速度比层流附面层的速度增加得快。也就是说，紊流附面层的速度分布曲线比层流附面层的速度分布曲线要饱满得多，这与圆管中的情况相似。

(2) 沿平板紊流附面层的厚度比层流附面层的厚度增加得快，因为紊流的 δ 与 $x^{\frac{4}{5}}$ 成正比，而层流的 δ 与 $x^{\frac{1}{2}}$ 成正比。这是因为在紊流附面层内流体微团发生横向运动，容易促使厚度迅速增加。

(3) 在其他条件相同的情况下，平板壁面上的切应力 τ_w 沿壁面的减小在紊流附面层中要比层流附面层中减小得慢。

(4) 在同一 Re_l 下，紊流附面层的摩擦阻力系数比层流附面层的大得多。这是因为在层流中摩擦阻力只是由于不同流层之间发生相对运动而引起的；紊流中还由于流体微团有很剧烈的横向混掺，因而产生更大的摩擦阻力。

6.5.3 平板混合边界层的近似计算

由本章的学习已知，边界层的流动状态主要是由雷诺数决定的。当雷诺数增大到某一临界值时，边界层由层流转变为紊流，称为混合边界层，即平板前端是层流边界层，后部是紊流边界层，在层流转变为紊流边界层之间存在一个过渡区。

由于混合边界层内的流动情况十分复杂，所以在研究平板的混合边界层的摩擦阻力时，为了简化计算，作以下两个假设。

(1) 在平板的 A 点层流边界层突然转变为紊流边界层。

(2) 紊流边界层的厚度变化、层内速度和切向应力的分布都从前缘点 O 开始计算。

根据这两个假设，用下列方法去计算平板混合边界层的总摩擦阻力。令 F_{DM} 代表很合边界层的总摩擦阻力，F_{DL} 代表层流边界层的总摩擦阻力，F_{DT} 代表紊流边界层的总摩擦阻力，则（如图 6.10）

$$F_{DM_{OB}} = F_{DT_{AB}} + F_{DL_{OA}} = F_{DT_{OB}} - F_{DT_{OA}} + F_{DL_{OA}}$$

$$= C_{fTl} \frac{\rho v_\infty^2}{2} bl - C_{fTx_c} \frac{\rho v_\infty^2}{2} bx_c + C_{fLx_c} \frac{\rho v_\infty^2}{2} bx_c$$

$$= \left[C_{fTl} - (C_{fTx_c} - C_{fLx_c}) \frac{x_c}{l} \right] bl \frac{\rho v_\infty^2}{2}$$

式中，x_c 为转变点 A 至前缘点 o 的距离，C_{fL} 和 C_{fT} 各为层流边界层和紊流边界层的摩擦阻力系数。从上式可得到混合边界层的摩擦阻力系数为

$$C_f = C_{fTl} - (C_{fTx_c} - C_{fLx_c}) \frac{x_c}{l} = C_{fTl} - \frac{(C_{fTx_c} - C_{fLx_c}) \frac{v_\infty x_c}{\nu}}{\frac{v_\infty l}{\nu}}$$

$$=C_{\mathrm{fT1}}-\frac{(C_{\mathrm{fTx_c}}-C_{\mathrm{fLx_c}})\mathrm{Re}_{x_c}}{\mathrm{Re}_1}=C_{\mathrm{fT1}}-\frac{A}{\mathrm{Re}_1}$$

式中，$A=(C_{\mathrm{fTx_c}}-C_{\mathrm{fLx_c}})\mathrm{Re}_{x_c}$，取决于层流边界层转变为紊流边界层的临界雷诺数 Re_{x_c}。

这样，平板的混合边界层的摩擦阻力系数可按以下两式进行计算

$$5\times10^5\leqslant\mathrm{Re}_1\leqslant10^7\text{时，}\quad C_{\mathrm{f}}=\frac{0.074}{\mathrm{Re}_1^{0.2}}-\frac{A}{\mathrm{Re}_1} \tag{6-45}$$

$$5\times10^5\leqslant\mathrm{Re}_1\leqslant10^9\text{时，}\quad C_{\mathrm{f}}=\frac{0.455}{(\mathrm{lgRe}_1)^{2.58}}-\frac{A}{\mathrm{Re}_1} \tag{6-46}$$

综上所述，层流边界层的摩擦阻力系数比紊流边界层的摩擦阻力系数要小得多，所以层流边界层段越长，即层流边界层到紊流边界层的转变点 A 离平板前缘越远，平板的摩擦阻力就越小。

6.6 曲面边界层的分离现象和卡门涡街

6.6.1 曲面边界层的分离现象

如前所述，当不可压缩黏性流体纵向流过平板时，在边界层外边界上沿平板方向的速度是相同的，而且整个流场和边界层内的压强都保持不变，边界层不会发生分离。但当黏性流体流经曲面物体时，边界层外边界上沿曲面方向的速度 v 是改变的，所以曲面边界层内的压强也将同样发生变化，即

$$v=v(x)，\quad p=p(x)$$

式中，x 为沿物体表面的曲线坐标。根据伯努利方程，可得压力与速度间的关系

$$p+\frac{1}{2}\rho v^2=\text{常数}$$

将上式对 x 进行积分

$$\frac{\partial p}{\partial x}+\rho v\frac{\partial v}{\partial x}=0$$

所以

$$\frac{\partial p}{\partial x}=-\rho v\frac{\partial v}{\partial x}$$

因而，对于外部势流的加速过程，边界层内部为负压力梯度，即

$$\frac{\partial v}{\partial x}>0\text{时，}\quad\frac{\partial p}{\partial x}<0\quad\text{（顺压强梯度）}$$

相反，对于外部势流的减速过程，边界层内部为正压梯度，即

$$\frac{\partial v}{\partial x}<0\text{时，}\quad\frac{\partial p}{\partial x}>0\quad\text{（逆压强梯度）}$$

曲面边界层的计算是很复杂的，这里不准备讨论它。这一节将着重说明曲面边界层的分离现象。

如图 6.11 所示，黏性流体流过曲面物体，以 v_∞ 和 p_∞ 表示无穷远处流体流动所具有

的速度和压强。流体质点从 o 点到 M 点是加速过程，压强顺流逐渐减小，为顺压强梯度；M 点之后，流体质点是减速过程，压强顺流递增，为逆压强梯度。M 点处边界层外边界上的速度最大，而压强最低。沿曲面各点法向的速度剖面和压强变化曲线如图 6.11 所示，图中实线表示流线，虚线表示边界层外边界。

　　下面从流体在边界层内流动的物理过程来说明曲面边界层的分离现象。当黏性流体流经曲面时，边界层内的流体微团因被黏滞力阻滞，动能耗损，逐渐减速。越接近物体壁面的流体微团，所黏滞力的阻滞作用越大，动能消耗越大，减速也越甚。在曲面的增速减压段，即顺压强梯度段，由于流体的部分压强势能转变为流体的动能，故流体微团虽受到黏滞力的阻滞作用，但仍有足够的动能使它继续前进。但是，在曲面的升压减速段，即逆压强梯度段，流体的部分动能不仅要转变为压强势能，而且黏滞力的阻滞作用也要继续消耗它的动能，这就使流体微团的动能损耗加大，流速迅速下降，边界层不断增厚。当流体流到曲面的某一点 s 时，靠近物体壁面的流体微团的动能已被消耗尽，这部分流体微团便首先停滞不前。跟着而来的流体微团也将陆续停滞下来，以致越来越多地被停滞的流体微团在面壁和主流之间堆积起来。与此同时，在 s 点之后，压强的继续升高将使部分流体微团被迫反方向逆流，并迅速向外扩展，造成边界层的分离。在 sT 线上一系列流体微团的切向速度等于零，s 点称为边界层的分离点。分离时形成的旋涡不断地被主流带走，在物体后部形成尾涡区。

　　如图 6.11 所示，在分离点的上游，所有断面上沿 y 轴的速度均为正值，且壁面处 $\frac{\partial v_x}{\partial y}>0$。在分离点的下游，壁面附近产生回流，回流区的速度为负值，因此壁面附近 $\frac{\partial v_x}{\partial y}<0$。在分离点处，则 $\frac{\partial v_x}{\partial y}=0$。

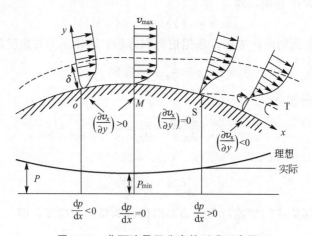

图 6.11　曲面边界层分离的形成示意图

　　从以上的分析中可得到如下结论：黏性流体在压强降低区内流动(加速流动)时不会出现边界层分离，只有在压强升高区内流动(减速流动)时才有可能出现边界层分离，形成旋涡。尤其在主流的减速足够大的情况下，边界层的分离就一定会发生。例如，在圆柱体和球体这样的钝头体的后半部分，当流速足够大时便会发生边界层分离，这是由于在钝头体的后半部分有急剧的压强升高区，主流减速加剧的缘故。若将钝头体的后半部分改为充分细长的尾部，成为圆头尖尾的所谓流线型物体(如机翼的翼型)，就可以使主流的减速大为降低，防止边界层内逆流的发生，避免边界层的分离。

阅读材料6-1

　　层流和湍流边界层都会发生分离，其本质是一致的。但是不同流态时，在给定的曲面上的分离点位置差别很大。层流流动时，速度较快的外层流体与内层流体的动量交换是通过黏性切向应力作用而产生的，紧靠壁面处的流体质点速度慢、动量小，不能够在逆压强梯度下长时间地紧靠壁面，边界层在较前的位置就发生了分离。相反，当边界层转变为湍流后，快速移动的外层流体与内层流体强烈混合，使得紧靠壁面的流体质点的平均流速大大增加了。这种增加的能量使流体质点能够更好地抵抗逆压强梯度，结果湍流边界层的分离点向下游移动，到达了压力更高的区域。图 6.12 所示为水中圆球边界层分离照片图。图 6.12(b) 的球的顶部是粗糙的，边界层为湍流边界层，分离点后移，绕流阻力系数比光滑圆球减小了近 50%。

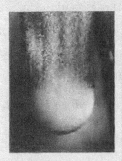

(a) 层流边界层分离，$C_D \approx 0.4$　　　(b) 湍流边界层分离，$C_D \approx 0.2$

图 6.12　水中圆球边界层分离照片

6.6.2　卡门涡街

　　黏性流体均匀等速流以速度 v_∞ 定常地绕过圆柱体流动，当雷诺数 Re 很小时，例如 Re<5，由于圆柱体后部流体的减速增压很弱，边界层不会发生分离。这时与理想流体绕过圆柱体的流动基本一样，如图 6.13(a) 所示。逐渐增大来流流速，即增大雷诺数 Re，圆柱体后半部分的减速增压变强，边界层将发生分离，如图 6.13(b) 所示。随着来流雷诺数的不断增加，圆柱体后半部分边界层中的流体微团受到更大的阻滞，分离点 s 一直向前移动。当雷诺数增加到大约 40 时，在圆柱体的后面便产生一对方向相反的对称旋涡，如图 6.13(c) 所示。雷诺数超过 40 后，对称旋涡不断增长并出现摆动，直到雷诺数 Re 约为 60 时，这对不稳定的对称旋涡分裂，最后形成几乎稳定的、非对称性的、多少有些规律的、旋转方向相反的交替旋涡，称为卡门涡街，如图 6.13(d) 所示。它以比来流速度 v_∞ 小得多的速度 v_x 运动。

　　对于有规律的卡门涡街，只有在 Re=60～5000 长度范围内能观察到，而且在大多数情况下涡街是不稳定的。卡门证明，当 Re≈150 时，圆柱体后的卡门涡街只有在两列旋涡之间的距离 h 与同列中相邻旋涡的距离 l 之比为 0.2806 的情况下才是稳定的。图 6.14 所

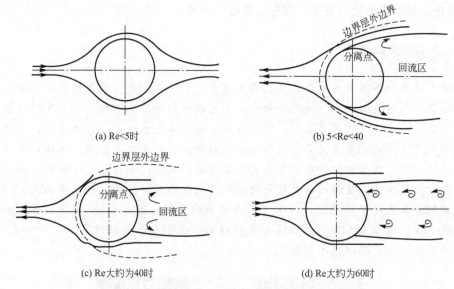

(a) Re<5时

(b) 5<Re<40

(c) Re大约为40时

(d) Re大约为60时

图 6.13　卡门涡街形成示意图

示为卡门涡街的流谱。根据动量定理对图 6.14 所示的卡门涡街进行理论计算，得到作用在单位长度圆柱体上的阻力为

$$F_{\mathrm{D}}=\rho v_{\infty}^{2}h\left[2.83\,\frac{v_{\mathrm{x}}}{v_{\infty}}-1.12\left(\frac{v_{\mathrm{x}}}{v_{\infty}}\right)^{2}\right] \tag{6-47}$$

式中的速度比 $v_{\mathrm{x}}/v_{\infty}$ 可通过实验测得。

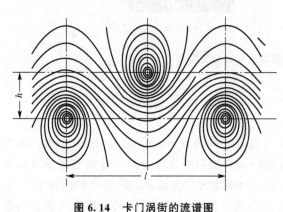

图 6.14　卡门涡街的流谱图

圆柱体后尾流的流动状态在小雷诺数下是层流，在较大雷诺数下形成卡门涡街。随着雷诺数的增加（150＜Re＜300），在尾流中出现流体微团的横向运动，层流状态过渡为紊流状态。到雷诺数达到 300 时，整个尾流区称为紊流，旋涡不断消失在紊流中。

在圆柱体后尾流的卡门涡街中，两列旋转方向相反的旋涡周期性地均匀交替脱落，有一定的脱落频率。旋涡的脱落频率 f 与流体的来流速度 v_{∞} 成正比，而与圆柱体的直径 d 成反比，即

$$f=\mathrm{Sr}\,\frac{v_{\infty}}{d} \tag{6-48}$$

式中的 Sr 就是斯特劳哈尔数，它只与雷诺数有关。根据罗斯柯（A. Roshko）1954 年的实验结果，在大雷诺数（Re＞1000）下，斯特劳哈尔数近似等于常数，即 Sr＝0.21。

根据卡门涡街的上述性质可以制成卡门涡街流量计。在管道内以与流体流动相垂直的方向插入一根圆柱体验测杆，在验测杆下游产生卡门涡街。在 $\mathrm{Re}=10^{3}\sim1.5\times10^{5}$ 范围内，斯特劳哈尔数基本上等于常数，测得了旋涡的脱落频率便可由式（6-48）来求得流速，从而可以确定管道内流体的流量。这里，测定流量的问题归结为测定卡门涡街脱落频率的

问题，而频率的测量方法有热敏电阻丝法、超声波束法等，这里不再作介绍。

旋涡自圆柱体后周期性地交替脱落，会形成对圆柱体的横向交变作用力，这是由于旋涡脱落的一侧柱面的绕流情况改善，侧面总压力降低，而旋涡形成中的一侧柱面的绕流情况恶化，侧面总压力升高。交变作用力的方向总是自旋涡形成中的一侧指向旋涡脱落的一侧，它交变的频率与旋涡交替脱落的频率相同，它的作用将在圆柱体内引起交变应变力。如果它的交变频率与圆柱系统的共振频率相等，便会引起圆柱体的共振，产生很大的振动和内应力，影响圆柱体的正常工作，甚至会使圆柱体破坏。

旋涡的交替脱落会使空气振动，发生声响效应，风吹电线发出的嘘嘘声便是常见的例子。在管式空气预热器中，空气横向绕流管束，卡门涡街的交替脱落会引起管箱中气柱的振动。特别是当旋涡的脱落频率与管箱的声学驻波振动频率相等时，便会引起强烈的声学驻波振动，产生很大的噪声，甚至将管箱振鼓、破裂，破坏性很大，这要求合理设计管箱去解决。

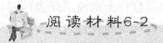

阅读材料6-2

美国塔科玛峡谷桥(Tacoma Narrow Bridge)风毁事故的惨痛教训

1940年，美国在华盛顿州的塔科玛峡谷上花费640万美元建造了一座主跨度853.4m的悬索桥。建成4个月后，于同年11月7日碰到了一场风速为19m/s的风。虽然风不算大，但桥却发生了剧烈的扭曲振动，且振幅越来越大(接近9m)，直到桥面倾斜到45°左右，使吊杆逐根拉断，导致桥面钢梁折断而塌毁，坠落到峡谷之中。当时正好有一支好莱坞电影队在以该桥为外景拍摄影片，记录了桥梁从开始振动到最后毁坏的全过程，它后来成为美国联邦公路局调查事故原因的珍贵资料。一部分航空工程师认为，塔科玛桥的振动类似于机翼的颤振；而以冯·卡门为代表的流体力学家认为，塔科玛桥的主梁有着钝头的H型断面，和流线型的机翼不同，存在着明显的涡旋脱落，应该用涡激共振机理来解释。

20世纪60年代，经过计算和实验，证明了冯·卡门的分析是正确的。塔科玛桥的风毁事故是一定流速的流体流经边墙时产生了卡门涡街；卡门涡街后涡的交替发放会在物体上产生垂直于流动方向的交变侧向力，迫使桥梁产生振动，当发放频率与桥梁结构的固有频率相耦合时，就会发生共振，造成破坏。

卡门涡街不仅在圆柱后出现，也可在其他形状的物体后形成，例如在高层楼厦、电视发射塔、烟囱等建筑物后形成。这些建筑物受风作用而引起的振动，往往与卡门涡街有关。因此，现在进行高层建筑物设计时都要进行计算和风洞模型实验，以保证不会因卡门涡街造成建筑物的破坏。据了解，北京、天津的电视发射塔，上海的东方明珠电视塔在建造前，都曾在北京大学力学与工程科学系(原)的风洞中做过模型实验。

6.7 黏性流体的绕流运动

在讨论不可压缩理想流体的平行绕过圆柱体无环流的平面流动时，曾经得到结论：流体作用在圆柱体的压强的合力等于零。倘若无分离地绕任意无限长物体，也可得到同样的结论。显然，这一结论和实际不符合。事实上，即使黏性很小的流体绕物体流动时，物体一定受到流体的压强和切向应力的作用，这些力的合力一般可分解为与来流方向一致的作用力 F_D 和垂直于来流方向的升力 F_L。由于 F_D 与物体运动方向相反，起着阻碍物体运动的作用，所以称为阻力。绕流物体的阻力由两部分组成：一部分是由于流体的黏性在物体表面上作用着切向应力，由此切向应力所形成的摩擦阻力；另一部分是出于边界层分离，物体前后形成压强差而产生的压差阻力。摩擦阻力和压差阻力之和统称为物体绕流阻力。

摩擦阻力是黏性直接作用的结果。当黏性流体绕过物体流动时，流体对物体表面作用有切向应力，由切向应力产生摩擦阻力，所以摩擦阻力是作用在物体表面的切向应力在来流方向上的分力的综合。压差阻力是黏性间接作用的结果。当黏性流体绕过物体流动，比如说绕过圆柱体流动时，如果边界层在压强升高的区域内发生分离，形成旋涡，则在从分离点开始的圆柱体后部的流体的压强大致接近于分离点的压强，这里的压强不能恢复到理想流体绕过圆柱体流动时应有的压强值，这样就破坏了作用在圆柱体上的前后压强的对称性，从而产生了圆柱体前后的压强差，形成压差阻力。而旋涡所携带的能量也将在整个尾涡区中被消耗而变为热，最后散佚掉。所以，压差阻力是作用在物体表面的压强在来流方向上的分力的总和。压差阻力的大小与物体的形状有很大的关系，所以又称为形状阻力。摩擦阻力与压差阻力之和称为物体绕流阻力。对物体绕流阻力的形成过程，虽然从物理观点看完全清楚，但是要从理论上来确定一个任意形状物体的绕流阻力至今还是十分困难的。物体绕流阻力目前都是通过实验测得的。

层流边界层产生的物体表面上的切向应力比紊流的要小得多，为了减小摩擦阻力，应该使物体上的层流边界层尽可能长，也就是使层流边界层转变为紊流边界层的转折点尽可能往后推移。流体绕流物体的最大速度（也就是最小压强）点位置对层流边界层向紊流边界层的转折点位置起着决定性的作用。我们知道，加速流动比减速流动容易使边界层保持层流，因此，为了减小高速飞机机翼上的摩擦阻力，在航空工业上采用一种"层流型"的翼型，就是将翼型的最大速度点尽可能地向后移，这可以通过将翼型的最大厚度点尽可能地向后移来实现。但是，对这种翼型机翼表面的光滑度要求很高，否则粗糙表面会使边界层保持不了层流状态。

减小压差阻力必须采用产生尽可能小的尾涡区的物体外形，也就是使边界层的分离点尽量向后推移。由于边界层分离点的位置与边界层内压强升高区的压强梯度直接相关，所以物体的外形应使流经物体表面压强升高区的流体压强梯度尽可能地小些。圆头尖尾流线型的物体就具有这种外形，例如涡轮机的叶片叶型和机翼翼型都是这样。对具有流线型外形物体的绕流，在小冲角大雷诺数的情况下，实际上可以认为它不发生边界层分离，其阻力主要是摩擦阻力。

对于某些理论翼型，例如儒可夫斯基翼型，可以计算出作用在翼型上的阻力。任意的实际翼型的阻力目前还只能在风洞中用实验方法测得。为了便于比较，工程上习惯用无量纲的阻力系数 C_D 来代替阻力 F_D，即

$$C_D = \frac{F_D}{\frac{1}{2}\rho v_\infty^2 A} \tag{6-49}$$

式中，A 是机翼面积，对每单位机翼长度（单位翼展）而言，$A = l \times 1$，l 是弦长。对于任何

形状物体的阻力系数，同样可用式（6-49），其中 A 是物体在垂直于运动方向或来流方向的截面积。

物体绕流阻力的大小与雷诺数有密切关系。按相似定律已知，对于不同的不可压缩流体中的几何相似的物体，如果雷诺数相同，则它们的阻力系数也相同。因此，在不可压缩黏性流体中，对于与来流方向具有相同方位角的几何相似体，其阻力系数为

$$C_D = f(Re)$$

为了减小物体阻力，并获得较大的升力，在实际应用中常可以采取边界层控制的措施，以防止或延缓边界层的分离。控制边界层的方法有以下两大类。

（1）改善边界层以外主流的外部条件来控制边界层的发展，可防止分离的发生。例如在设计中采用流线型的物体、层流型翼型，对渐扩管选择适当的扩张角等。根据尼古拉兹在 1929 年的实测，渐扩管的半扩张角在 3.5° 以上才出现分离。

（2）改善边界层的性质。有以下两种情况。

① 向边界层内减速的流体增加能量，提高速度，可防止或推迟边界层分离。有两种方法：一是用特殊的压缩机从物体内部射出流体，如图 6.15（a）所示。在应用时要非常注意缝口的形状．以避免射流在靠近出口的后面不远处分离成陨涡。二是利用翼缝直接从流体中取得能量。如图 6.15（b）所示的开缝机翼，机翼 CD 前面有一小的前缘缝翼 AB，两翼之间有一狭小开外缝。在大冲角时，前缘缝翼上表面的压强很大，它上表面的边界层有很大的分离危险，但主流中一部分流体经过开缝射向机翼的上表面，使前缘缝翼上的边界层在未发生分离以前就被带入主流，同时从 C 点开始形成新的边界层，在适当条件下，边界层可以直接到后缘点 D 都不发生分离。用这种方法机翼可以在相当大的冲角下不发生边界层分离，并可获得很大的升力。

② 在边界层将发生分离以前，利用缝式抽吸将边界层内减速的流体吸入机翼内，如图 6.15（c）所示。这样，在缝口后的机翼上表面形成新的边界层，可克服一定的压强升高，避免边界层分离。采取适当的缝口结构可以完全防止边界层分离，从而大大减小压差阻力。另外，适当布置抽吸缝口的位置还可使边界层由层流向紊流的转变点向下游推移，以扩大层流区，减小摩擦阻力。

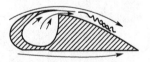
(a) 从物体内部射出流体

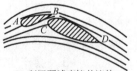
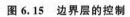
(b) 利用翼缝直接从流体
中取得能量

(c) 利用缝式抽吸把边界层内减速
的流体吸入机翼内

图 6.15　边界层的控制

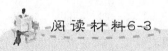
阅读材料6-3

流线型物体

所谓流线型物体，其目标是将分离点尽可能后移而使其产生的湍流尾流最小，以降低压差阻力。但是更长的物体将导致摩擦阻力增加，所以最佳的流线型是摩擦阻力和压差阻力之和最小。

分析绕流流动时，在考虑流线型并注意物体前面部分份额的同时还要注意物体尾部或下游部分的影响。物体前端形状对确定物体后端分离点的位置有重要的决定性影响。一个圆的尖头物体对流线扰动最小，是最适合于在不可压缩流体和亚音速可压缩流体中运动的物体。因此，高速列车、飞机、子弹乃至飞禽的尖嘴等都采用了圆锥形头部。图中给出了一个钝头汽车和圆头汽车的比较，C_D 相差约 30%

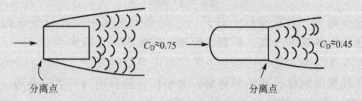

图 6.16　圆锥形头部示例

一、思考题

6-1　什么叫边界层？边界层有哪些基本特征？

6-2　简述曲面边界层分离的原理。

6-3　黏性流体绕流物体时有哪几种阻力？如何减少这些阻力？

6-4　什么是压差阻力？引起压差阻力的因素有哪些？流过尖锐的物体会不会产生压差阻力？

二、选择题

6-1　对于层流边界层，_____和_____都将加速边界层的分离。

A. 减少逆压梯度和减少运动黏滞系数　　B. 增加逆压梯度和减少运动黏滞系数

C. 减少逆压梯度和增加运动黏滞系数　　D. 增加逆压梯度和增加运动黏滞系数

6-2　边界层分离的必要条件是_____（坐标 x 沿流动方程，y 沿物面外法线方向）。

A. $\dfrac{\partial p}{\partial y}<0$　　　B. $\dfrac{\partial p}{\partial x}>0$　　　C. $\dfrac{\partial v}{\partial y}>0$　　　D. $\dfrac{\partial v}{\partial x}>0$

6-3　理想流体的绕流_____分离现象。

A. 不可能产生　　　　　　　　　　B. 会产生

C. 随绕流物体表面变化会产生　　　　D. 据来流情况判断是否会产生

6-4　在物面附近，紊流边界层的流速梯度比相应层流边界层的流速梯度要_____，所以它比层流边界层_____产生分离。

A. 大，易　　　　　B. 小，易　　　　　C. 大，不易　　　　D. 小，不易

6-5　为了减少_____，必须将物体作成流线型。所谓流线型，就是指流体流过物体时，其流线会自动地_____，以适合物体的形状，使流体能顺利地绕着流体流过。

A. 摩擦阻力，变直　　　　　　　　　B. 摩擦阻力，变弯

C. 压差阻力，变直　　　　　　　　　D. 压差阻力，变弯

6-6　在边界层内_____与_____有同量级大小。

A. 惯性力，表面张力　　　　　　　　B. 惯性力，重力

C. 惯性力，弹性力　　　　　　　　D. 惯性力，黏滞力

6-7　边界层厚度 δ 与雷诺数 Re 的_____成反比。雷诺数越大，边界层厚度越薄。

A. 平方　　　　　　B. 立方　　　　　　C. 平方根　　　　　　D. 立方根

三、计算题

6-1　跳伞者的质量为 80kg，降落时的迎风面积为 $0.2m^2$，设其阻力系数 C_D 为 0.8，气温为 0℃，空气密度为 $1.292kg/m^3$。不考虑空气的浮力作用，试求跳伞者的终端速度。

6-2　$\mu=0.731Pa \cdot s$、$\rho=925kg/m^3$ 的油，以 0.6m/s 的速度平行地流过一块长为 0.5m，宽为 0.15m 的光滑平板。试求边界层最大厚度及平板所受阻力。

6-3　一块长为 6m，宽为 2m 的光滑平板，平行地放置在来流速度为 60m/s，温度为 40℃的空气流中，已知边界层流动的临界 Re 数为 10^6（即 Re<10^6 用层流公式计算，Re>10^6 用紊流公式计算）。求平板所受阻力。

6-4　直径为 500mm 的管道，通过 30℃的空气，在垂直于管道的轴线方向插入直径为 10mm 的卡门涡街流量计，测得旋涡的脱落频率为 105(1/s)，求管道中的流量。

6-5　试求一辆汽车以 60km/h 的速度行驶时，克服空气阻力所作的功率。已知汽车垂直于运动方向的投影面积为 $2m^2$，阻力系数为 0.3，假设静止空气的温度为 0℃。

6-6　高 25m、直径 1m 的圆柱形烟囱在标准大气条件下受到 50m/min 均匀风的作用，端部效应可忽略。试估算由于风力造成的烟囱底部的弯矩。阻力系数 C_D 取 1.2。

6-7　有 45kN 的重物从飞机上投下，要求落地速度不超过 10m/s，将重物挂在一阻力系数为 2.0 的降落伞下面。不计伞重，设空气密度为 $1.2kg/m^3$。求降落伞的直径。

第7章
风动力学及叶素理论

 本章教学要点

知识要点	掌握程度	相关知识
风力机翼型的几何参数	掌握实体翼型参数的定义、名称、表示符号及方位	飞机机翼与风力机桨叶的共同点及区别
黏性流体绕翼型流动	了解实际流体绕过翼型时，不同攻角的不同流线图及边界层分离现象和其形成的强烈旋转的尾迹	实际流体圆柱绕流图谱及其形成的边界层分离的尾迹形状
翼型绕流边界层特点	熟悉边界层基本概念，位移厚度、动量损失厚度的定义；了解翼型边界层的特点；了解影响机翼边界层分离点位置及翼型阻力的因素	平板边界层、非流线型物体的边界层
启动涡与附着涡	理解启动涡与附着涡的起因；理解翼型升力的形成原因	圆柱体的有环量绕流；儒可夫斯基升力公式
作用在运动桨叶上的气动力	掌握作用在运动桨叶上的气动力的来源、力的合成及各种分解方法；掌握升力系数及阻力系数定义及公式	实际流体绕流物体流动阻力及升力
升力系数和阻力系数的变化曲线	熟悉升力系数和阻力系数的变化曲线大体形状；熟悉翼型剖面形状对其升力和阻力的影响；	绕圆柱流动的阻力系数与雷诺数的关系
气动力的其他重要特性及分析	掌握压力中心和焦点、仰力矩系数的定义；了解气动力的一些其他特性	合力作用点，力的合成
叶素特性分析	了解叶素特性、轴功率及风轮效率	相对速度、绝对速度、牵连速度
叶素的理论气动效率和最佳攻角	理解埃菲尔极线的画法及最佳攻角的确定方法	机械效率

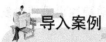

导入案例

　　风力机的分类办法很多，但从空气动力学的方面考虑，主要分为升力型与阻力型。一般的物体的实际绕流都会产生阻力，但不见得可以产生升力，只有物体本身旋转或薄型物体倾斜迎风时会产生升力，且只有流线型物体（如机翼也叫翼型）的实际绕流中（正的小攻角下）升力会大于阻力，所以尤其升力型风力机大多数都采用翼型桨叶（只有很古旧的原始风力机采用平板桨叶，其效率或风能利用率较低），要想获得高效率的风力机一定得先研究翼型受力及其效率。

　　风力机种类繁多，按叶片数量分，可分为单叶风力机、双叶风力机、三叶风力机、四叶风力机和多叶风力机，如图7.1所示；按主轴与地面的相对位置分，可分为水平轴、垂直轴（立轴）式；按桨叶工作原理分，可分为升力型、阻力型，如图7.2所示。特殊型风力发电机有集流式、扩压式、旋风式和浓缩风能型等。

　　有些水平轴风力机的风轮在塔架的前面迎风旋转，称为上风式风力机；而在塔架后面的，称为下风式风力机，如图7.3所示。

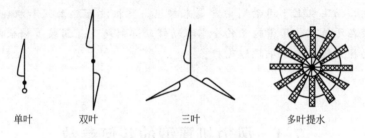

单叶　　　双叶　　　　三叶　　　　　　多叶提水

图 7.1　不同叶片数的水平轴风力机

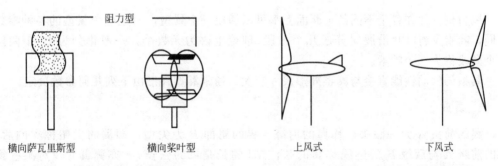

横向萨瓦里斯型　　　横向桨叶型　　　　上风式　　　　　下风式

图 7.2　阻力型水平轴风力机　　　　**图 7.3　上风、下风式水平轴风力机**

　　无论是水平轴还是垂直轴式的风力机，如果采用升力型，一般都采用机翼型叶片。

　　风力机依靠叶轮汲取风能，叶轮一般由叶片和轮毂组成。叶轮的参数及其性能直接决定风力机的重要性能指标——风能利用系数。叶轮性能的好坏则取决于叶轮上叶片的数量和外形设计。现代风轮叶片的平面形状通常是接近矩形的直叶片，尖削度不大而展弦比较大。这样叶片的展向流动是次要的，叶片的气动特性很大程度上取决于叶片的翼型剖面形状及其所处的相对位置——即翼型剖面的气动特性是研究叶片性能的关键。研究绕翼型剖面流动比较简单，易于观察、实验、理论推导与分析，同时翼型剖面气动特性也是探讨复杂情况的基础。

低速空气动力学提供了对翼型剖面作深入细致研究的理论基础，提供了丰富的翼型剖面的气动性能试验数据和理论计算方法，为风力机的气动研究和气动设计提供了依据。近代风力机叶片广泛采用机翼翼型剖面，大大提高了风力机的风能利用系数。

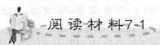
阅读材料7-1

人类飞行梦想实现——第一架飞机

像鸟儿一样自由飞翔是人类的美好梦想。1903 年 12 月 17 日，美国的莱特兄弟完成了人类历史上的首次飞行。这次飞行的留空时间只有短短的 12s，飞行距离只有微不足道的 36m，但它却是人类历史上有动力、载人、持续、稳定、可操纵的、重于空气的飞行器的首次成功升空并飞行，标志着人类征服天空的梦想开始变为现实。

这架飞机叫"飞行者"。它采用了一副前翼和一副主机翼，并且都是双翼结构，用麻布蒙皮和木支柱联结而成。一台汽油活塞发动机被固定在主机翼下面的一个翼面之上，机翼后面安装着左、右各一副双叶螺旋桨，机尾是一个双翼结构的方向舵，用来操纵飞机的方向，而飞机上下运动则由前翼来操纵。飞机没有起落架和机轮，只有滑橇。起飞时飞机装在滑轨上，用带轮子的小车拉动辅助弹射起飞。驾驶员俯伏在主机翼的下机翼中间拉动操纵绳索的手柄操纵飞机。

7.1 风力机翼型的几何参数

风力机叶片在各个不同的 r 断面上都可以切成一个翼型，而这些个翼型的各种参数都不同，叶素是将叶片沿展向分成几个微段（理论上讲为无数个，一般化分为 10 个微段），每个微段称为一个叶素。

翼型的气动性能直接与翼型外形尺寸有关。通常翼型外形由下列几何参数决定。

1. 翼弦

翼的前头 A 为一圆头，称翼的前缘。翼的尾部 B 为尖型，即翼的尖尾称翼的后缘。翼的前缘 A 与后缘 B 的连线称翼的弦，AB 的长是翼的弦长 l，亦称翼弦。对某些翼型（图 7.4(b)、(c)）有时用下表面的外切线的垂直投影线作为翼弦。它是翼型的基准长度，也称为几何弦。

除几何弦外，翼型上还有气动弦。当气流方向与气动弦一致时，作用在翼型剖面上的升力为零。对称翼型的几何弦与气动弦重合。气动弦又称零升力线，如图 7.5 所示。

图 7.5 中，θ_0 为零升力角，零升力线（气动弦）与几何弦之间的夹角；θ 为升力角，来流速度方向与零升力线（气动弦）间的夹角；i 为攻角，是来流速度方向与弦线间的夹角。

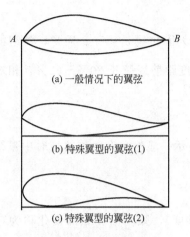

(a) 一般情况下的翼弦

(b) 特殊翼型的翼弦(1)

(c) 特殊翼型的翼弦(2)

图 7.4 翼型的几何弦

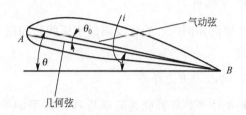

图 7.5 翼型的气动弦和气流角

2. 前缘半径与前缘角

翼型前缘点的内切圆半径称为翼型剖面前缘半径，以 r_1 表示。亚音速翼型前缘是圆的。超音速翼型前缘是尖的。以前缘点上下翼型剖面切线的夹角 τ_1 表示，称为前缘角，如图 7.6 所示。一般风力机的翼型都为亚音速的，因此前缘多为圆形。

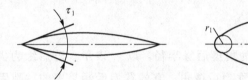

图 7.6 翼型前缘半径与前缘角

3. 厚度与厚度分布

在计算翼型时通常采用如图 7.7 所示的直角坐标，x 轴与翼弦重合，y 轴过前缘 A 点且垂直向上。这样在 x 轴上方的弧线称为上翼面(以 $y_u(x)$ 表示)，下方的弧线称为下翼面(以 $y_l(x)$ 表示)。对应同一 x 坐标的上下翼面点距为翼型的厚度，以 c 表示。厚度随 x 的变化称厚度分布，用 $c(x)$ 表示。

$$c(x) = y_u(x) - y_l(x) \tag{7-1}$$

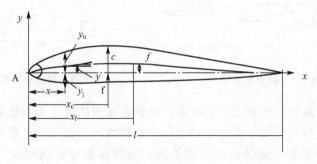

图 7.7 翼型参数

当 $x = x_c$ 时，$c = c_{max}$，c 称最大厚度。

c/l 称为最大相对厚度，x_c 为最大厚度位置，其无因次量 $\bar{x}_c = \dfrac{x_c}{l}$。通常，翼型的相对厚度即指最大相对厚度，以 $\bar{c}$ 表示。一般翼的最大厚度距前缘弦长 $20\% \sim 35\%$，相对厚度通常为 $10\% \sim 15\%$。

4. 中弧线

翼型内切圆圆心的连线叫做中弧线，如图 7.8 所示。显然只有对称翼型时中弧线与翼弦重合。

5. 弯度与弯度分布

翼型中弧线和翼弦间的高度称为翼型的弯度（拱度），弧高沿翼弦的变化称为弯度分布，如图 7.7 所示，以 $y_f(x)$ 表示。

$$y_f(x) = \frac{1}{2}\left[y_u(x) + y_l(x)\right] \tag{7-2}$$

当 $x = x_f$ 时，$y_f(x_f) = y_{fmax}$，称为最大弯度，以 f 表示。$\bar{f} = f/l$ 称为最大相对弯度（拱度），x_f 为最大弯度位置，其无因次量 $\bar{x}_f = x_f/l$。同样，通常翼型的相对弯度指最大相对弯度，用 $\bar{f}$ 表示。

6. 后缘半径或后缘角

翼型后缘点 B 的内切圆半径称为翼型后缘半径，以 r_t 表示。若后缘为尖的，则以后缘点上下翼面的切线夹角 τ_t 表示，称为后缘角。有的翼型后缘是平的，则用后缘厚度 b_t 表示，如图 7.9 所示。

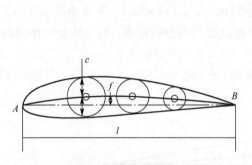

图 7.8　翼型中弧线

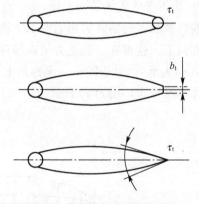

图 7.9　翼型后缘半径或后缘角

由于叶片沿翼展方向可有无数个叶素，而每个翼型的各个参数皆不相同，每个风力机叶片桨叶设计参数也不同，所以不同设计所获得的风力机气动参数都不同。尤其是各个气流角都随各叶素的 r 及转数不同而不同，翼型参数中影响气动工况的气流角极其关键。

7.2 黏性流体绕翼型流动

理想流体无穷远来流以一定攻角绕流翼型时，在翼型的前驻点分成两股，沿翼型上、下表面流向后缘。这时，根据攻角的不同，或者沿下表面的流体绕过后缘点，在上表面与沿上表面流动的物流体在后驻点汇合；或者沿上表面流动的流体绕过后缘点，在下表面与沿下表面流动的流体在后驻点汇合；或者沿上、下表面流动的流体在后缘点汇合，这时后缘点就是后驻点，在该点处流体速度为有限值，这时流体平顺地离开后缘，没有分离现象。在前两种绕流的情况下，由于后缘点的曲率半径等于零，流体绕过尖点时，在后缘点处形成无限大的速度，根据伯努利方程，该点处的压强将变成负无穷大的低压，这在物理上是不可能的。实际上这种现象是不可能发生的，因为流体绕流后缘点时必然会发生分离，形成旋涡。

而实际流体绕过翼型时，根据攻角不同会有不同流线图，还会形成分离和强烈旋转的尾迹，如图 7.10 所示。

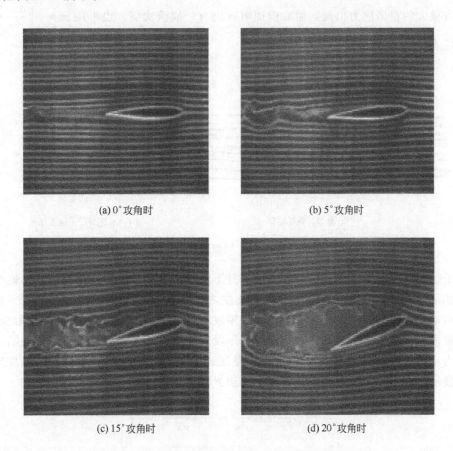

(a) 0°攻角时   (b) 5°攻角时

(c) 15°攻角时   (d) 20°攻角时

图 7.10　实际流体翼型绕流

7.3 翼型绕流边界层特点

7.3.1 边界层(附面层)的概念

实际流体在固体边界上通常没有滑动，流体相对于固体边界的速度为零。在大雷诺数流动中，沿物面法向很薄的一层内流体的速梯度和旋度很大，此薄层即称为边界层。在边界层内有很大的黏性作用并存在很大的旋度，其流动总压因黏性耗散而减小。在边界层外，因黏性和旋度扩散得很快，通常可按无旋流加以研究。在边界层离开物体后缘，其流动总压有损失的区域继续向后扩展，形成所谓黏性尾流或遗迹(wake)。图 7.11(a)中虚线即表示绕机翼无分离流动时边界层和遗迹的边界线。在边界层和其尾流内的流态既可能是层流，也可能是紊流。层流边界层内摩擦切应力可用公式 $\tau = \mu \dfrac{\mathrm{d}v_x}{\mathrm{d}y}$ 确定，紊流边界层内速度分布比层流时变化更剧烈。图 7.11(b)所示为两种流态速度分布的示意图，在紊流边界层 δ 内有很大的雷诺应力出现，而在壁面附近仍有一层流次层，也可用 $\tau_w = \mu \left(\dfrac{\mathrm{d}v_x}{\mathrm{d}y} \right)_w$ 计算壁面切应力。

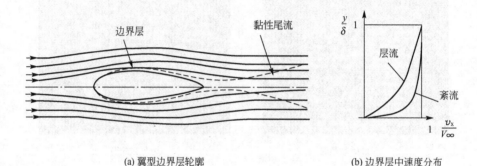

(a) 翼型边界层轮廓　　　　　　　(b) 边界层中速度分布

图 7.11　翼型边界层

由于边界层与无黏性影响区域在实际上并不能截然分开，故边界层厚度 δ 不能精确地确定。如某一点处的速度与外部无黏性流速度之差在某一任意百分数(通常为 1‰)之内，那么就将这一点到边界的距离定义为边界层厚度 δ。试验表明，在通常的大雷诺数流动中，边界层极薄，如由机翼前缘到后缘，边界层厚度只能增加到弦长的几百分之一左右。例如在弦长为 1.5~2m 的翼型剖面上，边界层厚度通常只有几个厘米。在很薄的边界层内如忽略次要项，则沿平面或微曲边界面的二维边界层方程为

$$\left. \begin{aligned} & \frac{\partial v_x}{\partial t} + v_x \frac{\partial v_x}{\partial x} + v_y \frac{\partial v_x}{\partial y} = -\frac{1}{\rho} \frac{\partial p}{\partial x} + \nu \frac{\partial^2 v_x}{\partial y^2} \\ & \frac{\partial p}{\partial y} = 0 \\ & \frac{\partial v_x}{\partial x} + \frac{\partial v_y}{\partial y} = 0 \end{aligned} \right\} \tag{7-3}$$

这就是著名的普朗特方程式。它必须满足的边界条件为：$y=0$ 处 $v_x=0$，$v_y=0$，及 $y=\delta$ 处 $v_x=V_\infty$，V_∞ 为边界层外无旋流速度，它可以是 x 和 t 的函数，通常是已知的。式中 ν 是流体的运动黏性系数。

普朗特边界层方程指出，沿物面法线方向压力在边界层内是不变的 $\left(\dfrac{\partial p}{\partial y}=0\right)$。实验指出，这个结论对层流边界层或紊流边界层都成立。故绕流物体有边界层存在时（并无分离），沿物面压力分布和无黏性流时沿该物面压力分布非常近似，边界层的存在只使物体表面产生黏性阻力。

边界层内速度分布使其通过的质量流量与无黏性流动通过的质量流量相比较，有一"亏损值"。如图 7.12 所示，这个"亏损值"相当于将流线向物面外移动一定距离后所减少的质量流量，通常定义这段距离为位移厚度 δ_1。

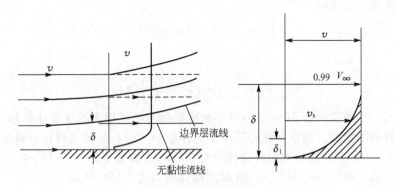

图 7.12 位移厚度

$$\rho V_\infty \delta_1 = \rho \int_0^\infty (V_\infty - v_x)\,\mathrm{d}y \qquad (7-4)$$

或

$$\delta_1 = \int_0^\infty \left(1 - \frac{v_x}{V_\infty}\right)\mathrm{d}y \qquad (7-5)$$

位移厚度比边界层厚度 δ 更容易准确确定。从边界层内速度分布可知，通过边界层的流体动量与无黏性流动比较将有减小，定义一个动量损失厚度 δ_2，使

$$\rho \delta_2 V_\infty^2 = \rho \int_0^\infty v_x (V_\infty - v_x)\,\mathrm{d}y \qquad (7-6)$$

或

$$\delta_2 = \int_0^\infty \frac{v_x}{V_\infty}\left(1 - \frac{v_x}{V_\infty}\right)\mathrm{d}y \qquad (7-7)$$

引入动量损失厚度 δ_2 将便于对表面摩擦阻力计算。对普朗特方程式(7-3)积分，或对边界层直接应用动量定理，可求得如下的卡门动量积分方程

$$\frac{\tau_w}{\rho} = \frac{\partial}{\partial x}(V_\infty^2 \delta_2) + V_\infty \frac{\partial V_\infty}{\partial x}\delta_1 + \frac{\partial}{\partial t}(V_\infty \delta_1) \qquad (7-8)$$

其中，τ_w 为壁面黏性切应力。对定常流，此方程还可写为

$$\frac{C_f}{2} = \frac{\mathrm{d}\delta_2}{\mathrm{d}x} + (2+H)\frac{\delta_2}{V_\infty}\frac{\mathrm{d}V_\infty}{\mathrm{d}x} \qquad (7-9)$$

式中，$C_f = \tau_w / \left(\dfrac{1}{2}\rho V_\infty^2\right)$，为定义的摩擦阻力系数；$H = \delta_1/\delta_2$，称为形状因子，通常 H 总是大于 1。对于层流，H 的变化范围大约从在驻点处为 2 到边界层分离点处大约为 3.5。在紊流中 H 的变化更小（大约从 1.35 到 2.5）。边界层计算中，常通过计算形状因子 H 作为边界层是否分离的准则，紊流边界层分离准则大多取 $H \geqslant 1.8 \sim 2.4$。

对平板定常流情况，卡门动量积分方程有更简单的形式，即

$$\frac{C_f}{2} = \frac{\mathrm{d}\delta_2}{\mathrm{d}x} \tag{7-10}$$

故根据动量损失厚度 δ_2 的分布就可求出物面摩擦阻力系数 C_f。这些动量积分方程既可用于层流，也可用于紊流。

类似于边界层位移厚度 δ_1、动量损失厚度 δ_2，还可引入一个动能厚度 δ'，使其与边界层引起的动能减少相关联，即令

$$\int_0^\infty \rho v_x (V_\infty^2 - v_x^2) = \rho V_\infty^3 \delta' \tag{7-11}$$

或

$$\delta' = \int_0^\infty \frac{v_x}{V_\infty}\left(1 - \frac{v_x^2}{V_\infty^2}\right)\mathrm{d}y \tag{7-12}$$

再引入另一个形状因子 $H^* = \delta'/\delta_2$（即动能厚度与动量损失厚度之比值），可应用于边界层分离和转捩的预测。如在层流边界层中，存在一个边界层分离时比较确定的 H^* 的极限值，当 $H^* \leqslant 1.575$ 时便出现层流边界层分离。对紊流边界层，当 $H^* < 1.46$ 时必出现紊流边界层分离，但只有当 $H^* > 1.58$ 时才能保持其边界层不分离。

对于边界层转捩准则还没有很好解决，如对于平板边界层，从层流转捩为紊流边界层的临界雷诺数 $Re = \dfrac{LV_\infty}{\nu}$（$L$ 为平板长度，V_∞ 为来流速度）大约在 3×10^5 到 3×10^6 之间，并与 H^* 有关。

7.3.2 翼型边界层的特点

从边界层理论得出，在平板边界层中由于其形状因素不会发生边界层分离。但翼型属于曲面就会有边界层的分离。翼型属于流线型物体，其特点在于其分离点相对于其他形状的物体靠后，其形状阻力相对地比其他物体小。

流线性物体都是相对细长的物体，翼型尤其是风力机叶片所采用的低速翼型，通常是圆头尖尾巴儿的，这样物体尾部的逆压梯度较小，这也是使其分离点相对后移的主要原因，而在翼型中，如果尽量保持层流边界层，就会使边界层分离点尽量靠后。上面也讲了，在层流边界层中，H 的变化范围大约从驻点处为 2 到边界层分离点处大约为 3.5。在紊流中 H 的变化更小（大约从 1.35 到 2.5）。边界层计算中，常通过计算形状因子 H 作为边界层是否分离的准则，紊流边界层分离准则大多取 $H \geqslant 1.8 \sim 2.4$。

在翼型设计中也可以尽量使翼型剖面上最低压力点位置向后靠，以加长顺压强梯度段长度，努力保持其边界层为层流状态，以达到降低翼型总摩阻的目的。

翼型边界层中，层流边界层中的摩擦系数

$$C_{xf} = \frac{1.33}{\sqrt{Re}} \tag{7-13}$$

而在紊流边界层中的摩擦系数，实验测得

$$C_{xf} = \frac{0.074}{Re^{0.2}} \quad (Re < 10^7) \tag{7-14}$$

$$C_{xf} = \frac{0.455}{(\lg Re)^{2.68}} \quad (10^8 < Re < 10^9) \tag{7-15}$$

$$Re = \frac{xV_\infty}{\nu} \tag{7-16}$$

在同样的雷诺数下，层流边界层中的摩擦系数只是紊流边界层中摩擦系数的 1/3～1/6。因此边界层中应尽量使层流边界层与紊流边界层的转换点靠后，以使其阻力减少，如图 7.13 所示。

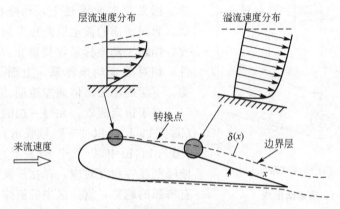

图 7.13 翼型剖面边界层的转换

在风力机强度满足的情况下可以尽量采用薄翼，这样就可以尽可能地减小逆压强梯度，从而达到上述目的。

7.4 启动涡与附着涡

7.4.1 启动涡

对于理想流体的翼型绕流，无论是在翼型上表面汇合还是在翼型下表面汇合，形成后驻点都不可能形成平顺的绕流，只有在后驻点与后缘点重合时才能形成平顺的绕流，不发生分离。但要想符合这一条件的攻角只有一个固定值，沿上、下表面流动的流体要正好在后缘点汇合，这时流体平顺地流过后缘点。冲角变大或变小都将引起分离。因此，这种理想的无环量绕流不能在一定的攻角范围内保持平顺绕流。在实际绕流中，能否在一定攻角范围内保持稳定的平顺绕流呢？实际上，对翼型的绕流是一种有环量绕流，平行流与环流叠加的结果使后驻点移向后缘点，从而实现平顺绕流。

儒可夫斯基、恰普雷金假定：对于每一个有圆头、尖端后缘的翼型，在某一攻角范围内，流体绕流翼型表面时将平顺地离开后缘点，速度为有限值。

这一假设已由实验证明。只有在有环量绕流的情况下才可能有这样的平顺绕流。库塔–儒可夫斯基提出了升力与环量 Γ 的关系，而恰普雷金和库塔则解决了确定环量 Γ 的平顺流动条件，由此可以确定环量 Γ 的数值。

在流体静止的情况下，绕翼型不可能存在环流。理想流体开始时只能是无环量绕过翼型流动，但是从前驻点分离后沿翼型上、下表面流动的两股流体在翼型后缘会合时，因其所经过的路线不同，使两股流体有不同的速度，上、下两层流体形成间断面（图 7.14(a)），即间断面处速度有跳跃式的变化。翼型尾部的这种间断面是不稳定的，只要遇到任何微弱的扰动间断面就会波动，使流体做曲线运动，并以两层流体的平均速度（图 7.14(a)中虚线所示）前进。假设动坐标系设在此虚线上，动坐标系以此速度移动，而间断面的波也以此速度运动，所以波峰和波谷相对于动坐标系保持静止。从图 7.14(b)可见，相对于该动坐标系，上面那层流体向右流动，下面的那层流体向左流动。

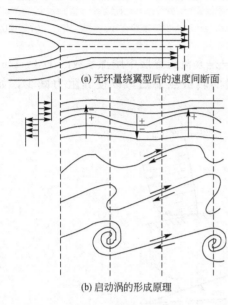

(a) 无环量绕翼型后的速度间断面

(b) 启动涡的形成原理

图 7.14 启动涡形成

对于恒定流动，在每一边的流体波峰处增压（图 7.14(b)中以"＋"号表示），在波谷处减压（图 7.14(b)中以"－"号表示）。即间断面两侧波峰和波谷相互对应，存在压强差，使波动起伏有增强的趋势，增压区中的流体企图向邻近的减压区运动，

图 7.15 启动涡

致使间断面波动起伏越来越大，而两层流体的反向相对运动更加剧了这一波动，致使波最后断裂成一个个旋涡，这些旋涡称为启动涡，如图 7.15 所示。所形成的启动涡将立即脱离翼型并被主流带走。

7.4.2 附着涡

启动涡改变了翼型剖面周围的速度场，使绕翼型剖面的任意周线环量不再为零（图 7.16），其值等于每个瞬时启动涡的环量，正是由于这一环流，使得后驻点与后缘点重合，形成满足恰普雷金假设的平顺绕流。若任取一包围翼型剖面和启动涡在内的封闭周线 L_{ABCD}，由于运动初始时是无旋运动，沿 L_{ABCD} 周线速度环量等于零，即 $\Gamma_{ABCD}=0$，根据环量保持不变的汤姆逊定理，沿封闭周线的速度环量将始终保持为零。当后缘点处形成环量为 $+\Gamma$ 的启动涡时（$\Gamma_{L2}\neq 0$），为了保持沿封闭周线 L 的总环量为零，必然绕翼型产生一个与启动涡的环量大小相等而方向相反的环流 $-\Gamma$，使 $\Gamma_{L2}=\Gamma_{L1}$，这一环量可以用环量等于 Γ 的旋涡代替。启动涡不断脱离后缘被主流带走，但绕翼型

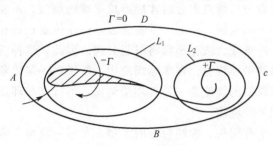

图 7.16 附着涡

的顺时针环流却使翼型上表面速度增加，压力减小，使翼型下表面速度减小，压力增加，由翼型上、下的压力差形成升力。同时，这一环流的作用使驻点向后缘点移动，在驻点尚未到达后缘点之前不断有旋涡形成并脱落被主流带走，而翼型上的环流也不断加强，直至驻点后移至后缘点，获得儒可夫斯基-恰普雷金假设的平顺绕流。显然，可以应用儒可夫斯基-恰普雷金的平顺绕流假设，单值地确定环量值，这样计算得到的升力值与实验结果很好地符合。

在实际流体绕翼型流动时，由于流体的黏性，在翼型表面上形成一层很薄的边界层，边界层流体由无数旋涡组成，称为附着涡，利用附着涡代替实际流体边界层中的涡量之和。在边界层外的流域中流动是有势的，用附着涡代替边界层后，可以将绕物体的有环量的流动看成是有势流动，所以应该沿边界层外的任意封闭周线计算环量。而沿任意这样周线的环量都相同，根据斯托克斯定理，它等于附着涡的涡旋强度。因此，流体的黏滞性是绕流物体时环量的形成和产生升力的根源。

将边界层中的涡量总和假设成一个环量等于其涡旋强度的环流，将这个假设的环流叫（附着环流）附着涡，也可以叫翼型表面的这一薄层边界层为附着涡。

7.5 作用在运动桨叶上的气动力

假定桨叶处于静止状态，令空气以相同的相对速度吹向叶片时，作用在桨叶上的气动力将不改变其大小。气动力只取决于相对速度和攻角的大小。因此为了便于研究，均假定桨叶静止处于均匀来流速度 V_∞ 中。

此时，作用在桨叶表面上的空气压力是不均匀的：上表面压力小，下表面压力大。按照伯努利理论，桨叶上表面的气流速度比较高，桨叶下表面的气流速度则比来流低。因此，围绕桨叶的流动可以看成由两个不同的流动组合而成：一个是将翼型置于均匀流场中时围绕翼型的零升力流动，另一个是空气环绕桨叶表面的环流，而桨叶的升力则是由于在翼型表面上存在这一环绕桨叶表面的环流的速度环量造成的，如图 7.17 所示。

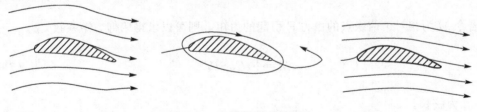

图 7.17 气流绕翼叶的流动

为了表示压力沿表面的变化，可作叶片表面的垂线，用垂线的长度 K_P 表示各部分压力的大小

$$K_P = \frac{p - p_0}{\frac{1}{2}\rho V_\infty^2} \qquad (7-17)$$

式中，p 为叶片表面上的静压；ρ、p_0、V_∞ 为无限远处的来流条件。

连接各垂直线段长度 K_P 的端点，得到图 7.18(a)，其中上表面 K_P 为负，下表面 K_P 为正。

作用在翼型上的力 F 与相对速度的方向有关，并可以用下式表示

$$F=\frac{1}{2}\rho C_{\mathrm{F}}SV_{\infty}^{2} \qquad (7-18)$$

式中，S 为风力机叶片面积，它等于弦长×叶片长度；C_{F} 为气动合力系数。

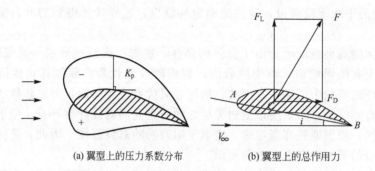

(a) 翼型上的压力系数分布   (b) 翼型上的总作用力

图 7.18   作用在翼型剖面上的力

该力可分为两部分：分量 F_{D} 与来流速度 V_{∞} 平行，称为阻力；分量 F_{L} 与来流速度 V_{∞} 垂直，称为升力。

F_{D} 和 F_{L} 可分别表示为

$$\begin{cases} F_{\mathrm{D}}=\dfrac{1}{2}\rho C_{\mathrm{D}}SV_{\infty}^{2} \\[2mm] F_{\mathrm{L}}=\dfrac{1}{2}\rho C_{\mathrm{D}}SV_{\infty}^{2} \end{cases} \qquad (7-19)$$

式中，C_{D} 为阻力系数；C_{L} 为升力系数。

因为这两个分量是相互垂直的，故存在

$$F_{\mathrm{D}}^{2}+F_{\mathrm{L}}^{2}=F^{2} \qquad (7-20)$$

$$C_{\mathrm{D}}^{2}+C_{\mathrm{L}}^{2}=C_{\mathrm{F}}^{2} \qquad (7-21)$$

若令 M 为相对于前缘点的由力 F 引起的力矩，则可以求得俯仰力矩系数 C_{M}。

$$M=\frac{1}{2}\rho C_{\mathrm{M}}SlV_{\infty}^{2} \qquad (7-22)$$

式中，l 为弦长。

因此，作用在桨叶翼型剖面上的气动力可表示为升力、阻力和变距力矩三部分。

由图 7.18(b)可看出，对于各个攻角值，存在某一特别的点 C，该点的气动力矩为零，称为压力中心。于是，作用在叶片截面上的气动力可表示为作用在压力中心上的升力和阻力。压力中心与前缘点之间的位置可用一个比值确定。

$$CP=\frac{AC}{AB}=\frac{C_{\mathrm{M}}}{C_{\mathrm{L}}} \qquad (7-23)$$

一般 $CP=25\%\sim30\%$。

7.6 升力系数和阻力系数的变化曲线

7.6.1 升力特性

翼型剖面上升力特性可用升力系数 C_L 随攻角 i 变化的曲线，即升力特性曲线来表示，如图 7.19 所示。攻角 i 为无穷远来流与翼型剖面几何弦的夹角。从图 7.19 可看出，当气动弦与几何弦的夹角为 $-\theta_0$ 时，翼型剖面上升力系数为零，称 θ_0 为零升力角。也即 $i=-\theta_0$ 时 $C_L=0$。最大升力外力系数 C_{Lmax} 对应的攻角称临界攻角或失速攻角 i_M。

翼型升力曲线的斜率 C_L^i 为

$$C_L^i = dC_L/di \qquad (7-24)$$

从升力曲线上可以看出，在攻角不大时，C_L 与 i 成线性关系，可用下式表示为

$$C_L = C_L^i(i-\theta_0) = C_{Li=0} + C_L^i \cdot i \qquad (7-25)$$

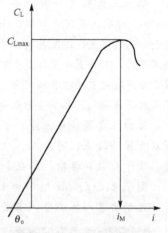

图 7.19 升力特性曲线

7.6.2 阻力特性

翼型剖面阻力特性可用阻力系数 C_D 随攻角 i 变化的曲线，即阻力特性曲线来描述，如图 7.20 所示。阻力曲线上有两个特征参数，最小阻力系数 C_{Dmin} 及其对应一确定的攻角 i_{Dmin}。通常

$$C_D = C_{Dmin} + C_L i^2 \qquad (7-26)$$

这样，阻力系数 C_D 是攻角 i 的二次函数，C_{Dmin} 是空气黏性摩擦阻力系数 C_{DF} 与黏性压差阻力系数 C_{DP} 之和，即

$$C_{Dmin} = C_{DF} + C_{DP} \qquad (7-27)$$

在小攻角情况中 C_{Dmin} 以 C_{DF} 为主，因此在考虑阻力特性时一般不可作无黏流处理。

图 7.20 阻力特性曲线

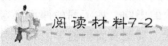 阅读材料7-2

滑翔翼运动

滑翔翼起源于 1984 年，是由法国一批热爱跳伞的飞行人员发明的一种飞行运动，目前在欧美和日本等国非常流行，在我国的台湾地区也掀起了一股旋风。

无动力的滑翔翼又称为悬挂式三角翼，具有硬式基本构架，用活动的整体翼面操纵，由塔架、龙骨、三角架、吊带四部分组成，各部分由钢索连接，为安全救助还配有

备份伞。它构造简单、安全易学，只要有合适的山坡，逆风跑5～6步即可翱翔天空。当它与空气做相对运动时，由于空气的作用，在伞翼上产生空气动力（升力和阻力），因而能载人升空进行滑翔飞行。人对无动力三角翼（滑翔翼）的控制是通过人体的自身身体角度、重心移动及在三角架上的平移改变方向及滑翔翼的俯仰角——改变其攻角 i 来改变其翼型的升、阻力特性，调整滑翔速度、方向及延长滑翔时间。

动力三角翼是一种配备发动机的悬挂滑翔翼，根据载重配置最大飞行高度可达6000m、巡航速度可达150km/h。动力三角翼诞生于欧洲，因其具有操纵简单、拆卸方便、安全性高的优点，以及具有适于旅游观光、休闲娱乐、航空摄影等功用，从而风靡全世界。顾名思义，三角翼的主体是由科技含量很高的航空铝材和碳纤维材料构成的三角形机翼，座位后方是航空发动机和螺旋桨，驾驶员主要靠推、拉操纵杆来控制这只"大鸟"。驾驶动力三角翼进行翱翔、参加空中聚会和各种比赛，也成为一种日益风行的都市时尚运动。

动力三角翼能在土地、草地、山区等野外场地快速起降。机身结构采用低重心，机翼双重保险挂点，可单人、双人飞行，或教练飞行、牵引飞行。动力三角翼能够快速折叠，便于存放和运输，如果加装浮筒，可以在水上起降。

图 7.21(a)、(b)所示为无动力滑翔翼，图 7.21(c)为有动力滑翔翼。

无动力靠人体调整，有动力滑翔翼多些操纵机构。

(a) 无动力滑翔翼(一)　　　　(b) 无动力滑翔翼(二)　　　　(c) 有动力滑翔翼

图 7.21　滑翔翼运动

7.6.3　翼型剖面形状对其升力和阻力的影响

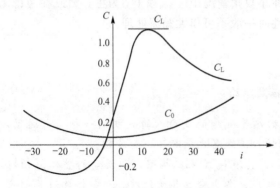

图 7.22　桨叶的升力与阻力系数

翼型的升力特性和阻力特性大体形状变化不大，但其上的特征参数会受到翼型剖面形状参数的影响，如不同的厚度、弯度、前缘形状、翼型表面粗糙等因素都对其升力特性和阻力特性造成影响。

如图 7.22 所示，升力随攻角 i 的增加而增加，阻力随攻角的增加而减小。当攻角增加到某一临界值时，升力突然减小而阻力急剧增加，此时风轮叶片突然丧失支撑力，这种现象称为失速。

1. 弯度的影响

翼型的弯度加大后，导致上、下弧流速差加大，从而使压力差加大，故升力增加；与此同时，上弧流速加大，摩擦阻力上升，并且由于迎流面积加大，故压差阻力也增大，导致阻力上升。因此，同一攻角时，随着弯度增加，其升、阻力都将显著增加，但阻力比升力的增加更快，使升、阻比有所下降。

2. 厚度的影响

翼型厚度增加后，其影响与弯度的影响类似，同一弯度的翼型，厚度增加时，对应于同一攻角的升力有所提高，但对应于同一升力的阻力也会变大，使升、阻比有所下降。

3. 前缘的影响

试验表明，当翼型的前缘抬高时，在负攻角情况下阻力变化不大。前缘低垂时则在负攻角时导致阻力迅速增加。

4. 表面粗糙度和雷诺数的影响

表面粗糙度和雷诺数对翼型空气动力特性有着重要影响。雷诺数 $\mathrm{Re}=\dfrac{Vl}{\nu}$（$V$ 为气流速度，ν 为运动黏性系数，l 为弦长）对翼型气动特性有很大影响。图 7.23 给出了不同雷诺数对 NACA 翼型升力曲线和阻力曲线的影响。

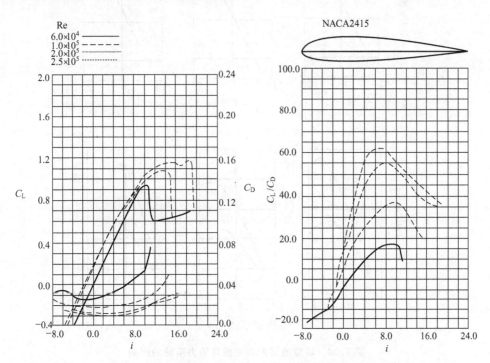

图 7.23 雷诺数对翼型升力特性与阻力特性的影响

从图中可看出：①随着雷诺数增加，升力曲线斜率增加，最大升力系数增加，失速临界攻角增加；②随雷诺数增加，最小阻力系数减小；③随着雷诺数增加，升、阻比也增加。

翼型表面由于材料、加工能力，以及环境的影响，不可能绝对光滑，而总是凹凸不平的。这些凹凸不平的波峰与波谷之间高度的平均值称为粗糙度，记作 Δ。

图 7.24 给出了 NACA 翼型光滑表面与粗糙表面的升力曲线和升阻比曲线的对比。通常翼型表面粗糙度，特别是前缘向后到 20%～30% 弦长处的上下表面对翼型气动特性影响尤为显著。实际情况中，真正气动光滑表面是不存在的。工程上只要求表面粗糙度足够小，隐匿在附面层底部，这样一般就不会引起摩擦阻力的增加，此时的粗糙度称为允许粗糙度，记作 Δ_{yx}。

$$\Delta_{yx} < \frac{100\nu}{V} = \frac{100l}{\mathrm{Re}} \qquad (7-28)$$

在叶片在运行中出现失速以后，噪声常常会突然增加，引起风力机的振动和运行不稳等现象。因此，在选取 C_L 值时，以失速点作为设计点是不好的。对于水平轴风力机而言，为了使风力机在稍向设计点右侧偏移时仍能很好地工作，所取的 C_L 值最大不超过 $(0.8～0.9)C_{Lmax}$。

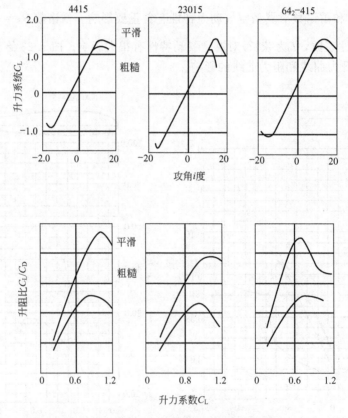

图 7.24　粗糙度对升力系数与阻力系数的影响

7.6.4　埃菲尔极曲线

以升力系数 C_L 为纵坐标，阻力系数 C_D 为横坐标得到的翼型剖面特性曲线称之极曲线，如图 7.25 所示。极曲线上每一点对应一个攻角状态，从原点 O 至极曲线上任意点 R 的矢量 OR 代表与攻角 i 对应的相应的气动力合力系数 C_F 为

$$C_F = \sqrt{C_L^2 + C_D^2} \qquad (7-29)$$

其方向

$$\theta = \tan^{-1}(C_L/C_D) \qquad (7-30)$$

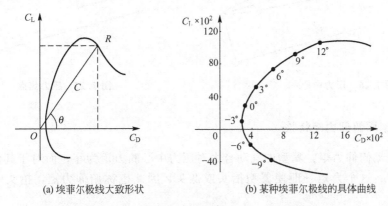

(a) 埃菲尔极线大致形状   (b) 某种埃菲尔极线的具体曲线

图 7.25　埃菲尔极线

因此极曲线也是气动合力 $\vec{F}$ 矢量点的连线。极曲线上的特征参数有 θ_0、i_M、i_{Dmin}、C_{Lmax}；C_{Dmin}、零升力时的阻力系数——零举阻力系数 C_{D0}、最大升阻比 $K_{max} = \left(\dfrac{C_L}{C_D}\right)_{max}$ 及其对应的攻角最有利攻角 $i_{有利}$，即从原点 O 作极曲线的切线，其切点所对应的攻角为 $i_{有利}$。

翼型阻力系数 C_D、升力系数 C_L 存在着下列关系

$$C_D = C_{D0} + A C_L^2 \qquad (7-31)$$

式中，A 为诱导阻力因子，它与翼型的几何特性有关。

C_{D0} 为零举阻力系数，当最大相对弯度 $\bar{f} = 0$ 时

$$C_{Dmin} = C_{D0} \qquad (7-32)$$

7.7　气动力的其他重要特性及分析

7.7.1　压力中心和焦点

压力中心是指气动合力的作用点，它是空气动力合力作用线和弦线的交点，作用在压力中心上的力只有升力和阻力，如图 7.26 所示，它离前缘的距离是 x_P。对于普通薄翼型，在攻角在 5~°15°范围内，压力中心约在翼型前缘开始 1/4 的位置。

焦点是翼型上气动合力对这一点的力矩不随攻角变化而变化的点，这一点称焦点，又可称空气动力中心。它离前缘的距离用 x_F 表示，如图 7.27 所示。

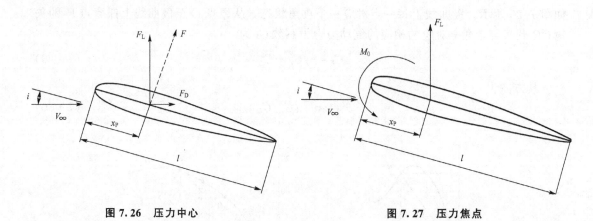

图 7.26 压力中心 　　　　　　　　　　　　　图 7.27 压力焦点

7.7.2 翼型剖面俯仰力矩特性

翼型的气动俯仰力矩：翼型的气动合力对压力中心的力矩为零，而对于其他的点合力的力矩不为零；这个力矩一般使翼型抬头或低头，因此也称俯仰力矩，抬头时认为是正力矩。

俯仰力矩系数：如同升力系数和阻力系数一样，定义了俯仰力矩系数 C_M：

$$C_M = \frac{M}{\frac{1}{2}\rho V_\infty^2 Sl} \tag{7-33}$$

俯仰力矩系数与力矩选用的参考点有关。不同参考点的力矩系数可以互相转换。在给出力矩系数的同时应给出所选用参考点的位置。在低速翼型俯仰力矩特性曲线上，通常使用近前缘线的 1/4 弦长处或前缘点作为力矩的参考点。

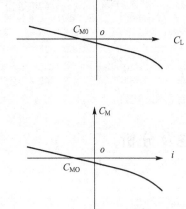

翼型剖面俯仰力矩特性以俯仰力矩系数随攻角或升力系数变化的曲线表示，如图 7.28 所示。

俯仰力矩曲线的特征参数是零升俯仰力矩系数 C_{M0} 和俯仰力矩曲线斜率。零升俯仰力矩系数是指升力为零时的俯仰力矩系数。俯仰力矩曲线斜率可用 $C_M^{CL} = dC_M/dC_L$ 或 $C_M^i = dC_M/di$ 表示。这样在小攻角情况力矩系数可写成

$$C_M = C_{M0} + C_M^{CL} \cdot C_L \tag{7-34}$$

或

$$C_M = C_{M0} + C_M^i \cdot i \tag{7-35}$$

如果力矩系数的参考点为前缘，俯仰力矩系数又可表达成下式

$$C_M = C_{M0} - \bar{x}_F \cdot C_L \tag{7-36}$$

图 7.28　翼型剖面俯仰力矩特性

式中，$\bar{x}_F = x_F/l$。

7.7.3 大攻角情况下的升力、阻力及力矩特性曲线

上面叙述的气动特性大多是在小攻角范围内的情况，在大攻角情况下其变化要复杂得

多。但风力机桨叶的工况是很宽的,不仅涉及小攻角情况而且涉及失速和大攻角范围的升力、阻力、力矩特性。这样,上面给出的一些气动力计算公式所适用的范围就不够了。由于大攻角范围的气动特性变化较复杂,纯理论计算很困难,因而大多依靠相应的试验求得,一些计算公式也只是试验结果的一级或二级近似。

图 7.29 是 NACA0012 典型大攻角升力、阻力和力矩系数曲线。常见的翼型气动特性曲线一般只有在小攻角至大于失速攻角 10°左右范围内的升力、阻力、力矩特性曲线,大攻角范围的特性曲线很少。这对风力机的特性研究增加了困难。

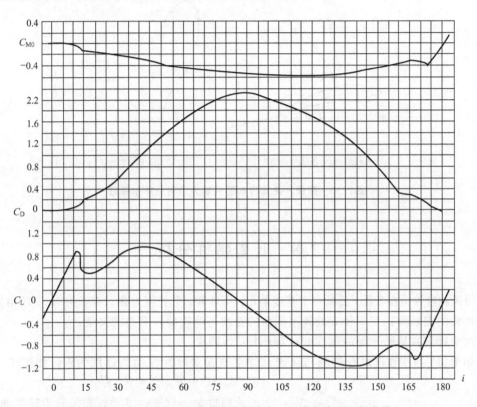

图 7.29 NACA0012 典型大攻角升力、阻力和力矩系数曲线

7.7.4 弦线和法线方向的气动力

如果将气动合力 $\vec{F}$ 分解为弦线方向和垂直于弦线方向的两个分量,如图 7.30(a)所示,则有弦线方向

$$F_\tau = \frac{1}{2}\rho V_\infty^2 S(C_D \cos i - C_L \sin i)$$

(7-37)

法线方向

$$F_n = \frac{1}{2}\rho V_\infty^2 S(C_L \cos i + C_D \sin i)$$

(7-38)

上式可进一步写成

$$F_\tau = \frac{1}{2}C_\tau \rho V_\infty^2 S, \quad F_n = \frac{1}{2}C_n \rho V_\infty^2 S$$

(7-39)

式中

$$C_n = C_L \cos i + C_D \sin i \qquad (7-40)$$

$$C_\tau = C_D \cos i - C_L \sin i \qquad (7-41)$$

C_τ 与 C_n 对应的曲线示于图 7.30(b)，称为利兰热尔极线（Lilienthal Polar）。

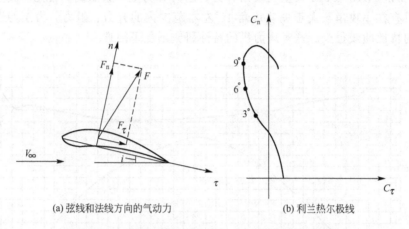

(a) 弦线和法线方向的气动力   (b) 利兰热尔极线

图 7.30 弦线、法线方向的气动力及利兰热尔极线

7.8 叶素特性分析

设风轮叶片是在半径 r 处的一个基本单元，即叶素，其长度为 dr，弦长为 l，安装角为 α。

叶素的安装角：在半径 r 处翼型剖面的弦线与叶轮旋转平面的夹角。

这个叶素在旋转平面的速度 $U = 2\pi r n$，n 为转速。

如果将 $\vec{V}$ 当作通过风轮的轴向风速，则空气相对叶片流动的速度为 $\vec{W}$，如图 7.31 所示，$\vec{V} = \vec{U} + \vec{W}$，$\vec{W} = \vec{V} - \vec{U}$。

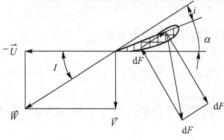

图 7.31 叶素特性分析

而攻角 $i = I - \alpha$。I 是 $\vec{W}$ 和风轮旋转平面的夹角，称为倾角。叶素受到相对气流速度 $\vec{W}$ 的作用，将产生一个空气气动力 dF，可以分解为一个垂直于 $\vec{W}$ 的升力 dF_L 及平行于 $\vec{W}$ 的阻力 dF_D。$\vec{W}$ 随攻角 i 变化。C_L 和 C_D 的值对应于叶素翼型的攻角。因为倾角与攻角都随叶轮的转速变化而变化，所以不同转速下即便同一风速同一叶素所获得的空气气动力也不同。

可以将空气气动力 dF 的作用看成风对风轮的轴向推力及对风轮的转矩。

dF_Z 是 dF 在风轮轴向的分力，而 dM 为 dF 在旋转平面的分力对风轮的力矩。

$$dF_Z = dF_L \cos I + dF_D \sin I \qquad (7-42)$$

$$dM = r(dF_L \sin I - dF_D \cos I) \qquad (7-43)$$

从以下关系式

$$dF_L = \frac{1}{2}\rho C_L W^2 dS \tag{7-44}$$

$$dF_D = \frac{1}{2}\rho C_D W^2 dS \tag{7-45}$$

$$W^2 = V^2 + U^2 = V^2 + \omega^2 r^2 \tag{7-46}$$

式中，ω 为风轮角速度，$\omega r = V\cot I$。

风轮从这样一个叶素上获得的有用功功率 $dP_U = \omega dM$。

可得 dF_Z、dM 和 dP_U 的下列表达式

$$dF_Z = \frac{1}{2}\rho V^2 dS(1+\cot^2 I)(C_L\cos I + C_D\sin I) \tag{7-47}$$

$$dM = \frac{1}{2}\rho V^2 r dS(1+\cot^2 I)(C_L\sin I - C_D\cos I) \tag{7-48}$$

$$dP_U = \frac{1}{2}\rho V^3 dS\cot I(1+\cot^2 I)(C_L\sin I - C_D\cos I) \tag{7-49}$$

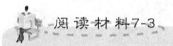
阅读材料7-3

荷兰风车

有一种风景，静静地矗立在那里，远远望见，仿佛童话世界一般，那一刻便注定不能忘记，更不能忘记她底衬的国度：这就是风车，荷兰的风车。

很久以来，人们无论从哪个角度观赏荷兰的风景，总是看到地平线上矗立的风车。风车是荷兰那有着郁金香"花海"和飘满迷人云朵风景中的佼佼者。风车是荷兰民族的骄傲与象征，也是荷兰文化的传承与张扬。从正面看，风车呈垂直十字形，即使它休息，看上去也仍然充满动感，仿佛要将地球转动。这种印象给亲临此地的人都留下无法磨灭的记忆，人们终于明白了为什么称风车是荷兰的"国家商标"。

因为地势低洼，荷兰总是面临海潮的侵蚀，生存的本能给了荷兰人以动力，他们筑坝围堤，向海争地，创建了高达9m的抽水风车，营造了生生不息的家园。1229年，荷兰人发明了世界上第一座为人类提供动力的风车。因为荷兰地势平坦、多风，因而风车很快便得到普及。人们都会记住从前欧洲流传的这句话："上帝创造了人类，荷兰风车创造了陆地。"的确，如果没有这些高高耸立的抽水风车，荷兰无法从大海中取得近乎国土1/3的土地，也就没有后来的奶酪和郁金香的芳香……

荷兰著名的风车一般都是排水风车，它用于保持堤防内的土地不会积聚过多的水，从而创造出圩田（polder）。在部分较为古老的圩田中，这些风车仍然在运行着。图7.32所示就是荷兰古老的排水风车，它的转矩比较大，转速比较小，风能利用率比较低，它不适宜用于风力发电，因为发电机要求的转速比较大。

图7.32 荷兰排水风车

7.9 叶素的理论气动效率和最佳攻角

半径从 r 到 $r+\mathrm{d}r$ 段的叶片——叶素上所受的气动力可有两种分解，如图 7.33 所示。

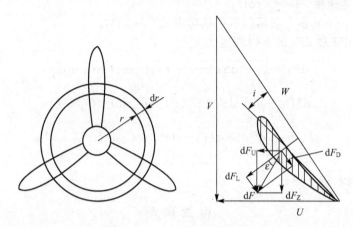

图 7.33 作用在叶素上的力

一种就是在翼型剖面气动力的分解——平行于翼弦的阻力 $\mathrm{d}F_\mathrm{D}$ 和垂直于翼弦的升力 $\mathrm{d}F_\mathrm{L}$，另一种就是在风轮上的分解——气动力在风轮旋转平面上的投影 $\mathrm{d}F_\mathrm{U}$ 和气动力在风轮转轴方向上的投影 $\mathrm{d}F_\mathrm{Z}$。角 ε 是 $\mathrm{d}F$ 和 $\mathrm{d}F_\mathrm{L}$ 之间的夹角。

那么这段叶片——叶素的气动效率可由下式确定

$$\eta=\frac{\mathrm{d}P_\mathrm{U}}{\mathrm{d}P}=\frac{\omega \mathrm{d}M}{V\mathrm{d}F_\mathrm{Z}}=\frac{U\mathrm{d}F_\mathrm{U}}{V\mathrm{d}F_\mathrm{Z}} \tag{7-50}$$

式中，$\mathrm{d}P_\mathrm{U}$ 为 $\mathrm{d}r$ 段叶片产生的风轮功率，又可称为有用功率；$\mathrm{d}P$ 为流过 $\mathrm{d}r$ 段叶片的风的功率。

由于

$$\mathrm{d}F_\mathrm{U}=\mathrm{d}F_\mathrm{L}\sin I-\mathrm{d}F_\mathrm{D}\cos I \tag{7-51}$$

$$\mathrm{d}F_\mathrm{Z}=\mathrm{d}F_\mathrm{L}\cos I+\mathrm{d}F_\mathrm{D}\sin I \tag{7-52}$$

$$\cot I=U/V \tag{7-53}$$

则得到

$$\eta=\frac{\mathrm{d}F_\mathrm{L}\sin I-\mathrm{d}F_\mathrm{D}\cos I}{\mathrm{d}F_\mathrm{L}\cos I+\mathrm{d}F_\mathrm{D}\sin I}\cot I \tag{7-54}$$

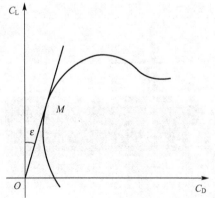

图 7.34 最佳攻角位置的确定

若以 $\tan\varepsilon=\dfrac{\mathrm{d}F_\mathrm{D}}{\mathrm{d}F_\mathrm{L}}=\dfrac{C_\mathrm{D}}{C_\mathrm{L}}$ 代入上式，则

$$\eta=\frac{1-\tan\varepsilon\cot I}{\cot I+\tan\varepsilon}\cot I=\frac{1-\tan\varepsilon\cot I}{1+\tan\varepsilon\tan I} \tag{7-55}$$

当 $\tan\varepsilon$ 较低时，效率是较高的。如果在 $\tan\varepsilon$ 等于零的极限情况下，气动效率将等于 1。实际的 $\tan\varepsilon$ 值取决于攻角的大小。当直线 OM 与埃菲尔极线相切时(图 7.34)，与该点对应的攻角使得 $\tan\varepsilon$ 最小，

在这个特定的攻角，气动效率达到最大值。

　　风作用在风轮上引起的总推力 F_z 和作用在转轴上的总转矩 M 可由所有作用在叶素上的 dF_z 和 dM 求和得到。推力 F_z、转矩 M、功率 P 和效率 η 的关系式为

$$P = \sum dF_z V = F_z V \tag{7-56}$$

轴功率

$$P_U = M\omega \tag{7-57}$$

效率为

$$\eta = \frac{P_U}{P} = \frac{M\omega}{F_z V} \tag{7-58}$$

 习　题

一、填空题

7-1　在＿＿＿＿＿＿翼型上几何弦与气动弦一致。

7-2　一般来说，风力机的翼型前缘是＿＿＿＿＿＿＿＿＿形状的。

7-3　黏性流体绕流翼型时，随攻角的增大，绕流的尾迹区会＿＿＿＿＿。

7-4　摩擦阻力系数 $C_f =$ ＿＿＿＿＿＿，它与＿＿＿＿＿和＿＿＿＿＿有关。平板边界层中只与＿＿＿＿＿有关。

7-5　翼型的边界层相对于其他物体的边界层而言，它最大特点是＿＿＿＿＿，导致其＿＿＿＿＿比较小。

7-6　一般来说，在正攻角时，启动涡是＿＿＿＿＿＿方向，附着涡是＿＿＿＿＿方向。

7-7　翼型所受的气动力一般分解为＿＿＿＿＿力和＿＿＿＿＿力。

7-8　在压力中心上气动合力的俯仰力矩为＿＿＿＿＿＿。

7-9　俯仰力矩系数与＿＿＿＿＿有关，一般＿＿＿＿＿＿。

7-10　在叶素特性分析中将叶素空气气动力分解为＿＿＿＿＿和＿＿＿＿＿。

7-11　埃菲尔极线是不同＿＿＿＿＿下的＿＿＿＿＿与＿＿＿＿＿的关系曲线。

7-12　叶素安装角是＿＿＿＿＿与＿＿＿＿＿之间的夹角，它与倾角 I 和攻角 i 的关系是＿＿＿＿＿＿。

7-13　在相同风速下同一叶素所获得的空气气动合力大小＿＿＿＿＿＿，它与＿＿＿＿＿＿有关。

二、思考题

7-1　什么是翼型的几何弦？什么是翼型的气动弦？

7-2　翼型的厚度、弯度的定义是什么？画图表示。

7-3　实际绕流翼型的流谱与理想绕流翼型的流谱有什么不同？

7-4　边界层的位移厚度和动量损失厚度都是怎么定义的，各代表什么意义。

7-5　什么是启动涡、附着涡，其是如何发展生成的？

7-6　翼型的升力来源于什么？翼型的阻力呢？

7-7　升力系数与阻力系数都是怎么定义的？其特性都有什么规律？

7-8　翼型剖面形状对升力特性与阻力特性的影响是什么？

7-9 什么是压力中心？什么是压力焦点？

7-10 埃菲尔极线与利兰热尔极线是什么？两者有何区别？

7-11 在叶素特性分析中将叶素空气气动力分解为哪两部分？为何这样分解，有何目的？通过风力机最想获得的是什么？

7-12 叶素的理论气动效率如何计算？叶轮的理论气动效率如何计算？

7-13 如何计算得到最佳攻角？

第**8**章
风力机参数及性能曲线

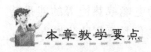 本章教学要点

知识要点	掌握程度	相关知识
风力机类型及几何参数	了解风力机的几种分类方法；掌握各种风力机的特点	升力与阻力
水平轴风力机与垂直轴风力机	掌握两种风力机的代表机型；了解两种机型的优缺点	物理知识；力学基本理论
风力机的组成部分及几何参数	了解风力机的主要组成部分；掌握关键部件的用途	机械设计与工艺基础
风力机性能参数	掌握表征风力机性能的各项参数；掌握风能利用系数各项的含义；理解叶片尖速比的定义和意义；理解风力机转矩与功率的特性曲线	流体力学三大方程；连续性方程；伯努利方程；动量方程

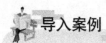

导入案例

　　能够获取风能并将其动能进行转换的装置称为风力机。风力机种类繁多，最主要的分类方法有两种：按照风力机风轮转轴与风向的位置分为水平轴和垂直轴风力机；按照风力机叶片的工作原理分为升力型和阻力型风力机。水平轴升力型风力机是当今的主流。本章主要以水平轴风力机为代表来介绍风力机的分类、结构、性能及其动力特性曲线等知识。

8.1　风力机类型及几何参数

8.1.1　风力机分类概述

　　风力机是一种能将风的动能转换为机械能，再将机械能转换为电能或热能等的能量转换装置。经过多年的研究与发展，出现了多种多样的风力机，主要有下面几种分类方法。

　　(1) 按风轮轴与地面的相对位置，分水平轴和垂直轴型。

　　(2) 按叶片工作原理，分升力型和阻力型。

　　(3) 按风轮相对塔架的位置，分上风向型和下风向型。

　　(4) 按叶片数量，分单叶片、双叶片、三叶片和多叶片型。

　　(5) 按风轮转速高低，分低速型、中速型和高速型。

　　(6) 按容量大小，分微型(1kW 以下)、小型(1～10kW)、中型(10～100kW)、大型(大于 100kW 以上)。国外一般只分 3 类，即小型(100kW 以下)、中型(100～1000kW)和大型(1000kW 以上)。

　　其中，最普遍的方法是将风力机分为水平轴风力机和垂直轴风力机；或分为升力型和阻力型风力机。图 8.1 所示为风力机的主要分类及其代表机型。

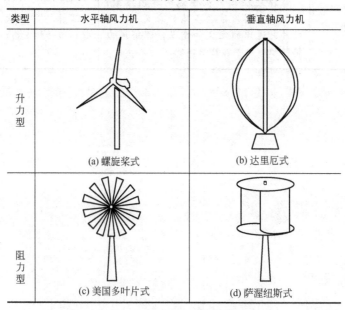

类型	水平轴风力机	垂直轴风力机
升力型	(a) 螺旋桨式	(b) 达里厄式
阻力型	(c) 美国多叶片式	(d) 萨渥纽斯式

图 8.1　风力机的主要分类及其代表机型

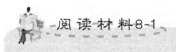

阅读材料8-1

早期的风力机

人类利用风能的历史可以追溯到公元前。公元 1219 年，我国就有了关于垂直轴风力机的文献记载。公元 1300 年，波斯也记载了具有多枚翼板的垂直轴风力机。这些垂直轴风力机都是利用风力来工作的阻力型风力机，转速低，形状简单，需耗费大量的材料，重量大，效率十分低，多数被用来提水、碾米或助航等。19 世纪末，丹麦首先开始研究利用风力发电，从此，世界各国开始研发各种用于发电的风力机。

水平轴风力机：风力机风轮转轴与风向平行的风力机，主要有螺旋桨式、美式多叶片式、荷兰式和风帆式等。

垂直轴风力机：风力机风轮转轴与风向直角（大多数与地面垂直）的风力机，主要有达里厄式、萨渥纽斯式等。

升力型风力机：作用在风力机叶片上的风力可分解成与风垂直和与风平行的两个分力，垂直方向的分力称为升力，平行方向的分力称为阻力，主要依靠叶片的升力作用来工作的风力机称为升力型风力机。水平轴的螺旋桨式、垂直轴的达里厄式都属于这种类型。这些风力机风能利用效率高，多被用于风力发电。

阻力型风力机：主要依靠叶片阻力来工作的风力机。水平轴的美式多叶片式风力机、垂直轴萨渥纽斯式风力机属于阻力型风力机。该类风力机不能产生比风速高许多的转速，因此大多不被用于发电。阻力型风力机风轮转轴的输出转矩很大，所以常被用作提水、碾米和拉磨等动力使用。

8.1.2 水平轴风力机

图 8.2 给出了主要的水平轴风力机的示意图。其中，具有代表性的是螺旋桨式和荷兰式风力机。

1）螺旋桨式风力机

这种风力机的叶片数通常是 2～3 片，也有 1 片或 4 片的。叶片的翼形与飞机翼形相类似。为了提高启动性能，减小空气动力损失，叶片的叶根厚，叶尖薄，有螺旋角的扭曲形式。风轮转速较高，输出转矩较小，适用于风力发电装置。

2）荷兰式风力机

该种风力机有 4 片木制的叶片架，上挂有亚麻布风帆，一般用来带动磨面机。有两种对风方式：一种是装有风轮的屋顶随风向改变而转动，另一种是风车小屋随风向变化而转动。这种风力机现在已很少使用，主要用于观光。

8.1.3 垂直轴风力机

代表性的垂直轴风力机有达里厄式、萨渥纽斯式，以及二者的组合式风力机。

1）达里厄风力机

这种风力机是由法国工程师达里厄（George Jeans Mary Darrieus）提出的，并以其名字命名的升力型风力机。当时达里厄提出的风力机叶片形状包括曲线翼型和直线翼型两种。

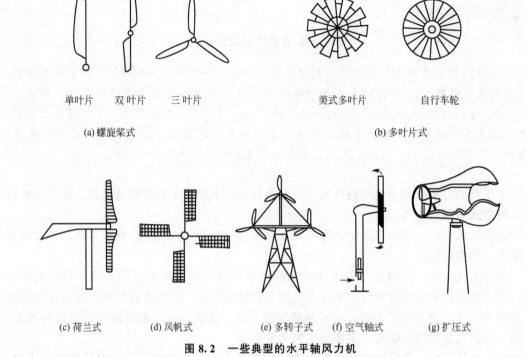

(a) 螺旋桨式   (b) 多叶片式

单叶片 双叶片 三叶片   美式多叶片   自行车轮

(c) 荷兰式   (d) 风帆式   (e) 多转子式   (f) 空气轴式   (g) 扩压式

图 8.2   一些典型的水平轴风力机

通常所提到的达里厄风力机主要是指具有曲线翼形状叶片的风力机(图 8.1(b))。曲线型叶片形状可形容为由一根柔软的绳子按一定角速度绕两端的固定点垂直旋转时所形成的曲线形状,这种形状可以保证在离心力的作用下叶片内弯曲应力最小。该种风力机风能系数大,但起动性能差。具有直线翼型叶片的达里厄风力机通常称为直线翼垂直风力机,如图 8.3 所示。

2) 萨渥纽斯风力机

这种风力机是由芬兰工程师 S. J. Savonius 发明并以其名字命名的阻力型风力机(图 8.1(d))。这种风力机又称为 S 型风力机。其风轮由两个半圆筒形的叶片构成,也有用 3~4 个叶片构成的(图 8.4)。其工作原理是利用两叶片的阻力差来使风轮转动。它具有结构简单,成本低,回转力矩大,起动性好等优点。但由于它是阻力型风机,转数和效率较低。

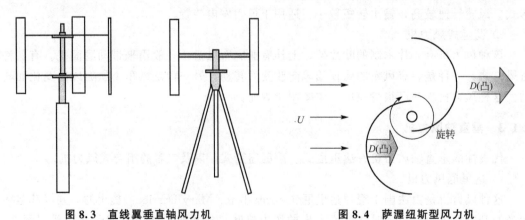

图 8.3   直线翼垂直轴风力机   **图 8.4   萨渥纽斯型风力机**

3）其他类型垂直轴风力机

其他一些典型的垂直轴风力机如图 8.5 所示。

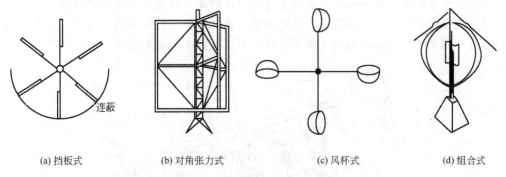

(a) 挡板式　　(b) 对角张力式　　(c) 风杯式　　(d) 组合式

图 8.5 一些典型的垂直轴风力机

阅读材料8-2

组合式垂直轴风力机

由于借助了近代飞行器理论，螺旋桨式水平轴风力机得到了快速的发展，成为近代大型风力机的主流。而垂直轴风力机虽然结构简单，但理论较复杂，所以其发展相对较慢。属于升力型的达里厄风力机是垂直轴风力机的代表机型，但其起动性差是其致命的弱点，而阻力型的萨渥纽斯风力机具有良好的起动性，因此一些研究者便将二者结合起来，发明了升阻力组合式垂直轴风力机，利用萨渥纽斯风力机作为达里厄风力机的起动机，收到了较好的效果。因此，组合法在小型风力机的设计中是一个重要方法。

8.1.4 水平轴与垂直轴风力机的对比

水平轴和垂直轴风力机各有优缺点，表 8-1 给出了二者的主要区别。

表 8-1 水平轴风力机与垂直轴风力机的对比

项目	水平轴风力机	垂直轴风力机
风向控制	小型风力机用风向舵，大型风力机需专门控制装置	任何风向都可运行，不需要对风装置
叶片控制	通过控制叶片安装角来调速（一些小型风力机除外）	一般不用控制叶片安装角的方法进行调速
传动装置及工作机	传动装置及工作机位于塔架顶上	传动装置及工作机位于地面
塔影效应	下风式风力机受塔影效应影响	不受塔影效应影响
风能利用系数	较高	较低
起动方式	不需要起动器	达里厄型风轮需要起动器

8.1.5 风力机的组成

下面以水平轴风力机为例简要介绍常见风力机的基本组成和各部件的功用。

风力机一般由风轮、传动装置、做功装置、蓄能装置、控制系统、塔架，以及附属装置等组成。图 8.6 所示为典型的大型水平轴风力发电机的组成示意图。

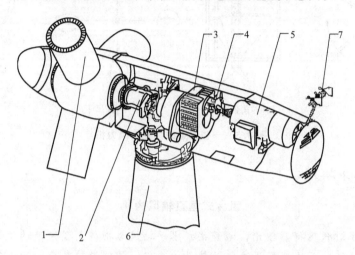

1—轮毂；2—传动系统；3—增速齿轮箱；4—制动系统；
5—发电机；6—塔架；7—风速风向仪

图 8.6　大型水平轴风力发电机

1．风轮

风轮是风力机最重要的部件，它是风力机区别于其他动力机的主要标志。其作用是捕捉和吸收风能，并将其转变为机械能，由风轮轴将能量送至传动装置。一般由叶片、叶柄、轮毂及风轮轴等组成。

叶片基本形式有 3 种，即平板型、弧板型和流线型。风力发电机的叶片横截面的形状接近于流线型；而风力提水机的叶片多采用弧板型，也有采用平板型的。除部分小型风力机的叶片采用木质材料外，通常风力机的叶片采用玻璃纤维或高强度复合材料，目前，叶片材料仍在不断发展中。

风力机叶片都装在轮毂上。轮毂是风轮的枢纽，也是叶片根部与主轴的连接件，所有从叶片传来的力都通过轮毂传递到传动系统，再传到风力机驱动的对象。轮毂要有足够的强度，并力求结构简单。同时轮毂也是控制叶片桨距的所在。对于定桨距结构，叶片可固定在轮毂上，这样不但能简化结构，提高寿命，而且能降低成本。

2．控制系统

1）调速机构

由于自然界的风具有不稳定性和随机性，有时还会出现强风和暴风，风轮的转速随风速的增大而增高，风力发电机的输出功率也必然增大，而风力发电机的转子线圈和其他电子元件的超载能力是有一定限度的，是不能随意增加的。而转速超过设计允许值后将导致机组的毁坏或寿命的降低，因此，风力发电机若要有一个稳定的功率输出，便要设有调速机构，使风轮的转速能维持在一个较稳定的范围之内，防止超速乃至飞车的发生。

调速(限速)机构有很多类型，大体可分两类：定桨距调速和变桨距调速。所谓"桨距"是指叶片的偏角，过去曾将叶片称为"桨叶"，所以出现了个"桨"字。叶片的偏角，对于水平轴风力机，是指叶片横截面的弦线与风轮旋转平面的夹角；对于垂直轴风力机，是指弦线与叶片扫掠弧线的切线的夹角。

2) 调向机构

水平轴风力机的风轮捕获风能的大小与风轮的垂直迎风面积成正比，也就是说，对于某一个风轮，当它垂直风向时(正面迎风)捕获的风能就多；而当它不是正面迎风时所捕获的风能相对就少；当风轮与风向平行时就捕获不到风能。所以，为了使风力机能有效地捕捉风能，风力发电机必须设置调向机构，使风轮最大限度地保持迎风状态，以获取尽可能多的风能，从而输出较大的能量。风力机的调向机构常见的有：尾舵、舵轮、电动(或液动)和下风向自由对风4种。

垂直轴风力机可接受任何方向吹来的风，因此不需要调向机构。

3. 传动装置

将风轮的机械能送至做功装置的机构称为传动装置。对于风力发电机，其传动装置为增速机构。风力机的传动装置与一般机器所采用的传动装置没有什么区别，多为齿轮、皮带、曲柄连杆等机械传动。

4. 做功装置

由传动装置送来的机械能供给工作机械按既定意图做功，相应的机械有发电机、水泵、粉碎机、铡草机等为风力机的做功装置。

5. 蓄能装置

由于风时大时小，时有时无，因而风力机的输出功率不可能一直是稳定的，这样，能量的储备就十分必要。可以将在有风或大风时所获得的能量的一部分储存起来，供无风和小风时使用。风力发电机的蓄电池和风力提水机的蓄水罐就是蓄能装置。

6. 塔架

风轮、控制系统和机舱等组成了风力机的机头，需要用塔架将其支撑到高空。由于风速随离地面的高度的增加而变大。塔架越高，风轮单位面积所捕捉的风能越多，但造价、技术要求，以及吊装的难度也随之增加。所以，风力机的塔架并非越高越好，而要综合考虑技术与经济这两个因素。对于较高的塔架，为了便于运输，往往分成几段，运抵现场后再焊接或组装成塔架。塔架基本形式有4种：单管拉线式、桁架拉线式、桁架式和圆台(或棱台)式，其中，单管拉线式和圆台式最普遍。

7. 附属装置

风力机还有一些附属装置，如机舱、机座、回转体、停车机构等，它们配合主要部件工作，以保证风力机的正常运行。

1) 机舱

风力机长年累月在野外运转，工作条件恶劣，机头上的某些重要部件需用罩壳密封起来，此罩壳称为"机舱"。机舱应美观，尽量呈流线型，最好采用重量轻、强度高、耐腐蚀的玻璃钢制作，若采用其他材料制造应考虑防锈措施。罩壳的结构应考虑到对内部的发电机或传动机构的保养、检修方便。

2）机头座

机头座用来支撑塔架上方的所有装置及附属部件，它牢固与否将直接关系到风力机的安危与寿命。小、微型风力机由于塔架上方的设备重量轻，一般由底板再焊以加强肋构成；大、中型风力机的机头座要复杂些，它通常由纵梁、横梁为主，再辅以台板、腹板、肋板等焊接而成。焊接质量要高，台板面要刨平，安装孔的位置要精确。

3）回转体

回转体是塔架与机头座的连接部件，通常由固定套、回转圈，以及位于它们之间的轴承组成。固定套锁定在塔架上部，而回转圈则与机头座相连，通过它们之间的轴承和调向机构，在风向变化时，机头便能水平地回转，风轮自动迎风工作。大、中型风力机的回转设备常借用塔式吊车式的回转机构；小型风力机的回转体通常在上、下各设一个轴承，均可选用圆锥滚子轴承，也可以上面用向心球轴承以承受径向载荷，下面用推力轴承来承受机头的全部重量。

4）停车机构

当有破坏性大风来临时，或者发现风力机运转异常时，以及对风力机进行维修保养时，需用停车机构使风轮静止下来。小型风力机的停车机构一般都安放在风轮轴上，多采用带式制动器，在地面用刹车绳操纵。大中型风力机停车机构可选用液压式或液压电动式制动器，由地面进行遥控。倘若机组采用液压变距调速，则最好采用嵌盘式液压制动器，两者共用一个液压泵，使系统简单、紧凑。

8.1.6 风力机的几何参数

下面介绍一些与风力机的空气动力特性相关的几何参数。

1）叶片参数

（1）叶片翼型：翼型参数上一章介绍过了，这里不再重复。

（2）叶片长度（B）：叶片径向方向上的最大长度，如图8.7所示。

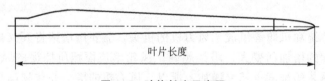

叶片长度

图 8.7 叶片长度示意图

（3）叶片面积（S）：叶片面积通常定义为叶片旋转平面上的投影面积，即等于弦长（l）×叶片长度（B）

$$S = l \cdot B \qquad (8-1)$$

（4）叶片扭角：叶片各剖面弦线和风轮旋转平面的夹角，如图8.8所示。

2）风轮参数

（1）叶片数（N）：风轮叶片的个数。一般来说，要得到很大的输出转矩就需要较多的叶片，如美国早期的多叶片风力机提水机。但现代的风力机一般为3个叶片。从经济的角度考虑，1~2个叶片比较合适，但三叶片风轮平衡简单，风轮的动态载荷小，而且从审美的角度也更令人满意。

（2）风轮直径(D)：风轮直径是指风轮在旋转平面上的投影圆的直径，如图 8.9 所示。风轮直径的大小直接关系到风轮的功率。

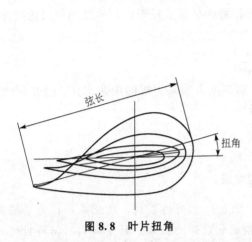

图 8.8　叶片扭角

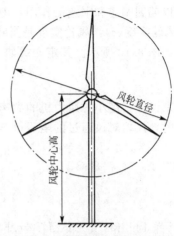

图 8.9　风轮直径与中心高

（3）风轮中心高(h)：风轮的中心高指的是风轮旋转中心到基础平面的垂直距离，如图 8.9 所示。从理论上讲，风轮中心高越高越好，根据风剪切特性，离地面高度越高，风速梯度影响越小；这样风轮在实际运行过程中，作用在风轮上的波动载荷越小，可以提高风力机的疲劳寿命。但从实际经济意义考虑，风轮中心高不可能太大，否则不但塔架成本太高，安装难度及成本也大幅度提高。一般风轮中心高与风轮直径接近。

（4）风轮扫掠面积(A)：风轮扫掠面积是指风轮在旋转平面上的投影面积，如图 8.10 所示。

（5）风轮锥角(β)：风轮锥角是指叶片相对于和旋转轴垂直的平面的倾斜度，如图 8.11 所示。锥角的作用是在风轮运行状态下减少离心力引起的叶片弯曲应力，防止叶尖和塔架碰撞的机会。

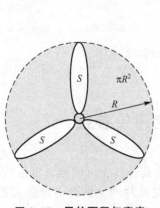

图 8.10　风轮面积与实度

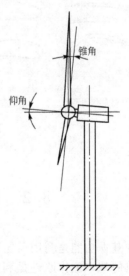

图 8.11　风轮仰角与锥角

（6）风轮仰角（γ）：风轮仰角是指风轮的旋转轴线和水平面的夹角，如图 8.11 所示。仰角的作用是避免叶尖和塔架碰撞。

（7）风轮偏航角（ϕ）：风轮偏航角是指风轮旋转轴线和风向在水平面上投影的夹角。偏航角可以起到调速和限速的作用，但在大型风力机中一般不采用这种方式。

（8）风轮实度（σ）：风轮实度是指叶片在风轮旋转平面上投影面积的总和与风轮扫掠面积的比，如图 8.10 所示。其定义式如下

$$\sigma = \frac{NS}{\pi R^2} \tag{8-2}$$

一般来说，实度小的风力机的尖速比高，而实度大的风力机的尖速比低。这是因为当实度增大时，风轮对风通过的阻碍也会随之增大。

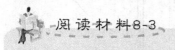
阅读材料8-3

翼型的发展

1884 年 Phillips 首先获得了如图 8.12(a)所示的翼型的专利，从此以后，为了提高飞机及各种流体机械的性能，各种各样的翼型被相继开发出来。科学家们根据解析的方法开发出一些翼型，如利用茹科夫斯基（Joukowsky）变换得到的 Joukowsky 翼型，基于改良的映射理论得到的 Karman-Trefftz 翼型等。1903 年，美国的莱特兄弟发明了第一架飞机。所用的翼型如图 8.12(c)中所示。之后又不断有各种高雷诺数的翼型被开发出来。其中最著名而且被广泛应用的是美国 NACA（National Advisory Committee for Aeronautics，现 NASA）推出的系列翼型。近年来，随着电子计算机技术的快速发展和普及，数值计算被应用到翼型开发中来，针对风力机用叶片翼型也相继出现了。目前，美国的 NREL、丹麦的 RISΦ 和荷兰的代尔伏特工业大学在翼型开发方面技术领先。

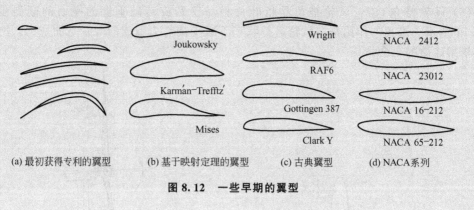

(a) 最初获得专利的翼型　(b) 基于映射定理的翼型　(c) 古典翼型　(d) NACA系列

图 8.12　一些早期的翼型

8.2　风力机性能评价参数

风力机的基本功能是利用风轮接收风能，并将其转换成机械能，再由风轮轴将它输送出去。风力机的基本工作原理是利用空气流经风轮叶片产生的升力或阻力推动叶片转动，将风能转化为机械能。风力机也是一种流体机械，因此会有效率问题，而风力机的主要研

究内容就是如何提高输出效率。通常，评价风力机的性能参数主要有风能利用系数（功率系数）、力矩系数、推力系数和尖速比等。

8.2.1 风力机的性能参数概述

1）风能利用系数

当风速以 $v(m/s)$ 吹向风轮，使风轮转动时，设旋转着的风轮扫掠面积为 A，空气密度为 ρ，经过 1s，流向风轮的空气质量为 $m=\rho v A$，它所具有的功率为

$$E=\frac{1}{2}mv^2=\frac{1}{2}\rho v A v^2=\frac{1}{2}\rho v^3 A \tag{8-3}$$

这些能量不可能全被风轮所捕获而转化为机械能，如果将风力机从风中可获得的单位时间内的能量称为功率 P，那么风力机的功率 P 与风的功率之比称为风能利用系数（功率系数），用 C_p 表示

$$C_p=\frac{P}{\frac{1}{2}\rho A v^3} \tag{8-4}$$

由上式可知：①风轮功率与风轮直径的平方成正比；②风轮功率与风速的立方成正比；③风轮功率与风轮叶片数目无直接关系；④风轮功率与风轮功率系数成正比。因此，当风轮大小、工作风速一定时，应尽可能提高 C_p 值，以增大风轮功率，这是风能开发利用的科技人员追求的主要目标之一。

2）力矩系数

使风力机旋转的转矩（旋转力），称为力矩 $M[N\cdot m]$，C_M 称为力矩系数。

$$C_M=\frac{M}{\frac{1}{2}\rho A V^2 R} \tag{8-5}$$

力矩系数是衡量在由风所产生的旋转力中，风力机到底能从中获得多少可以作为力矩来利用的性能评价指标。

3）推力系数

风向后推风力机的力称为推力 $T[N]$，C_T 称为推力系数。

$$C_T=\frac{T}{\frac{1}{2}\rho A v^2 R} \tag{8-6}$$

推力系数是衡量在由风所产生的力中有多少是作为将风力机向后推的推力来作用的性能评价指标。

4）尖速比

风轮叶片的叶尖线速度与对应风速之比称为尖速比，曾被称为周速比、高速比、高速性系数、叶尖速率比等。它是衡量风力机性能的一项重要指标。尖速比的计算公式为

$$\lambda=\frac{\omega R}{v} \tag{8-7}$$

式中，ω 为风轮旋转角速度。

对于高速风力机，λ 值在 6~8 范围内有较高的风轮功率系数，有的达 10 以上。高速风力机的特点是：叶片数少，启动力矩小，转速高，适用于风力发电机。对于低速风力机，λ 值在 1 附近有较高的风轮功率系数。低速风力机的特点是：叶片数多，启动风

速低，工作时有较大的转矩，而转速低，适用于风力提水机或为其他负荷较重的动力机用。

如果知道了尖速比，就能计算出任意半径上的周速比。任意半径上的周速比可用下式计算。

$$\lambda_i = \lambda \frac{r}{R} \qquad (8-8)$$

式中，λ_i 为任意半径上的周速比；r 为任意半径。

5）风力机的系统效率

风通过风轮、传动装置和做功装置后最后得到的风力机的系统效率（总体效率）η 为

$$\eta = C_p \eta_i \eta_k \qquad (8-9)$$

式中，η_i 为传动装置效率；η_k 为做功装置效率。

对于结构简单、设计和制造比较粗糙的风力机，η 值一般为 $0.1 \sim 0.2$；对于结构合理、设计和制造比较精细的风力机，η 值一般为 $0.2 \sim 0.35$；最佳者可达 0.4 左右。

8.2.2 最大风能利用系数

利用流体力学的基本理论可以推导出升力型风力机能够从风中获得的理论最大功率。为此需要进行以下的假设。

（1）气流为连续、不可压缩的均匀流体。

（2）无摩擦力。

（3）风轮叶片无限多。

（4）气流对风轮面的推力均匀一致。

（5）风轮尾流无旋。

（6）在风轮的前远方及后远方，风轮周围无湍流处的静压力相等。

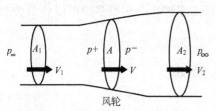

图 8.13 风力机前后的气流

下面来考虑图 8.13 所示的风力机前后的气流模型。

根据连续定律，可以推出

$$\rho A_1 V_1 = \rho A V = \rho A_2 V_2 \qquad (8-10)$$

由于空气不可压缩，空气密度 ρ 保持不变，所以

$$A_1 V_1 = A V = A_2 V_2 \qquad (8-11)$$

气流对风轮的推力应该等于气流流入和流出风轮的动量变化，因此可以写成

$$T = \frac{\mathrm{d}m}{\mathrm{d}t}(V_1 - V_2) = \rho A V(V_1 - V_2) \qquad (8-12)$$

另外，推力 T 还应该等于风轮前后静压力的变化与风轮面积之积，即

$$T = (P^+ - P^-)A \qquad (8-13)$$

同时，风轮前后的气流状态可以利用伯努利方程分别写成下两式

$$P_\infty + \frac{1}{2}\rho V_1^2 = P^+ + \frac{1}{2}\rho V^2 \qquad (8-14)$$

$$P^- + \frac{1}{2}\rho V^2 = P_\infty + \frac{1}{2}\rho V_2^2 \qquad (8-15)$$

将两式合并可以得到

$$P^+ - P^- = \frac{1}{2}\rho(V_1^2 - V_2^2) \tag{8-16}$$

将式(8-16)代入到式(8-13)中，得

$$T = \frac{1}{2}\rho(V_1^2 - V_2^2)A \tag{8-17}$$

由式(8-17)与式(8-12)相等可以得到

$$\frac{1}{2}\rho(V_1^2 - V_2^2)A = \rho AV(V_1 - V_2) \tag{8-18}$$

于是得出

$$V = \frac{1}{2}(V_1 + V_2) \tag{8-19}$$

上式表明，通过风力机风轮的气流速度刚好等于风轮前远方和风轮后远方气流速度的平均值。

在此，定义并引入速度减少率 a（轴向诱导系数）：

$$a = \frac{V_1 - V}{V_1} \tag{8-20}$$

将式(8-20)代入到式(8-19)中得到

$$V_2 = V_1(1 - 2a) \tag{8-21}$$

从风轮中得到的功率 P 应该等于单位时间内动能的变化，因此

$$P = \frac{1}{2}\frac{dm}{dt}(V_1^2 - V_2^2) = \frac{1}{2}\rho AV(V_1^2 - V_2^2) \tag{8-22}$$

由式(8-19)、式(8-21)和式(8-22)，可以推出功率 $P[W]$ 的表达式

$$P = \frac{1}{2}\rho AV_1^3[4a(1-a)^2] \tag{8-23}$$

而风的功率的表达式是

$$P_w = \frac{1}{2}\rho AV_1^3 \tag{8-24}$$

所以功率系数 C_p 可以写成下式

$$C_P = 4a(1-a)^2 \tag{8-25}$$

将式(8-25)进行微分并令其为零，可以得到功率系数的最大值。

$$\frac{dC_P}{da} = 4(a-1)(3a-1) = 0$$

于是，可以求出 $a=1$ 或 $1/3$。当 $a=1$ 时，说明速度减少率为 $100\%(V=0)$，代入式(8-25)，$C_p=0$。因此，此处应取 $a=1/3$。于是可以得出最大功率系数

$$C_{Pmax} = \frac{16}{27} \approx 0.593 \tag{8-26}$$

0.593 就是最大风能利用系数，它首先是由德国人贝茨在 1927 年完成的，故又称为贝茨极限。这说明，即使是理想的风力机，从风中所获得能量的最高效率也不会超过 60%。

8.3 风力机动力特性曲线

风力机的特性曲线主要表现为 3 个随着风速的变化而变化的性能指标：功率、力矩和推力。功率决定了风轮所捕获能量的大小；力矩决定了齿轮箱的尺寸和与风轮驱动相匹配的发电机类型；推力对塔架的结构设计有很大的影响。通常通过无量纲的性能曲线来表示风力机的运行特性是很方便的，无论风力机如何运行，比如说以恒速或者在一定范围内变速运行，该性能特性曲线都可以通过实际的性能来确定。假定风轮叶片的空气动力特性正常，无量纲的风轮空气动力性能将取决于尖速比和叶片桨距角。因此，常以尖速比的函数来表示功率系数、力矩系数和推力系数。

8.3.1 C_p-λ 和 C_M-λ 特性曲线

风轮的转矩、转速、尖速比、功率、功率系数等其相互关系与量值大小称为风轮的动力特性。根据力学原理，风轮的功率可以用风轮轴的转矩 M 和旋转角速度 ω 的乘积表示，即

$$P = M\omega \qquad (8-27)$$

将其带入到式(8-4)可以得到

$$\frac{1}{2}\rho A V^3 C_p = M\omega \qquad (8-28)$$

由此可得到下式

$$C_p = \frac{M\omega}{\frac{1}{2}\rho A V^3} = \frac{M}{\frac{1}{2}\rho A R V^2}\frac{\omega R}{V} = C_M \lambda \qquad (8-29)$$

该式表明了风轮的功率系数、力矩系数和尖速比之间的关系。

通过试验，将 C_p-λ 和 C_M-λ 的关系绘成曲线图，即为风轮动力特性曲线，如图 8.14 所示。

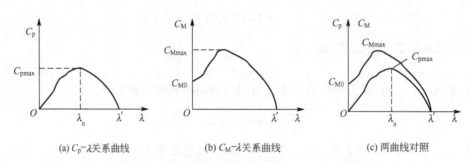

(a) C_p-λ关系曲线　　　(b) C_M-λ关系曲线　　　(c) 两曲线对照

图 8.14　风轮动力特性曲线 C_p-λ 和 C_M-λ

图中，λ_n 为标准尖速比，即 C_p 达到最大时的尖速比；λ' 为空载时的尖速比，此时 $C_M = 0$；C_{M0} 为当 $\lambda = 0$ 时，即启动时的力矩系数；C_{Mmax} 为风轮产生的最大力矩系数。

由于风轮的动力特性曲线是用比值来表示的，所以，只要风轮具备几何相似条件，无论风轮大小，特性曲线均适用。几何相似条件如下。

（1）叶片数目相等。

（2）对应长度成比例。

（3）叶片对应的翼型相似。

（4）叶片对应安装角相等。

典型的现代三叶片风轮的功率特性曲线如图 8.15 所示。

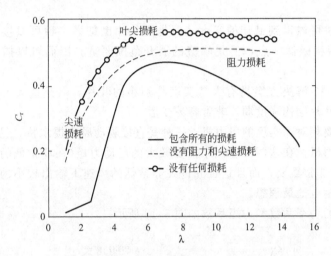

图 8.15　三叶片风力机的 C_P-λ 特性曲线

需要注意的是，C_p 的最大值在叶尖速比为 7 时只达到 0.47，这远低于贝茨极限。在这种情况下，差异是由阻力和叶尖损耗造成的，同时在低叶尖速比时失速会使 C_p 值降低。即使在分析时没有考虑这些损耗，C_p 的最大值也达不到贝茨极限值，因为叶片设计并不是完美无缺的。

需要考虑的另一个参数是叶片实度，叶片实度的变化产生的主要影响如图 8.16 所示。

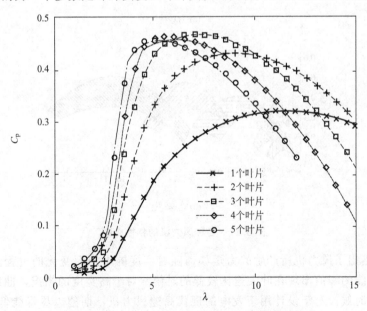

图 8.16　叶片实度的变化对运行特性的影响

（1）低的实度得到一条宽而平直的曲线，这意味着 C_p 当叶尖速比在一个宽范围变动时相应变化很小，但是由于阻力损失大（阻力损失近似与叶尖速比的 3 次方成正比），所以 C_p 的最大值较小。

（2）高的实度得到一条窄的有尖锐顶点的曲线，该顶点使得风轮对叶尖速比的变化非常敏感，而且如果实度太大，C_p 有一个相对较低的最大值。C_{pmax} 的减小是由失速损耗引起的。

（3）三叶片时可以得到最佳的实度，但是两叶片也是另一种可以接受的方案，因为虽然 C_P 的最大值稍微低一点，但是峰值的展开范围要宽，因而可以捕获到更大的能量输出。

值得讨论的一个解决方案具有大量实度特别小的叶片，但是这大大地增加了制造成本，而且会造成叶片结构强度弱，非常容易变形。

在应用中需要相对高实度的风力机，一种是直接驱动风力提水机，另一种是用于蓄电池充电的小型风力机。在这两种应用中需要较大的启动力矩（在非常低的叶尖速比时的力矩较大），这一点非常重要，而且这也允许在非常低的风速下输出较小的功率值，这对于连续补充式充电蓄电池最理想。

各种风力机的功率系数和力矩系数如图 8.17 所示。

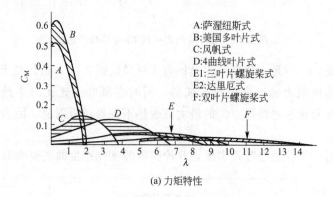

(a) 力矩特性

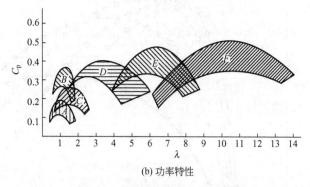

(b) 功率特性

图 8.17　各种风力机的特性曲线

图 8.18 给出了风力机所产生的力矩如何随着实度的增加而变化的过程。与功率曲线相比，力矩曲线的峰值出现在叶尖速比较低的时候。对于高实度的情况，曲线的峰值出现在叶片失速的时候。对于设计用于发电的现代高速风力机，期望以尽可能低的力矩运行，

以减小齿轮箱的造价。而在 19 世纪，用来抽水的多叶片高实度的风力机旋转速度慢，同时要有很大的启动转矩系数来克服启动活塞泵所需的启动力矩。

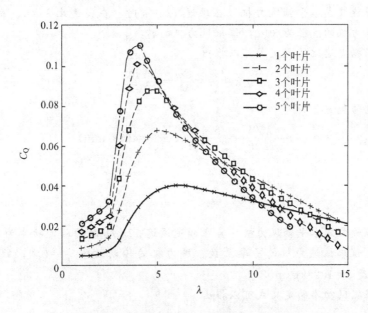

图 8.18　实度对风力机力矩特性的影响

8.3.2　C_T-λ 特性曲线

作用在风轮上的推力是直接作用在支撑风轮的塔架上的，所以相应地影响了塔架的结构设计。通常作用在风轮上的推力会随着实度的增加而增加，如图 8.19 所示。

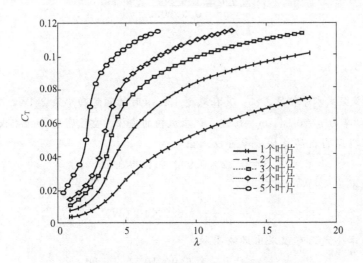

图 8.19　实度对风力机推力特性的影响

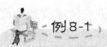 例8-1

有一个螺旋桨式水平轴风力机，在风速12m/s时，在尖速比λ＝6，有最大的功率系数。如果风力机的直径为30m，试求风力机的转数。

【解】 根据尖速比的定义式可以推出

$$\lambda=\frac{u}{V}=\frac{R\omega}{V}=\frac{2\pi nR}{60V}$$

由此得到转数 n：

$$n=\frac{\lambda 60V}{2\pi R}=\frac{6\times60\times12}{2\times3.14\times15}\approx46(\text{r/min})$$

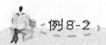 例8-2

有一个螺旋桨式水平轴风力机，其在额定风速17m/s时的额定功率为3MW，风轮直径为60m，试求该风力机的功率系数。风力机的传动效率 $\eta_i=0.9$，做功效率 $\eta_k=0.9$，空气密度 $\rho=1.29\text{kg/m}^3$。

【解】 根据风功率的定义式可以推出

$$P=\frac{1}{2}\rho AV^3=\frac{1}{2}\times1.29\times\frac{\pi(6-0)^2}{4}\times17^3=8959.8(\text{kW})$$

而在此时，风力机的功率为3MW，由此可以推出风力机的总体效率

$$\eta=\frac{3\times10^6}{8959.8\times10^3}=0.335$$

根据风力机的总体效率公式可以推出风力机的功率系数

$$C_p=\frac{\eta_i\eta_k}{\eta}=\frac{0.335}{0.9\times0.9}=0.414$$

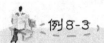 例8-3

有一个螺旋桨式水平轴风力机，其风速13m/s时的额定功率为2MW，功率系数 $C_p=0.32$，各传动效率为 $\eta_i=0.94$，$\eta_k=0.96$，试求风轮的直径。空气密度 $\rho=1.29\text{kg/m}^3$。

【解】 根据风力机的总体效率可以求出

$$\eta=0.32\times0.94\times0.96=0.29$$

由此可以求出风功率

$$P=\frac{2\times10^6}{0.29}=6.9\times10^6(\text{W})$$

根据风功率公式，可以求出风轮面积

$$A=\frac{P}{\frac{1}{2}\rho V^3}=\frac{6.9\times10^6}{\frac{1}{2}\times1.29\times13^3}=\frac{\pi D^2}{4}$$

则风轮直径为 $D=78.8\text{m}$。

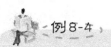例8-4

水平轴风力机在风速12m/s时输出功率为1.5MW，风力机的总体效率为0.3，当风轮转速为22rpm时，求风轮的直径和尖速比。空气密度$\rho=1.29kg/m^3$。

【解】 根据风力机的总体效率可以求出风功率

$$P=\frac{1.5\times10^6}{0.3}=5\times10^6\text{(W)}$$

利用风功率公式可以求出风轮扫掠面积A：

$$A=\frac{P}{\frac{1}{2}\rho V^3}=\frac{5\times10^6}{\frac{1}{2}\times1.29\times12^3}=4486\text{(m}^2)$$

由此可以求出风轮直径

$$D=\sqrt{\frac{4\times4486}{\pi}}=76\text{(m)}$$

利用尖速比的公式可以求出

$$\lambda=\frac{2\pi nR}{60V}=\frac{2\times\pi\times22\times38}{60\times12}=7.29$$

习 题

一、填空题

8-1 按照风轮转轴与地面的关系可将风力机主要分为_____和_____两大类。

8-2 风力机的风能利用系数与风速的_____成正比。

8-3 风力机的动力特性系数主要包括功率系数、_____系数和_____系数。

二、选择题

8-1 下列风力机中不属于垂直轴风力机的是(   )。

A. 达里厄风力机　　　　　　　　　B. 萨渥纽斯风力机

C. 美式多叶片风力机　　　　　　　D. H型风力机

8-2 利用贝茨理论推导出的最大风能利用系数是(   )。

A. 0.393　　　　　B. 0.493　　　　　C. 0.593　　　　　D. 0.693

8-3 风力机叶片翼型的翼弦与风速方向夹角称为(   )。

A. 扭角　　　　　B. 攻角　　　　　C. 仰角　　　　　D. 锥角

三、思考题

8-1 归纳风力机的主要分类方式。

8-2 对比水平轴风力机和垂直轴风力机优缺点。

8-3 简要介绍风力机的主要组成部分。

8-4 推导最大风能利用系数(贝茨极限)。

8-5 推导功率系数、力矩系数与尖速比之间的关系。

第9章
风力机及风场的相互影响

 本章教学要点

知识要点	掌握程度	相关知识
风场的非均匀性与非恒定性	了解影响风场的各种因素；掌握海陆风和山谷风；掌握风速的指数和对数模型	指数函数；对数函数；气象学基础
风力机尾流	了解风力机尾流的形成与特性；了解风力机尾流对风电场风力机配置的影响；一般风电场中风力机的配置原则	湍流理论
风速变化对风力机的影响	风力机的各种工作状态；了解风速变化对风力机功率曲线的影响	风力机气动特性曲线

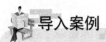 导入案例

　　上一章中分析了风力机的各种性能参数和动力曲线,但其前提是在流入风力机风轮的风是均匀和恒定的条件下得到的。然而,自然界的风,包括风速和风向都是在时时刻刻变化着的,而且容易受到各种因素,如地形、地貌、海拔高度等的影响,这些都会影响风力机的性能。另外,风在流过风力机之后形成尾流,尾流流场中风速降低,湍流度增大,从而影响风电场中其他的风力机的性能。本章主要介绍风场的变化对风力机性能的影响。

9.1　风场的非均匀性和非恒定性

9.1.1　风的形成

　　为了有效利用风资源,了解气象学中有关风的特性十分重要。在设计风力机和风电场之前也要对安装地点的风场进行详细的测量和分析。

　　风是地球上的一种自然现象,空气流动现象称为风,一般指空气相对地面的水平运动。风的形成是空气流动的结果,而空气流动的原因主要是当地球围绕太阳运转时,由于日地距离和方位不同,太阳光照射到地球表面时,地球上各纬度所接受的太阳辐射强度也就各异,地球表面各处受热不同,产生温差,从而引起大气的对流运动形成风。由于地球自转轴与太阳的公转轴存在 $66.5°$ 的夹角,因此对地球上的不同地点,太阳照射的角度是不同的,而且对同一地点,1 年中的角度也是变化的。地球上某处所接受的太阳辐射能与该地点太阳能照射角的正弦成正比。地球南北极接受太阳辐射能少,所以温度低,气压高;而赤道接受热量多,温度高,气压低。如果地球表面情况是一样的,而且忽略地球转动的作用,则赤道附近空气受热膨胀向上,流向两极;而两极附近的冷空气沿表面流向赤道。另外,地球又绕自转轴每 24h 旋转一周,温度、气压昼夜变化。这样由于地球表面各处的温度、气压变化,气流就会从压力高处向压力低处运动,而形成不同方向的风,并伴随不同的气象变化,气压差值越大,风也就越大。地球上各处的地形地貌也会影响风的形成。这些复杂因素造成了地球上不同地区、不同季节里空气的流动变化多样,因而风向、风速是变化无常的。归纳起来,风力机所处的风场具有非均匀性和非恒定性,它们是影响风力机的性能发挥的两个关键因素。

9.1.2　风场的非均匀性

　　风场的非均匀性主要体现在风速受高度、地形地貌和地表粗糙度等的影响上。

　　1)风速随高度变化

　　通常将 1000m 以下的大气称为大气边界层,以上的称为自由大气。了解风速在大气层内随高度的变化是设计风力机轮毂高度和评估发电量的重要基础。图 9.1 给出了大气边界层风速随高度变化的示意图,风速 U_G 是由气压梯度力和地球自转时的偏向力决定的。

2）地表粗糙度

上面提到了风速随高度的变化，这里详细介绍一下地表粗糙度对风速的影响。空气的运动主要受到地球自转产生的科里奥利力和地表摩擦的支配。地表摩擦力的影响涉及高度1000m的范围称为大气边界层。如图9.2所示，大气边界层又分为3个区域，离地面2m以内的区域称为底层；2～100m的区域称为下部摩擦层，二者总称为地面境界层；从100～1000m区域称为上部摩擦层，这3个区域又称为摩擦层。摩擦层之上是自由大气。下部摩擦层受地表摩擦力的影响很大，可以忽略科里奥利力。上部摩擦层受地表摩擦力的影响和科里奥利力产生的影响差不多。

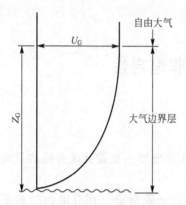

图 9.1　大气边界层的风速随高度变化

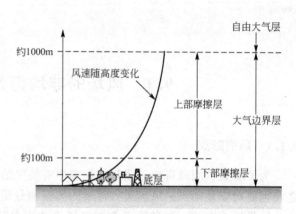

图 9.2　大气边界层

受到地表植被和建筑物等的摩擦影响，越靠近地表，风速变得越弱。植被和建筑物等的粗糙程度称为地表粗糙度，其值越大，风就越弱。对于天气晴朗而寒冷的夜晚，地表空气密度比高空空气密度高，大气稳定。夏季晴朗的白天容易产生强烈的对流，使高空强风产生的动能移至下层，使下层风加强。风力机的安装高度一般位于下部摩擦层。关于风速随高度变化的经验公式很多，通常，在离地面100m的高度范围内，风速在垂直高度上的变化可按式（9-1）的指数公式求得

$$v = v_0 \left(\frac{H}{H_0} \right)^n \tag{9-1}$$

式中，v 为高度 H 处风速；v_0 为高度 H_0 处的风速（气象站风速仪的安装高度一般为10m，所以 H_0 一般为10m）；n 为地表面摩擦系数，其数值常为 0.1～0.4，n 的典型数值可由表9-1查出。

表 9-1　地表面典型摩擦系数

地表状态	摩擦系数 n
平坦坚硬的地面、湖面或海面	0.1
长满短草的未耕土地	0.14
长有 30cm 左右高的草，偶尔有树，平坦的田野	0.16
高大的一行行庄稼，矮树墙，有些树	0.20
许多树，间杂着有建筑物	0.22～0.24
乡间树林，小城镇和郊区	0.28～0.30
有高大建筑物的城区	0.4

3）地形

由于地表的地形条件不同和建筑物等的存在使得地表附近的气流产生了很大的变化，受地形变化影响的气流基本上沿着地形流动。由于地形的变化，在流动时会产生剥离和压缩等现象。在比较平坦的地形和缓慢的斜坡处，气流沿着斜坡流动；在平缓的山冈上，由于流动的截面积减少，风速一般会增大。

图 9.3 所示给出了在复杂地形，即在坡度较大或有悬崖情况下的风场情况的示意图。当气流接近山脊时，被压缩加速，风速增大；当气流碰到山脊下部时形成湍流区。到达山脊的上部后，由于分离产生涡流区域，而在悬崖的顶端尾部风又附着在地面上，形成层流区。当风继续沿着陡峭斜面和悬崖下滑时，又会由于分离而产生涡流区，最后，风再一次附着于地面，形成层流区。由于涡流区范围的大小随风速而变，其附着点也会相对移动，因此在这种情况下，风场的分布十分复杂。

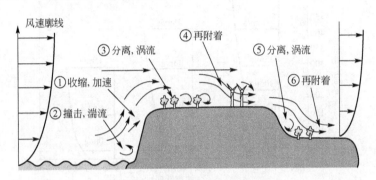

图 9.3　复杂地形风场分布模式

风速受地形地貌的影响见表 9-2 和表 9-3。根据我国几个观测站得出的山顶、山麓风速比与高差关系的经验公式如下

$$k_s = 2 - e^{-a} \sqrt{\Delta h} \tag{9-2}$$

式中，k_s 为山顶、山麓风速比；Δh 为山顶、山麓相对高差，单位为 m；$\alpha = 0.007$。

表 9-2　不同地形与平坦地面的风速比值

不同地形	平坦地面的平均风速/(m/s)	
	3~5	6~8
山间盆地	0.95~0.85	0.85~0.80
弯曲的河谷底	0.80~0.70	0.70~0.60
山背风坡	0.90~0.80	0.80~0.70
山迎风坡	1.10~1.20	1.10
峡谷口或山口	1.30~1.40	1.20

表 9-3　山顶与山麓的风速比值

相对高度/m	50	100	200	300	500	700	1000
比值	1.38	1.50	1.60	1.70	1.80	1.84	1.90

4）障碍物

由于干扰效应，建筑物的存在也会影响风场的分布。建筑物没有穿透性，所以在建筑物的周围会形成湍流区域，并且这个区域在上风向一侧为建筑物高度的两倍，而在下风向一侧可以达到10～20倍。对于宽度大于高度4倍以上的宽大建筑物，气流不沿着水平方向流动，大部分是从建筑物上部流过的，下风向一侧湍流区域的距离变长。相反，对于狭窄的建筑物，因为风会沿着水平方向扩展，在下风向一侧的湍流区域的距离会相对变短。同样，自然界的障碍物，比如树林，也会对风起到干扰作用，使风速减小。但树林具有穿透性，风可以穿过树林，因此树林的影响范围相对较小。当树林密度较大时，下风侧的湍流区域一般是树林高度的5～15倍。图9.4给出了各种地形，以及有障碍物的条件下风速随高度变化的情况。

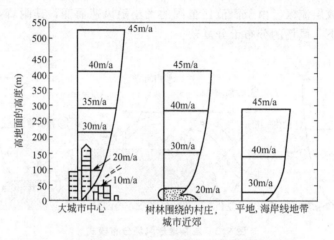

图9.4 各种地形条件及存在障碍物时风速随高度的变化

9.1.3 风场的非恒定性

风场的非恒定性主要是指风速和风向是随着时间在不断变化着的。图9.5所示为某观测站测得的，在不同高度下风速在一天时间内的变化情况。图9.6给出了某地按月平均的一年内的平均风速变化。通常，如果要导入风力发电的话，年平均风速应该在4m/s以上。

风场的非恒定性的典型情况是"海陆风"和"山谷风"，如图9.7和图9.8所示。

海陆风：由于海水的比热容大，接受太阳辐射能后，表面升温慢，陆地的比热容小，升温比较快。于是在白天，由于陆地空气温度高，空气上升而形成海面吹向陆地的海陆风。反之，在夜晚，海水降温慢，海面空气温度高，空气上升而形成由陆地吹向海面的陆海风。

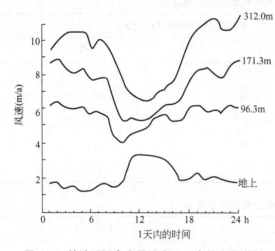

图9.5 某地不同高度风速在一天内的变化举例

山谷风：在山区，白天太阳使山上

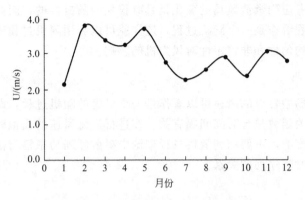

图9.6 某地按月平均的全面平均风速举例

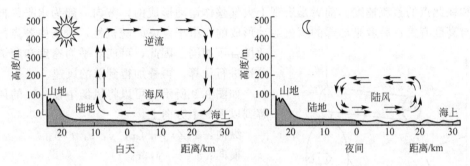

图9.7 海陆风

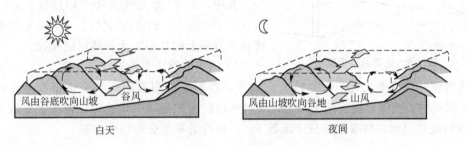

图9.8 山谷风

空气温度升高，随着热空气上升，山谷冷空气随之向上运动，形成"谷风"；相反，到夜间，空气中的热量向高处散发，气体密度增加，空气沿山坡向下移动，又形成所谓"山风"。

9.1.4 风场的非均匀性与非恒定性对风力机的影响

由于风场具有非均匀性和非恒定性，导致流经风力机的气流不是均匀分布和恒定不变的，这对风力机的设计制造、控制运行，以及对风力机发电量的正确评估提出了难题。对于比较简单的计算可以建立一个稳态风场，但如果要求更加准确的计算，特别是要求进行动态计算（比如在预测叶片的疲劳载荷和极限载荷时）就必须建立比较复杂的紊流风场，即必须考虑风场的非均匀性和非恒定性，建立风速随时间和空间变化的模型。然而，由于风场中空气的流动是一个复杂的热力过程，如果用热力学和流体力学方程来描述，计算量大且求解比较困难。考虑到紊流风场的变化是具有很强的随机性的，因此可以将紊流风场中某点风速的变化过程看作是一个随机过程，这样就可以利用随机过程理论来建立紊流风场模型，从而研究非均匀性和非恒定性对风力机的影响。

1. 数学理论依据

通常，紊流风场中各点的风速可以看作是一个平稳的随机过程，即认为其均值是一个常数，并且其自相关函数只与时间间隔有关。在进行紊流风速的模拟时，主要是给出某些点在某些时刻的速度值，主要用到随机过程理论中离散序列功率谱与傅立叶谱的关系，以及傅立叶谱和速度时间序列的关系。

2. 紊流风场

在较平阔的地形中，风场中某一点的风速可以分为两个部分：风场内大气流动的平均速度和在此点的紊流速度。前者是宏观上大气整体运动形成的，方向一般为水平纵向，大小只与高度有关；后者是局部的紊流运动形成的，由于紊流的随机性，风场中各点的紊流速度各不相同。因此，可能对平均速度和紊流速度分别进行计算，再叠加得到总的风速。

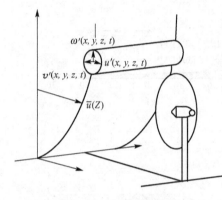

图 9.9　紊流风场模型

如图 9.9 所示，可以将风场中任一点的风速分解到以下 3 个方向上。

纵向：$\bar{u}(Z)+u'(x,\ y,\ z,\ t)$

横向：$v'(x,\ y,\ z,\ t)$

垂直方向：$\omega'(x,\ y,\ z,\ t)$

其中，$\bar{u}(Z)$ 为大气流动平均速度；$u'(x,\ y,\ z,\ t)$、$v'(x,\ y,\ z,\ t)$、$\omega'(x,\ y,\ z,\ t)$ 为紊流速度在 3 方向上的投影，大小随时间变化。

1）风场的稳态平均速度

大气流动速度受天气变化的影响比较大，在不考虑剧烈的天气变化情况下，计算每 10min 间隔的大气流动速度的平均值作为风场内的大气流动平均速度。根据大气流动速度长时间的统计记录，概率累计分布函数 $F_{u}(u)$ 符合威布尔分布函数，即

$$F_{u}(u)=1-\exp\left(-\frac{u}{A}\right)^{k} \tag{9-3}$$

式中，u 为风速；k 为形状参数；A 为标度参数：$A=A_{H}\ln\dfrac{Z}{z_0}/\ln\dfrac{H}{z_0}$；$z$ 为高度；z_0 为地表粗糙度；A_{H} 为在高度 H 处的参考标度值，一般 A 与 k 由具体风场确定。

但对于安装在实际风场中的风力机来说，风场的稳定平均风速还应该进行必要的修正，主要包括风剪和上游风力机尾流的影响。本节主要介绍风剪的影响，尾流的影响在下一节中详细介绍。

风剪是指稳态平均风速随高度的变化的特性。考虑风剪效应的风速模型主要有指数模型和对数模型。

指数模型

$$V(h)=V(h_0)\left(\frac{h}{h_0}\right)^{a} \tag{9-4}$$

式中，$V(h)$指高度 h 处的风速，$V(h_0)$指高度 h_0处的风速。当不考虑风剪时，可将 α 设为 0。

对数模型

$$V(h) = V(h_0)\left(\lg\left(\frac{h}{z_0}\right) / \lg\left(\frac{h_0}{z_0}\right) \right) \tag{9-5}$$

式中，z_0指地面的粗糙度。

2）紊流风场模型

根据图 9.9 所示的紊流风场模型可知，紊流风场中某点的风速是由平均风速和紊流风速叠加得到的。紊流风速部分的求解是根据随机过程理论，利用某点的速度功率谱和相干函数求出其速度的傅立叶谱，进而利用傅立叶逆变换求得的。由于纵向的紊流风速相对于横向或垂直方向的紊流风速而言，对系统的动态性能影响要大得多，一般只考虑对风力机性能分析有实际意义的纵向紊流速度。纵向速度功率谱密度模型有许多，通常采用国际电工委员会 IEC 61400—1 标准规定的速度谱。

$$S_U(f) = 0.05\sigma_{U,e}^2 \left(\frac{\lambda}{U_{10}}\right)^{-2/3} f^{-5/3} \tag{9-6}$$

式中，λ 取决于高度 z。当 $z<30\text{m}$ 时，$\lambda=0.7z$；当 $z>30\text{m}$ 时，$\lambda=21\text{m}$。IEC 61400—1 规定，当达到频率上限时，应使用该功率谱。

除此之外，还有 Von Karman 模型

$$S_U(f) = \frac{4\sigma_u^2 L_u/U}{[1+70.8(fL_u/U)]^{5/6}} \tag{9-7}$$

其风速标准差可根据丹麦风力机设计标准 DS 472 计算

$$\sigma_U = U_{10}/\ln(z/z_0)$$

式中，U_{10}为平均风速；z 为高度；z_0为地面粗糙度。

另外，为描述空间点之间的紊流速度关系，采用 Davenport 指数相干谱来定义风场自相关函数

$$Coh(r, f) = \exp\left(-cf\frac{r}{u}\right) \tag{9-8}$$

式中，r 为两点间的距离；u 为平均速度；c 为无量纲的衰减常数，当高度低于 100m 时，c 取 10～11 之间的值；f 为频率。

3. 紊流风场对风力机性能的影响

对于处于紊流风场中风力机各项气动特性的计算较为复杂。近年来，由于计算流体力学的快速发展，数值计算方法被引入进来。计算的主要步骤如下。

（1）首先通过计算机程序生成紊流风场。

（2）设置风力机叶片叶素流场的边界条件和初始条件。

（3）求解 N-S 方程和连续性方程，获得风力机叶片周围的流场分布。

（4）通过流场求解压力方程，获得叶素表面的压力分布，得到叶素上的升力、阻力和力矩。

（5）在翼展方向积分获得各个叶片的力矩。

（6）综合各个叶片的力矩获得风轮的总力矩和功率。

由于紊流风场计算的复杂性，通常将其进行简化，即单独考虑风剪、塔影以及尾流等各自对风力机性能的影响，然后再综合计算。

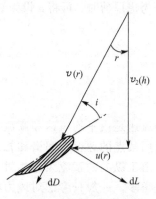

图 9.10 叶素的风速和受力

下面，针对只考虑风剪效应的情况，介绍一种风力机功率损失的计算方法。将叶片沿翼展方向分成无数个叶素，假设在每个叶素上的流动相互之间没有干扰，将作用在每个叶素上的力和力矩沿着翼展方向积分便可以得到作用在叶片上的力和力矩。图 9.10 所示为风力机叶片距离轮毂中心半径为 r 处的叶素的受力及周围风速示意图。

相对于来流风速的相对速度 $v(r)$ 为

$$v(r)=\sqrt{v_2(h)^2+u(r)^2} \tag{9-9}$$

式中，$v_2(h)$ 为叶素上来流的速度，与叶素所处的高度 h 相关；$u(r)$ 为叶素的切向速度，与风轮的转速和距风轮中心距离 r 有关。

叶素上的升力 $\mathrm{d}L$ 和阻力 $\mathrm{d}D$ 分别为

$$\mathrm{d}L=\frac{1}{2}\rho v(r)^2 l(r)C_\mathrm{L}(i)\mathrm{d}r \tag{9-10}$$

$$\mathrm{d}D=\frac{1}{2}\rho v(r)^2 l(r)C_\mathrm{D}(i)\mathrm{d}r \tag{9-11}$$

式中，ρ 为空气的密度；$l(r)$ 为叶素截面的弦长；$C_\mathrm{L}(i)$ 为叶素在攻角 i 下的升力系数；$C_\mathrm{D}(i)$ 为叶素在攻角 i 下的阻力系数。

作用在叶片上的力距 M 和功率 P

$$M=\sum(\mathrm{d}L\cos\gamma-\mathrm{d}D\sin\gamma)\times r \tag{9-12}$$

$$P=M\frac{\lambda_\mathrm{D}v_\mathrm{D}}{R} \tag{9-13}$$

式中，λ_D 为设计尖速比；v_D 为设计点风速。

假设风力机具有 3 个叶片，相位角相差 120°，分别应用上述的计算公式就可以计算出风力机叶轮在旋转一周时间内的实际功率。用实际功率除以设计功率即可得到风轮的效率及功率损失率。

9.2 风力机的尾流

风在流经风力机风轮后，一部分能量被吸收，风速下降，风向会发生变化，这种对初始来流的影响称为风力机的尾流效应。在风电场中有多台风力机，前面的风力机在一定程度上会遮挡住后面的风力机，因此，风力机之间的影响就主要表面在风力机尾流对下游风力机的影响。风力机的距离越近，前面风力机对后面风力机的流入风速影响越大。尾流效应造成的能量损失对风电场的经济性有很大的影响。美国加州的风电场的运行经验表明，尾流损失一般为 10%，根据地形地貌、风力机间距和风场特性的不同，尾流损失最小为 2%，最大可达 30%。大型的风电场一般有几十台甚至上百台风力机，但受场地和环境等条件的限制，风力机之间的距离不可能太大，因此必须考虑尾流效应对每台风力机风速的影响。这样才能正确评估风电场的发电能力和经济性。

9.2.1 风力机尾流效应

风在经过旋转的风轮后会产生速度和方向的变化，在风力机风轮后形成尾流，尾流对初始来流的影响称为尾流效应。在具有多台风力机的风电场中，风力机之间的相互影响就主要表现在上游风力机的尾流效应对下游风力机的初始来流的影响上。当气流通过风轮时，对风轮施加的旋转力矩会向风轮后的气流也施加一个大小相等、方向相反的力矩，该力矩会使风轮后的气流沿着风轮对应的方向旋转。这样风轮后的气流会受到两个力的作用，一个力的方向与来流方向相同，另一个力的方向与来流相切，这两个力的合力便是风力机尾流形成的原动力。图9.11所示为水平轴风力机尾流的一些可视化试验结果，显示了叶片尖端产生的诱导涡及其在尾流内的发展。

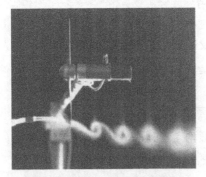
(a) TUDelft的风力机尾流可视化试验
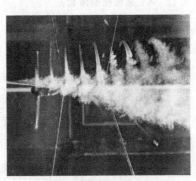
(b) 风力机尾流可视化试验

(c) NASA的风力机尾流风洞试验
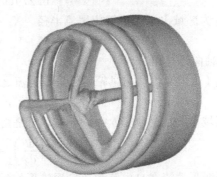
(d) 风力机尾流计算结果举例

图9.11 水平轴风力机尾流试验与计算结果距离

9.2.2 风力机尾流模型

在风力机的尾流中，风速降低，湍流度增大，对后面的风力机的影响很大。为了研究尾流内的风速变化，建立了一些尾流模型，主要包括：无黏性近场尾流模型、简化尾流模型和AV(AeroViroment)模型等。对尾流的研究还在不断发展之中，在此简要介绍AV模型和简化尾流模型。

1. AV模型

AV尾流模型是由Abramovich于1963年提出的射流理论而建立的模型。如图9.12

所示，它将风力机尾流区分成 3 个区域，在每个区域内，尾流增长速率成线性，与机械湍流和背景湍流有关。

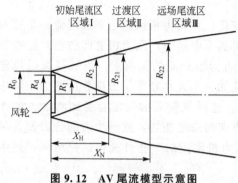

初始尾流区 区域Ⅰ 过渡区 区域Ⅱ 远场尾流区 区域Ⅲ

风轮

图 9.12 AV 尾流模型示意图

区域Ⅰ延伸到风轮后锥形均匀流的末端。这个区域的速度剖面随均匀流和外流混合区的相对大小变化而变化，其尾流速率只决定于机械湍流。区域Ⅱ是一个过渡区。区域Ⅱ同区域Ⅰ有相同的尾流增长速率，它主要决定于机械湍流，但是背景湍流也将产生一定的影响。区域Ⅲ是远场尾流区，机械湍流的作用下降，尾流增长速率决定于机械湍流和背景湍流的共同作用。

1）区域Ⅰ的尾流特性

在基于试验数据的基础上 Abramovich 假设区域Ⅰ的速度剖面为

$$\frac{V_0 - V}{V_0 - V_\infty} = f(\eta) = (1 - \eta^{3/2})^2 \tag{9-14}$$

$$\eta = \frac{R_2 - R}{R_2 - R_1} = \frac{r_2 - r}{r_2 - r_1} \tag{9-15}$$

式中，V_∞ 为风轮前自由风速；V_0 为风轮后锥形均匀流风速；r 为无量纲化半径。

$$r_{21} = R_{21}/R_d = R_{21}/R_0 \cdot R_0/R_d = r_0 / \sqrt{0.214 + 0.144m} \tag{9-16}$$

$$x_H = \frac{X_H}{R_0} \cdot \frac{R_0}{R_d} = \frac{r_0(1+m)}{0.279(m-1)\sqrt{0.214 + 0.144m}} \tag{9-17}$$

式中，r_{21} 为区域Ⅰ末无量纲化尾流半径，X_H 为区域Ⅰ的长度；m 为初始速度比

$$m \equiv V_\infty/V_0 = 1/(1-2a) \tag{9-18}$$

a 为尾流轴向诱导因子。

区域Ⅰ内的自由流与风轮后锥形均匀流之间的距离可视为边界层厚度 b

$$b = r_2 - r_1 \tag{9-19}$$

在区域Ⅰ末，$r_1 = 0$，$b = r_2 = r_{21}$，于是由于机械湍流引起的边界层增长速率为

$$\left(\frac{db}{dx}\right)_m = \frac{r_{21}}{(x_H)} \tag{9-20}$$

由于背景湍流在自由流和风轮后锥形均匀流中同时存在，影响边界层的两侧，因此总的边界层增长速率为

$$\frac{db}{dx} = \left[\left(\frac{r_{21}}{(x_H)_m}\right)^2 + (2\alpha)^2 \right]^{1/2} \tag{9-21}$$

式中，α 为由背景湍流引起的边界层增长速率

$$\alpha = (dr_2/dx)_\alpha = 1.97(d\sigma/dx) \tag{9-22}$$

$d\sigma/dx$ 与大气边界层中 Pasquill 稳定级相关。

由于区域Ⅰ的末端的尾流半径为 r_{21}，区域Ⅰ的长度 x_H 为

$$x_H = \frac{r_{21}}{db/dx} = \frac{r_{21}}{[(r_{21}/(x_H)_m)^2 + (2\alpha)^2]^{1/2}} \tag{9-23}$$

2）区域Ⅱ的尾流特性

对于区域Ⅱ有

$$x_N = nx_H = nX_H/R_d \qquad (9-24)$$

$$n = \frac{\sqrt{0.214+0.144m}}{1-\sqrt{0.214+0.144m}} \cdot \frac{1-\sqrt{0.134+0.124m}}{0.134+0.124m} \qquad (9-25)$$

尾流增长速率在区域Ⅱ与区域Ⅰ是一致的，区域Ⅱ的末端的尾流半径 R_{22} 为

$$R_{22} - R_0 = X_N(R_{21}-R_0)/X_H \qquad (9-26)$$

$$r_{22} = R_{22}/R_d = r_0 + n(r_{21}-r_0) \qquad (9-27)$$

3）区域Ⅲ的尾流特性

该区域的尾流增长速率在开始时是由机械湍流和背景湍流共同决定的，随着 x 的增加，机械湍流的影响逐渐减小到零。另外，该区域的速度剖面是自相似的，因此在任意 x 处都有相同的属性表达形式。根据射流理论可以得到

$$r_2 = r_0\left[\frac{n_{2u}-mn_{1u}}{(1-m)^2(A_2\Delta v_c^2 + A_1(m/(1-m))\Delta v_c)}\right]^{1/2} \qquad (9-28)$$

式中，r_2 为 x 处的尾流半径，尾流中心速度亏损 Δv_c 定义为

$$\Delta v_c = \Delta V_c/\Delta V_{0c} = (V_\infty - V_c)/(V_\infty - V_0) \qquad (9-29)$$

在速度和密度都是均匀（射流初始区）的情况下

$$n_{1u} = n_{2u} = 1 \qquad (9-30)$$

对于射流的主要区域，根据试验结果假设远场尾流区的速度剖面为

$$\frac{\Delta V}{\Delta V_c} = \frac{V_\infty - V}{V_\infty - V_c} = \left[1-\left(\frac{r}{r_2}\right)^{3/2}\right]^2 \qquad (9-31)$$

Abramovich 给出 $A_1 = 0.258$ 和 $A_2 = 0.134$，这样式（9-28）可变为

$$r_2 = r_0\{(1-m) \cdot [0.134\Delta v_c^2 + 0.258m\Delta v_c/(1-m)]\}^{-1/2} \qquad (9-32)$$

则可以得到

$$\Delta v_c = 3.73\left\{\frac{0.258m}{m-1} - \left[\left(\frac{0.258m}{m-1}\right)^2 - \frac{0.536r_0^2}{r_2^2(m-1)}\right]^{1/2}\right\} \qquad (9-33)$$

4）各区域速度剖面

由上面的讨论可以得到各区域的速度剖面。如果 $x \leqslant x_H$，则所讨论的区域在区域Ⅰ，$\eta > 1$ 时，r 在风轮后锥形均匀流核心内

$$v = 1/m \qquad (9-34)$$

$\eta < 0$ 时，r 在尾流边界外层外

$$v = 1 \qquad (9-35)$$

$0 < \eta < 1$ 时，在尾流边界层内

$$v = V/V_\infty = 1/m + (1-1/m)(1-\eta^{3/2})^2 \qquad (9-36)$$

如果 $x \geqslant x_N$，则所讨论的区域在区域Ⅲ，$r > r_2$ 时

$$v = 1 \qquad (9-37)$$

当 $r < r_2$ 时

$$v = 1 - \Delta v_c(1-1/m)[1-(r/r_2)^{3/2}]^2 \qquad (9-38)$$

如果 $x_H < x < x_N$，则所讨论的区域在过渡区域Ⅱ，对于某一 $0 < r/r_2 < 1$ 值（显然 $r/r_2 > 1$ 时，$v=1$）

$$v = \left(\frac{x-x_H}{x_N-x_H}\right)v_{\mathrm{III}} + \left(\frac{x_N-x}{x_N-x_H}\right)v_{\mathrm{I}} \qquad (9-39)$$

式中，v_{III}、v_{I} 分别为同一 r/r_2 值用于式（9-38）和式（9-39）计算所得的区域Ⅲ与区域Ⅰ的速度值。

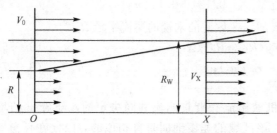

图 9.13　简化尾流模型示意图

2. 简化尾流模型

简化的尾流模型示意图如图 9.13 所示。X 是沿着风速方向离开风电机组的距离，风电机组安装在 $X=0$ 处，R 是风电机组转子的半径，R_{WX} 是 X 点的尾流半径，V_0 和 V_X 分别是吹向和离开风电机组的风速。

1）平坦地形尾流模型

$$V_X = V_0 \left[1 - (1 - \sqrt{1 - C_{\text{T}}}) \left(\frac{R}{R + kx} \right)^2 \right] \tag{9-40}$$

式中，C_{T} 是风力机组的推力系数；k 是尾流下降系数，它与风的湍流强度（湍流强度是一定时间内风速的均方差与均值之比）成正比。

$$K = k_{\text{w}}(\sigma_{\text{G}} + \sigma_0)/U \tag{9-41}$$

式中，σ_{G} 和 σ_0 分别是风电机组产生的湍流和自然湍流的均方差；U 是平均风速；k_{w} 是以经验常数。

因为 V_x 是 C_{T} 的函数，所以尾流效应与风电机组的空气动力特性有关。

2）复杂地形尾流模型

假设风力机的下游是复杂地形（高度和地表均不同等），安装风力机之前和之后（受尾流影响）X 点的风速分别是 V_{OX} 和 V_x，则

$$V_X = V_0 (1 - d_{\text{F}}) \tag{9-42}$$

$$V_X = V_{\text{OX}} (1 - d_{\text{C}}) \tag{9-43}$$

式中，d_{F} 和 d_{C} 分别是平坦地形和复杂地形对应的风速下降系数。假设没有风电机组时坐标 O 点和 X 点的压力相同，则根据无损耗伯努利方程可得到

$$p_0 + 0.5\rho V_0^2 = p_x + 0.5\rho V_{\text{OX}}^2 \tag{9-44}$$

式中，p_0 和 p_x 分别是风电机组所在地点和 X 点的空气静压力。假设安装风力机后复杂地形的尾流损耗和平坦地形相同，即

$$p_0 + 0.5\rho V_0^2 (1 - d_{\text{F}})^2 = p_x + 0.5\rho V_{\text{OX}}^2 (1 - d_{\text{C}})^2 \tag{9-45}$$

则有

$$V_0^2 (-2d_{\text{C}} + d_{\text{C}}^2) = V_{\text{OX}}^2 (-2d_{\text{F}} + 2d_{\text{F}}^2) \tag{9-46}$$

因为 d_{C} 和 d_{F} 较小，将上式线性化，可以得到

$$d_{\text{C}} = d_{\text{F}} \left(\frac{V_0}{V_{\text{OX}}} \right)^2 \tag{9-47}$$

该式能较好地近似有损耗的非均匀风速场。

3. 考虑尾流效应的风力机功率特性

尾流效应对风力机的气动特性有较大的影响，但目前对这方面的研究还在不断发展中。在此介绍一种根据简化的尾流模型来估算尾流效应对风电场中风力机的功率特性的影响的方法。

假设风电场内有 J 种型号的风电机组，风速共离散成 I 段，风向分成 D 个方位。在以下的公式中，为了叙述方便，在矩阵中一般用 i 代表 V_i，用 d 和 j 分别代表风向和风电机组型号，其取值范围是 $i=1, 2, \cdots, I$；$d=1, 2, \cdots, D$ 和 $j=1, 2, \cdots, J$，无特殊情况时公式中不再注明它们的取值范围。

风电机组的效率系数是不同风速和风向时所有该型号机组的实际输出功率与不考虑尾流效应时计算的功率之比。效率系数组成的矩阵称为效率矩阵（EF_j），定义如下

$$EF_j = \frac{w_j(v_i, d)}{N_J x_{oj}(v_i)} \tag{9-48}$$

式中，$EF_j(i, d)$ 和 $W_j(v_i, d)$ 是风速为 v_i，风向在第 d 个方向上时第 j 种型号风力机的效率系数和实际输出功率，一般 D 取 12 或 16 个方位；$x_{oj}(v_i)$ 和 N_j 分别是第 j 种型号风力机的功率特性和台数。

多台同一型号风力机的等效功率特性矩阵（X_j）是风力机输出功率的均值与风速和风向的关系，其定义为

$$x_j(i, d) = EF_j(i, d) x_{oj}(v_i) \tag{9-49}$$

式中，$x_{j(i,d)}$ 是 v_i 风速时第 j 种型号风力机输出功率的均值。

多台同一型号风力机等效功率特性是某一风速下风力机输出功率的均值与该风速的关系，定义如下

$$x'_j(v_{i,j}) = \frac{1}{p'(v_i)} \sum_{d=1}^{D} P(v_i, d) x_j(i, d) \tag{9-50}$$

式中，$x_j(v_{i,j})$ 是 v_i 风速时第 j 种型号风力机的平均输出功率；$P(v_i, d)$ 是风速为 v_i 风向在第 d 个方位上时的概率；$P(v_i, d)'$ 是风速为 v'_i 的概率，即

$$p'(v_i) = \sum_{d=1}^{D} p(v_i, d) \tag{9-51}$$

每个方向上风速的概率密度函数可以用威布尔分布来描述，即

$$f_d(v_d) = \frac{k_d}{c_d} \left(\frac{v_d}{c_d} \right) \tag{9-52}$$

式中，f_d 是第 d 个方位风速的概率密度函数，v_d、k_d 和 c_d 分别是风速变量、形状系数、尺度系数。

有风向和无风向的风电场输出功率特性分别为

$$y(v_i, d) = \sum_{j=1}^{J} N_J x_j(v_i, d) \tag{9-53}$$

$$y'(v_i) = \sum_{j=1}^{J} N_j x'_j(v_i) \tag{9-54}$$

式中，$y(v_i, d)$ 和 $y'(v_i)$ 分别是有风向和无风向风电场输出功率。

风电场的平均输出功率（PP）是

$$pp = \sum_{i=1}^{I} \sum_{d=1}^{D} P(v_i, d) y(v_i, d) = \sum_{i=1}^{I} P'(v_i) y'(v_i) \tag{9-55}$$

如果设不考虑尾流效应时风电场的平均输出功率为 FP

$$FP = \sum_{i=1}^{I} P'(v_i) \sum_{j=1}^{J} N_J x_{oj}(v_i) \tag{9-56}$$

则风电场的能量损失率（ΔL）可以表示为

$$\Delta L = (FP - PP)/FP \qquad (9-57)$$

风力机的优化布置就是在场址界和机组型号,以及台数已经确定的情况下,求解使 ΔL 最小的每台风力机的位置坐标。

9.2.3 风电场中风力机的配置

通常,一台风力机的占地面积为风轮直径(D)的平方。比如,250kW级的风力机占地面积大约为35m×35m,600kW级的风力机占地面积大约为50m×50m,1500kW级的风力机占地面积大约为(60~80)m×(60~80)m。而对于目前正在开发的超大型4MW海上风力机,直径达到120m,所占的面积更大。

基于前面的分析,风电场中风力机的配置不仅要考虑单台风力机的占地面积,还要考虑尾流的影响。同时还要考虑风电场的主要风向。图9.14所示为一般的大型风电场风力机的配置示意图。

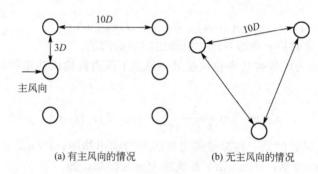

(a) 有主风向的情况　　　　(b) 无主风向的情况

图9.14　风电场中风力机的配置

9.3　风速变化对风力机的影响

9.3.1 风力机工作的额定风速

自然界中风速总是在变化的。所以,风力机需要根据风速的不同来设定不同的工作模式。图9.15所示为风力的运转模式示意图,其主要的工作过程如下。

(1)风速从0m/s至切入风速(通常为3~4m/s)之间,风力机停机(待机状态)。

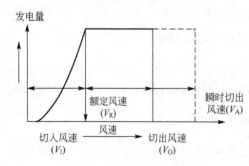

图9.15　风力机的运行模式

(2)风速达到切入风速,风力机起动,开始发电。

(3)切入风速达到后,风力机开始发电,随着风速的增加,发电量也增长,直至达到风力机的额定功率,这时的风速称为额定风速 V_R。这期间,风力机从风中所获取的动能都用于发电。

(4)风速超过额定风速后继续增大时,风力机的输出功率通过调节保持一定。但当风速继续增加到一定风速后，风力机继续运转的话会造成设备的损坏，甚至出现事故，这时必须使风力机停止工作。这时的风速称为切出风速 V_0（通常为 25m/s）。

（5）保证风力机的输出不超过额定功率的调控方法主要有：失速控制、主动失速控制和变桨距控制。

（6）切出风速有两种，通常是指 10 分钟内的风速平均值达到风力机停机要求的切出风速 V_0，另一种为瞬时切出风速 V_A，即瞬间最大风速达到了规定值后风力机马上停机时的风速。

9.3.2 风力机的功率与风速的关系

图 9.16 所示为通常的风力发电机组的功率与风速的关系。在计划时的功率曲线可以不考虑风速的变动等，但实际的风力发电机组处的自然风是变化的，所以横轴的风速是 10min 内的风速平均值，也就是说不用瞬间风速和瞬间最大风速。所以，虽然每个风力发电机组的性能都一样，但是在测量时，由于风速的变化而必须采用 10min 平均值的办法，因此在额定风速附近的功率曲线是变化的。另外，在有转数控制时，如果将转数的变化也加入进来，则曲线也会变化。

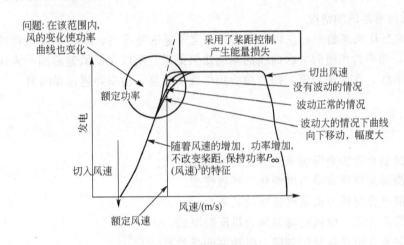

图 9.16 风力机的功率特性示意图

风速变动对功率的影响如图 9.17 所示。

1）高风速时（风速足够高，没有额定风速以下的风的情况）

对于风速足够大的情况，如图 9.17 的右侧所示。即使风速波动，理论上功率输出也不变化（通过有效的桨距控制，使输出功率不变），这时功率曲线不变化。

2）风速在额定风速以上或在附近的情况

如图 9.17 左侧所示，在低风速侧风力机在额定风速下运转。因此，这时就不能保证输出额定功率了。也就是说，即使 10min 内风速平均值超过额定风速，在额定风速以上的功率也为一定值，作为平均值测量的话，功率不能确保额定值。因此，从表面上看来风力机的功率是变低了。例如，在实线部分有波动的情况下，如果风速变动增大的话，对功率的影响也增大。另一方面，虚线所示的风速变化的影响变小。这些都不是由于风力机性能下降，而是由于风速的影响。

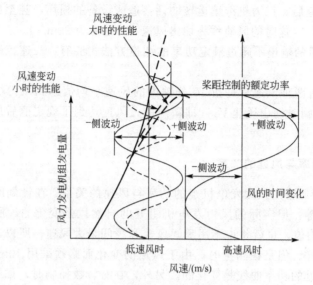

图 9.17 风速变动对功率的影响

3）在低风速范围的情况

10min 内平均风速的中心在切入风速与额定风速的范围内，其功率按照功率特性曲线变化。然而，功率为风速的 3 次曲线的单纯比例关系，所以在低风速范围和高风速范围都是向下凸的曲线，作为平均值，按照曲线的切线来计算，功率要超过预测值。

 习 题

9-1 简要介绍影响风场风速的主要因素及特点。

9-2 简要介绍风速随高度变化的指数模型。

9-3 简要介绍风力机尾流效应及其影响。

9-4 简要介绍一般风电场的风力机配置原则。

9-5 简要介绍风速变化对风力机功率曲线的影响。

参考文献

[1] 孔珑. 流体力学(Ⅰ)[M]. 北京：高等教育出版社，2003.

[2] 陈卓如. 工程流体力学[M]. 2版. 北京：高等教育出版社，2004.

[3] 张兆顺，崔桂香. 流体力学[M]. 2版. 北京：清华大学出版社，2006.

[4] 杜广生. 工程流体力学[M]. 北京：中国电力出版社，2007.

[5] 武文斐，牛永红. 工程流体力学习题解析[M]. 北京：化学工业出版社，2008.

[6] 叶杭冶. 风力发电机组的控制技术[M]. 北京：机械工业出版社，2002.

[7] 吴望一. 流体力学(上册)[M]. 北京：北京大学出版社，2004.

[8] 贺德馨，等. 风工程与工业空气动力学[M]. 北京：国防工业出版社，2006.

[9] 李岩. 垂直轴风力机技术讲座(一)——垂直轴风力机及其发展概况[J]. 可再生能源，2009，27(1)：121—123.

[10] [日] 牛山泉. 风能技术[M]. 刘薇，等译. 北京：科学出版社，2009.

[11] 宫靖远. 风电场工程技术手册[M]. 北京：机械工业出版社，2004.

[12] 陈严，等. 风力机风场模型的研究及紊流风场的 MATLAB 数值模拟[J]. 太阳能学报，2006，27(9)：954—960.

[13] 廖明夫，等. 风切变对风力机功率的影响[J]. 沈阳工业大学学报，2008，30(2)：163—167.

[14] 陈坤，等. 风力机尾流数学模型及尾流对风力机性能的影响研究[J]. 流体力学实验与测量，2003，17(1)：84—87.

[15] 陈树勇，等. 尾流效应对风电场输出功率的影响[J]. 中国电力，1998，31(11)：28—31.